21世纪经济与管理规划教材·经济学系列

环境经济学

（第二版）

侯伟丽　成德宁　编著

ENVIRONMENTAL
ECONOMICS

北京大学出版社
PEKING UNIVERSITY PRESS

图书在版编目(CIP)数据

环境经济学/侯伟丽,成德宁编著.--2版.--北京:北京大学出版社,2025.5.--(21世纪经济与管理规划教材).--ISBN 978-7-301-36170-2

Ⅰ.X196

中国国家版本馆CIP数据核字第2025QA5318号

书　　　名	环境经济学(第二版)	
	HUANJING JINGJIXUE(DI-ER BAN)	
著作责任者	侯伟丽　成德宁　编著	
责 任 编 辑	李沁珂	
标 准 书 号	ISBN 978-7-301-36170-2	
出 版 发 行	北京大学出版社	
地　　　址	北京市海淀区成府路205号　100871	
网　　　址	http://www.pup.cn	
微信公众号	北京大学经管书苑(pupembook)	
电 子 邮 箱	编辑部 em@pup.cn　　总编室 zpup@pup.cn	
电　　　话	邮购部 010-62752015　发行部 010-62750672　编辑部 010-62752926	
印 刷 者	河北滦县鑫华书刊印刷厂	
经 销 者	新华书店	
	787毫米×1092毫米　16开本　20.25印张　464千字	
	2016年9月第1版	
	2025年5月第2版　2025年5月第1次印刷	
定　　　价	59.00元	

丛书出版说明

　　教材作为人才培养重要的一环,一直都是高等院校与大学出版社工作的重中之重。"21世纪经济与管理规划教材"是我社组织在经济与管理各领域颇具影响力的专家学者编写而成的,面向在校学生或有自学需求的社会读者;不仅涵盖经济与管理领域的传统课程,还涵盖学科发展衍生的新兴课程;在吸收国内外同类最新教材优点的基础上,注重思想性、科学性、系统性,以及学生综合素质的培养,以帮助学生打下扎实的专业基础和掌握最新的学科前沿知识,满足高等院校培养高质量人才的需要。自出版以来,本系列教材被众多高等院校选用,得到了授课教师的广泛好评。

　　随着信息技术的飞速进步,在线学习、翻转课堂等新的教学/学习模式不断涌现并日渐流行,终身学习的理念深入人心;而在教材以外,学生们还能从各种渠道获取纷繁复杂的信息。如何引导他们树立正确的世界观、人生观、价值观,是新时代给高等教育带来的一个重大挑战。为了适应这些变化,我们特对"21世纪经济与管理规划教材"进行了改版升级。

　　首先,为深入贯彻落实习近平总书记关于教育的重要论述、全国教育大会精神、《关于深化新时代学校思想政治理论课改革创新的若干意见》以及《教育强国建设规划纲要(2024—2035年)》,我们按照国家教材委员会《习近平新时代中国特色社会主义思想进课程教材指南》《关于做好党的二十大精神进教材工作的通知》和教育部《普通高等学校教材管理办法》《高等学校课程思政建设指导纲要》等文件精神,将课程思政内容尤其是党的二十大精神融入教材,以坚持正确导向,强化价值引领,落实立德树人根本任务,立足中国实践,形成具有中国特色的教材体系。

　　其次,响应国家积极组织构建信息技术与教育教学深度融合、多种介质综合运用、表现力丰富的高质量数字化教材体系的要求,本系列教材在形式上将不再局限于传统纸质教材,而是会根据学科特点,添加讲解重点难点的视频音频、检测学习效果的在线测评、扩展学习内容的延伸阅读、展示运算过程及结果的软件应用等数字资源,以增强教材的表现力和吸引力,有效服务线上教学、混合式教学等新型教学模式。

　　为了使本系列教材具有持续的生命力,我们将积极与作者沟通,争取按学制周期对教材进行修订。您在使用本系列教材的过程中,如果发现任何问题或者有任何意见或建议,欢迎随时与我们联系(请发邮件至 em@ pup.cn)。我们会将您的宝贵意见或建议及时反馈给作者,以便修订再版时进一步完善教材内容,更好地满足教师教学和学生学习的需要。

最后,感谢所有参与编写和为我们出谋划策提供帮助的专家学者,以及广大使用本系列教材的师生。希望本系列教材能够为我国高等院校经管专业教育贡献绵薄之力!

北京大学出版社

经济与管理图书事业部

第二版前言

环境经济学是一门交叉学科。它主要使用经济学的分析逻辑和分析工具,考虑稀缺资源的有效利用和取舍权衡问题,既权衡长期利益和短期利益,也比较成本和收益。环境经济学也直接与实践和政策相关,分析结果要指导生产什么、如何生产、实施什么政策、资源环境是否需要保护(保存),又要保护(保存)到什么程度。环境经济学需要科学分析作支撑,从而与自然科学产生关联。环境经济学在选择政策和行动方案时要进行道德判断,综合多方面目标考虑社会福利和社会选择,从而与哲学和政治学产生关联。本教材不仅在正文中包含了来自不同学科的内容,还以专栏、注释的形式介绍了从不同学科引申的重要知识点,有助于学生更好理解和客观分析环境经济问题。

环境问题的产生和发展不仅是人与自然互动的结果,也体现了人与人之间的关系和互动。要全面理解和解决环境问题,既需要探讨其产生的经济根源,也要将经济活动纳入生态圈进行考虑。与第一版类似,本教材整合了环境经济学和生态经济学的方法和观点,将其纳入一个体系中。可以应用微观经济学方法分析环境问题的产生和主要的环境政策,但市场机制和成本—收益方法并不完美,一些大范围的环境问题,如气候变化的分析需参考生态经济学的思路,考察经济活动的规模、技术进步的方向等宏观层面的问题。

自本教材第一版出版以来,国内外的环境状况、经济形势和环境政策都发生了很大的变化。第二版调整了部分章节的内容,尝试纳入这些变化。

从国内情况看,中国经济社会发展已进入加快绿色化、低碳化的高质量发展阶段:经济持续增长,经济结构发生变化,人口增长出现拐点,各主要污染物的产生量和排放量持续下降,环境基础设施建设力度加大,政府不断推出和创新环境管理手段,环境治理成效显著,空气和水环境质量明显提高。但是生态环境保护根源性、结构性、趋势性压力尚未得到根本缓解,经济社会发展绿色转型内生动力不足,生态环境质量稳中向好的基础还不牢固,部分区域生态系统退化趋势尚未得以根本扭转,生态文明建设仍处于压力叠加、负重前行的关键期,美丽中国建设任务依然艰巨。本教材吸收了这些新变化,纳入了中国生态文明建设在理论和实践领域的新探索。

从国际范围来看,世界不可更新资源比预期消耗得更快,有关气候变化的科学证明更多了,美国两次加入又退出《巴黎协定》,欧盟也调整了能源转型和碳减排目标。2020年以来的新冠疫情使经济增长放缓,碳排放和空气污染随之下降。能源技术进步和计算机技术创新正在深刻地改变经济活动的形式。在新冠疫情后的经济恢复期,全球地缘经济结构和产业链面临重组,新的全球能源经济正在形成。在关注碳减排的同时,人们对碳汇和通过重构社会经济体系适应气候变化的关注增加了。学术界对环境政策可能产生的宏观经济影响及其对不同产业、地区、人群的差异性影响进行了更多的讨论。本教材将加入对这些新变化的分析。

与第一版相比,本教材对宏观环境经济学部分进行了较大的改动,主要包括:

将原第9章拆分为第9章和第10章。生态经济学与环境经济学的研究对象相同,研究主题多有重合,但由于在可持续性、环境价值等方面存在认知差异,二者的政策主张有很大不同。第9章讨论了人口增长、经济增长和经济全球化对环境的影响,环境经济学虽然认可包括这三个因素的经济系统扩张对环境有负面影响,但同时也认可经济系统扩张可能带来的正面效应,对经济系统扩张持乐观态度。第10章介绍了生态经济学的基本观点,重点是对增长的极限和稳态经济思想的研究。本章的核心观点是经济系统不可能也不应该无限扩张。

重新撰写了第11章。在环境管制对经济的影响方面,本章前3节先分别讨论了"环境管制对增长和就业的影响""环境管制对创新、竞争力和生产效率的影响""环境管制对贸易和投资的影响",第4节介绍环境—经济影响的分析模型。

对第13章进行了较大的修改。由于气候变化已成为正在发生的事实,且逐渐成为社会、学界、政界关注的热点,联合国也号召各国在积极推动减排的同时促进发展转型,气候变化经济学从多个学科中汲取理论和分析方法,逐渐发展成一个新兴交叉学科。本章第2节较系统地介绍了这一新学科的主要内容。生态补偿制度建设是中国生态文明体制改革的重要内容,本章第3节先介绍了生态补偿的理论基础,再比较了这一制度在中外的不同实现形式。

第14章重新梳理了发展内涵的演变,整理了从传统增长到可持续发展和绿色经济的转型需要进行的多个领域的制度改革。

第15章结合中国环境治理和生态文明建设的新发展,对中国环境治理体系进行了重新梳理。删除了"中国参加的国际环境公约""中国环境管理体系的不足"相关内容,增加了"中国生态环境保护的督政机制""中国生态文明建设"等内容,并将一些重要的政策法规整理在附录。

与第一版相比,本教材更新了所有章节的数据、图表和章后习题,更新并增加了案例专栏和注释,对主要概念进行了明确的定义,并在文末加上了概念索引。修订后的教材内容框架更合理、文字条理性更强,更方便学生掌握各知识点间的逻辑关系。

本教材可作为经济类、地理类、环境类相关专业本科高年级学生和研究生的教材或参考书,也可作为政策研究人员的参考书。一般地,学习本课程的学生应该已完成了经济学和高等数学等基础课程的学习。为了保持内容的连贯性,本书直接应用了微观经济学和微积分的一些概念和分析方法,有需要的读者可自行补修这些知识。

在本教材的编写过程中,我们参考借鉴了大量同类教材和相关文献中的思想,在此向这些作者表示衷心的感谢。北京大学出版社的王晶编辑和李沁珂编辑不仅一直鼓励和督促本教材的编写,还在书稿的体例、结构、内容等方面提出了大量建设性的意见,本教材的顺利完稿和再版离不开她们的辛勤劳动。

为了配合教学,我们为本教材编写了教学课件(PPT),欢迎有兴趣的老师联系索取。

侯伟丽　成德宁

2025 年 5 月

目 录

专栏目录

基础知识部分

第1章 导 论

【学习目标】

- 了解环境对人类的主要功能
- 掌握不同经济发展时期环境和经济系统关系的特点
- 了解环境问题的主要分类及含义

环境围绕在人类的周围,既是人类活动的基础,也受到人类活动影响而发生变化。这些变化有些是有益的,有些却对人类有害。人类自产生以来,就在与环境的互动过程中发展进化。近代以来,人类的生产力大大提高,影响和改造环境的能力大大增强,导致从地方性到全球性的各类环境问题渐渐严重起来,引起世人的关注。

1.1 环境及其功能

环境,是影响人类生存和发展的各种天然的和经过人工改造的自然因素的总体,包括大气、水、海洋、土地、矿藏、森林、草原、湿地、野生生物、自然遗迹、人文遗迹、自然保护区、风景名胜区、城市和乡村等。经济学中把这些环境因素视作能提供服务、提高人们福利水平的资本,并将其与物质资本、人力资本及社会资本并列,统称为自然资本(natural capital)。

环境可为人类提供许多不可或缺的服务:

① 环境是人类不可缺少的生命支持系统。在人类已知的范围内,地球是宇宙中唯一有生命的星球。其自然环境精巧复杂,各种成分相互作用,形成具有一定稳定性的动态平衡。它的大气层有效地阻挡了各种有害的宇宙影响,大气运动产生气候变化,江河湖海滋养万物,树木草地形成并保护了土壤,亿万物种组成庞大的基因库,使生命进化繁衍、生生不息。至今人们尚不能完全了解环境中各因素间复杂的相互作用关系,也无法复制自然环境系统。因此不能准确评估人类对环境的干扰和破坏产生的后果。

美国曾进行过代号为"生物圈2号"的实验,研究人类是否可以在密封的人工生态系统中长期生活。实验者建造了一个钢架玻璃密封体,占地达13 000多平方米,里面精心布置有森林、草原、农田等多种生态系统,按计划这个生态系统能保持生态平衡。1991年,8名科学家进入其中,他们原计划在这个密封体内生活两年。但一年多后,由于食物不足和氧气含量下降,他们被迫提前撤出,"生物圈2号"实验宣告失败。这次实验失败表明人类尚不能脱离地球环境长久生存。

② 环境为人类的生活和生产提供了物质基础,是人类的资源库。人们衣食住行的各

种原料无一不取自环境,人们所有的经济活动都以来自环境的初始产品为原料或能量。其中原料经过生产过程转化为消费品,而能量为经济活动提供动力。经过生产和消费后,这些原料和能量以废弃物的形式返回环境中。没有环境系统提供的能源和自然资源的投入,经济活动是无法进行的。在图 1-1 中有两个示意图,其中左侧的示意图中经济系统与环境系统是并列关系,二者因物质和能源的流动联系在一起;右侧的示意图中二者是包含关系,除显示环境系统对经济系统的支持外,也隐含了其对后者的约束。

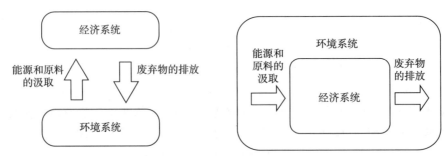

图 1-1　环境与经济系统

③ 环境为人类提供了废物消耗场所,有所谓的**环境沉库功能**(environmental sinks)。人们的生产和消费活动会产生一些副产品,有些副产品不能被利用,成为废弃物排入环境。环境通过各种物理、化学、生物反应,容纳、稀释、分解、转化这些废弃物,使之重新进入生态系统的物质循环当中。环境具有的这种能力被称为环境自净能力。如果环境没有这种自净能力,整个自然界将充斥着废弃物。

环境的自净能力是有限的。这种有限性表现在两个方面:一是环境不能分解转化所有的物质,例如有些人工合成的物质(如塑料、有毒化学品等)无法在环境中自行降解,会积累在环境中,产生污染;二是环境对废弃物的分解转化是要花费一定时间的。如果短时间内排入环境的可降解废弃物过多,废弃物不能及时得到净化,也会积累在环境中,产生污染。因此,在确保人类生存和发展不受危害、自然生态平衡不受破坏的前提下,某一环境所能容纳污染物的最大负荷值是有上限的,这一上限也被称为**环境容量**(environmental capacity)。

④ 环境为人类提供美学和精神上的享受,为人类的艺术创作提供灵感。同时,良好的环境有利于人的身体健康,有助于提高工作效率。

总之,从经济学意义上看,环境既可作为投入品为人类的生产提供服务,又可作为消费品直接供人消费。有学者曾对全球生态系统服务与自然资本的经济价值进行了不完全估算(不包括不可再生燃料与矿物的价值,也不包括大气层本身的价值),认为 1994 年全球生态系统的价值约为 16 万亿～54 万亿美元,平均为 33 万亿美元,相当于当年全球 GNP (国民生产总值)的 1.8 倍。[①] 在后续的研究中,这些研究者更新了单位生态系统服务价值和土地利用变化情况,使用相同的方法将 2011 年全球生态系统服务价值估算为 125 万亿

---

① Costanza R, et al. The value of the world's ecosystem services and natural capital[J]. Nature, 1997, 387: 253-260.

美元。他们认为，由于生态系统及其服务的不可分割性，许多生态服务不适合商业化和私有化，最好被视为公共物品或公共资源，传统的市场机制往往不是管理它们的最佳制度框架，人们需要新的共同资产机构来更好地考虑这些价值。[①]

由于环境要素和自然资源间的重叠，人们对"环境"和"自然资源"的概念有不同的认识。有人认为自然资源是环境的一部分，是环境为人类提供的一种服务功能；有人认为环境是自然资源的一部分，可称为"环境资源"。这里我们将"自然资源"和"环境"作为两个不同的概念进行理解："自然资源"为人类提供有形的生产对象，为生活和生产提供物质基础；"环境"则具有生命支持、废弃物吸纳、美学等功能。

1.2　环境—经济关系

在人类历史发展过程中，环境—经济关系的演进受许多因素的影响，其中主要的因素有经济规模、技术进步、经济结构、区域联系、社会结构、人们对环境的认知和环境政策等。

人类文明在地球上出现以来，经济系统的规模不断扩大，相应地从环境中汲取的自然资源增加、向环境中排放的各类废弃物也增加，使人类对环境的影响加大。

伴随经济发展的技术进步会对环境—经济关系产生影响。一些技术会加大对自然资源的开发强度、产生新的污染物，对环境有负面影响。如电锯的发明大大提高了伐木业的劳动生产率，但也使人对森林的破坏力相应增加了；各种人造杀虫剂的发明有助于提高种植业的产出，但许多人造杀虫剂在生态系统中不可降解，会对食物链中的各种生物产生毒性。一些技术会减轻经济活动的物质强度、减少污染危害、降低污染削减的成本、促进污染削减，对环境的影响是正面的。如激光印刷技术的发明使印刷业从"铅与火"走进"光与电"，减少了生产过程中产生的废弃物、降低了工人的健康风险。煤炭脱硫技术的发明应用可以大大减少 SO_x（硫氧化物）的排放，在预防酸雨方面起着重要的作用。

伴随经济发展的经济结构变化也会对环境—经济关系产生重要影响。在经济发展初期，以种植业为主的第一产业是经济的主导产业，社会生产力水平较低。此时人类对自然资源的开发能力低，相应地，对环境的影响也比较小。在经济发展中期，工业化进程加快，以工业为主的第二产业成为经济的主导产业。此时人类对自然资源的开发能力大大加强，大量的物质和能量进入经济系统，相应地，大量的污染物被排放到环境中，生态系统的稳定性受到威胁。在经济发展的高级阶段，以服务业为主的第三产业替代第二产业成为经济的主导产业。此时经济活动的物质强度[②]降低，相应地，源于生产活动的污染减少，生产活动带来的环境压力变小，但消费活动产生的污染物数量仍较大。综合来看，环境压力的变化方向不确定。

---

① Costanza R, et al. Changes in the global value of ecosystem services[J]. Global Environmental Change, 2014, 26: 152−158.

② 指单位产值消耗的物质的量。

经济发展带来的市场扩大和经济往来加强了不同区域间的联系,使一个地区的环境质量不仅受到本地经济活动的影响,也受到其他地区经济活动的影响。特别是在经济全球化过程中,环境压力可能在世界范围内转移,一个地区环境压力的减少可能是以位于地球另一侧的其他地区的环境压力加大为代价实现的。

经济发展伴随的社会结构和城乡结构变化也会影响环境—经济关系。经济活动和人口在城市集聚,一方面有助于产生污染治理的规模效应,方便各类污染物的集中处理,使农业地区的环境压力减轻。但另一方面,高度集聚的经济活动和人口会增加城市本身的环境压力。在城市化过程中,伴随人均收入水平的提高,人们的消费模式也会发生变化,使人均物质消费量和能源消费量增长。这些因素都使城市的环境压力增加、环境—经济关系趋于紧张。环境压力的加大会引起人类的关注,而人们对环境的关注增加又会促使环境政策和环境标准出台、加快环境友好技术的研发和应用、增加环境投入,缓和环境—经济冲突。

按时间顺序,人类经济的主导产业演变有一定的规律性,可以据此将经济发展的历史时期划为农业经济时期、工业经济时期和后工业经济时期,各时期环境—经济关系呈现出不同的特点。

1.2.1 农业经济时期的环境—经济关系

在农耕文明出现以前的漫长历史时期里,世界人口规模小,增长缓慢,人类是自然生态系统的一部分,通过采集和狩猎获取生存资料。人类的生产力水平低下并且发展缓慢,人类改造环境的能力小,而环境对人类的制约作用较强,人类对环境既恐惧又依赖。

大约在公元前1万年,几大文明发源地的人类陆续开始了农业耕作和动物驯养,经过长时期的过渡后进入农业经济时期。

与采集和狩猎时期相比,农业经济时期有以下特征:

① 农业生产技术进步,对自然的改造力度加大;

② 人口增长加快,人口规模扩张;

③ 出现了新的人类聚居区——城市。根据现有考古资料,大约公元前3500年,在一些土地肥沃、运输方便、农业生产效率较高、人口密度较大的地区,例如两河流域的冲积平原地带、黄河流域、尼罗河流域和印度河流域,都出现了原始城市。

在农业经济时期,人类生产力水平有所提高,开始大规模地改造自然,开发利用土地、水、气候等资源,人类对自然的依附性大大减弱。耕作和灌溉技术得到发展,支持了人口的快速增长。同时人们的需求超越了基本生活必需品范围,呈现出多样性特征。为了满足人类不断增长的需求,越来越多的土地被开垦为耕地,森林被砍伐用于建筑和薪材。

农业文明对生态环境有天然的依赖性,气候和土地条件是决定经济社会发展的基础性因素。生态环境良好的地区往往人口众多,社会发展进程快,文明程度较高。不仅如此,生态环境还影响着许多国家的政权形式及其重要的行政职能。例如,"气候和土地条件,特别是从撒哈拉经过阿拉伯、波斯、印度和鞑靼区直至最高的亚洲高原的一片广大的沙漠地带,使利用水渠和水利工程的人工灌溉设施成了东方农业的基础。……所以亚洲的一切政府都不能不执行一种经济职能,即举办公共工程的职能。这种用人工方法提高土壤肥沃程度的设施靠中央政府办理,中央政府如果忽略灌溉或排水,这种设施立刻就会荒废,这就可以说明一件否则无法解释的事实,即大片先前耕种得很好的地区现在都荒芜不毛,例如巴尔米拉、佩特拉、也门废墟以及埃及、波斯和印度斯坦的广大地区就是这样。同时这也可以说明为什么一次毁灭性的战争就能够使一个国家在几百年内人烟萧条,并且使它失去自己的全部文明"。①

这一时期的主要环境问题是人口增长压力下的生态破坏,如森林砍伐、过度放牧、过度开垦引起水土流失、土壤盐碱化、荒漠化等。这些问题在人类早期文明的发源地中东、北非、南欧和中国黄河中下游地区比较常见。随着森林被砍伐、土壤被侵蚀、地貌被破坏,粮食产量下降,一些村落和城市走向毁灭,有时甚至导致文明消亡的悲剧。典型的例子是古代经济发达的美索不达米亚地区,由于过度砍伐失去了森林,因而失去了积聚和贮存水分的中心,使山泉在一年中的大部分时间内枯竭了,而在雨季又使凶猛的洪水倾泻到平原上,加上不合理的开垦和灌溉,这一地区后来变成了荒芜不毛之地。中国的黄河中下游地区曾经森林广布、土地肥沃,是中华文明的重要发源地,而西汉和东汉时期的大规模开垦,虽然促进了当时的农业发展,但是由于森林面积骤减,水源得不到涵养,导致水土流失严重、地表沟壑纵横、土地日益贫瘠、水旱灾害频繁的环境后果,给后代造成了不可弥补的损失。到了明清时期,在人口增长压力下,长江流域的耕地面积不断扩大,从平原向沿洋湿地、低山、中山、高山地区不断拓展,结果使华南地区湖泊面积不断萎缩、林地面积逐渐减少,出现"山尽开垦、物无所藏"的情况。自然环境"渐失丰饶",区域性或流域性的旱涝灾害也增加了。

农业经济时期各地的生态破坏反过来会危害当地的生产生活。因此,恩格斯警告说:"我们不要过分陶醉于我们人类对自然界的胜利。对于每一次这样的胜利,自然界都对我们进行报复。"②

除了生态破坏,农业经济时期在人口聚集的城市也出现了污染问题。生活污水和垃圾使许多城市的环境遭到破坏。据历史资料记载,古罗马时期的罗马城和南宋时期作为都城的杭州城就有比较严重的生活污水和垃圾污染问题。

不过总的说来,农业经济时期人类活动对环境的影响是局部的,环境—经济关系虽然有矛盾,但没有达到影响整个生物圈的程度。

如今,仍有一些欠发达国家和地区的经济结构以农牧业为主。这些地区的生态环境普遍较脆弱、生产力水平相对低下,但人口压力不断增大。为了获得食物,有的地区耕种山坡地、滥伐森林、过度放牧,结果破坏了地表植被。为了获得燃料,有的地区将作物的秸秆和动物粪便转用作燃料,减少了土壤有机质的积累,结果引起了土壤退化。许多地区的

① 马克思恩格斯全集(第十二卷)[M].北京:人民出版社,1998:139-140.
② 马克思恩格斯全集(第二十六卷)[M].北京:人民出版社,2014:前言11.

人口压力超过了当地环境的承载能力,导致生态系统退化、自然灾害频发,使这些地区的人类生存更加困难,进一步贫困化,形成"贫困—生态破坏—更加贫困"的恶性循环。而且,在贫困和环境恶化的压力下,分配日益短缺的自然资源也更易引起社会紧张和冲突。

1.2.2 工业经济时期的环境—经济关系

18世纪中后期,工业革命首先在英国发生,19世纪迅速蔓延到西欧和北美地区,20世纪更是进一步扩展到世界其他地方。如今世界上绝大多数国家的主导产业已由农业转变为非农业,实现了从农业经济向工业经济的转型。

与农业经济时期相比,工业经济时期有以下主要特征:

① 能源基础的转变。工业革命可以看作人类从依赖可再生的、有生命的能源转向大规模地依赖不可再生的、无生命能源的过程。煤炭、石油、天然气提供了人类活动的大部分能源。这些能源来自远古时代的生物,经过了数百万年的储藏和累积,成为"储藏起来的阳光",它们在短时期内是不可再生的(如表1-1所示)。

表1-1 1860—1970年世界无生命能源的产量增长情况

年份	煤 (百万吨)	褐煤 (百万吨)	石油 (百万吨)	压凝汽油 (百万吨)	天然气 (10亿 m³)	水力 (百万兆瓦时)
1860	132	6	—	—	—	6
1870	204	12	1	—	—	8
1880	314	23	4	—	—	11
1890	475	39	11	—	3.8	13
1900	701	72	21	—	7.1	16
1910	1 057	108	45	—	15.3	34
1920	1 193	158	99	1.2	24.0	64
1930	1 217	197	197	6.5	54.2	128
1940	1 363	319	292	6.9	81.8	193
1950	1 454	361	523	13.6	197.0	332
1960	1 809	874	1 073	469.0	689.0	—
1970	1 808	793	2 334	1 070.0	1 144.0	—

资料来源:奇波拉.世界人口经济史[M].北京:商务印书馆,1993:38.

② 爆发性的技术进步。工业革命提高了人类社会的生产力,使人类以空前的规模和速度开采消耗能源和其他自然资源,对环境的影响范围扩大,程度加深。

③ 世界各地的经济逐渐联系到一起。在工业经济时期,经济规模不断扩大,全球各地的资源被广泛开发投入生产系统中,而全球各地也成为产品的市场。"这些工业所加工的,已经不是本地的原料,而是来自极其遥远的地区的原料;它们的产品不仅供本国消费,

而且同时供世界各地消费"①。代表性的例子是工业革命的发源地英国,英国在工业经济时期曾被称为"日不落帝国",它将全球作为其生产资料的供应地和产品市场:"北美和俄罗斯的平原是我们的玉米田,芝加哥和敖德萨是我们的谷仓,加拿大和波罗的海地区是我们的森林,澳大利亚相当于我们的牧场,而我们的牛群在南美……中国人为我们种植茶叶,而我们的咖啡、糖和香料种植园全在印度。西班牙是我们的葡萄园,地中海是我们的果园。"②经济规模加速扩大的结果是其对生态系统的压力也前所未有地加大了。

④ 人口规模扩大,人口向城市聚集的进程加速。自中世纪以来,世界人口和经济规模迅速扩大。而从 1950 年以来,人类对粮食的需求几乎扩大了 3 倍,对海产品食物的消费已经提高了 4 倍多,对水的需求量已提高到原来用水量的 3 倍,对薪柴的需求量也扩大了 3 倍,对木材的需求量扩大了 2 倍多,纸张的需求量扩大了 6 倍,燃料的需求量扩大了几乎 4 倍。③ 工业革命使机器大生产取代了手工生产,而工业生产的集中促进了城市的增加和扩张。进入 19 世纪以后,发达国家的城市化进程明显加快,村镇向城镇发展,小城镇向城市发展,城市人口迅速增长。1800 年,全世界城市人口比重只有 3%,到 1975 年,地球上约 1/3 的人口生活在城市,2020 年,已有 56% 的人口生活在城市里。人口和工业高度聚集在城市地区的环境后果是城市周围出现日益严重的水污染和垃圾污染。

⑤ 出现全球性生态损害。由于自然资源的消耗量和各种有毒废弃物的排放量大增,人类对地球生态系统的影响前所未有地增加了,使全球生态系统的稳定和安全受到威胁。

总之,工业革命以来的经济增长和社会发展大大提高了人们的生活水平和生活质量,但带来这些进步的许多产品和技术具有较高的原料和能源消耗率,造成了大量的污染。在局部地区,环境污染严重威胁了人们的健康,甚至演变成社会公害;在全球范围,温室效应和臭氧层被破坏、生物多样性减少等问题使生态系统的稳定性受到威胁。

经济和环境之间的矛盾之所以在工业经济时期被迅速激化,与工业社会的生产和生活方式有直接的关系。

① 工业社会是建立在大量消耗能源,尤其是化石燃料基础上的。随着工业的发展,能源消耗量急剧增加,由此带来的污染问题也凸显出来,气候变化、酸雨、雾霾的形成都与此有关。

② 工业产品的原料构成主要是自然资源,特别是矿产资源。工业规模的扩大伴随采矿量的直线上升,大规模的矿产开采引起了一系列环境问题,例如破坏植被和地表地貌、引起地面塌陷沉降、排放有毒物质等。自然资源经加工使用废弃后排放到环境中,是各类污染物的重要来源。

③ 工业化和城市化。**工业化**(industrilization)通常被定义为工业(特别是其中的制造

① 马克思恩格斯选集(第一卷)[M]. 北京:人民出版社,2012:404.
② 哈丁. 生活在极限之内:生态学、经济学和人口禁忌[M]. 戴星翼,张真,译. 上海:上海译文出版社,2007:179.
③ 世界观察研究所. 世界环境报告 1996 年[M]. 济南:山东人民出版社,1999:2.

业）或第二产业产值（或收入）在国民生产总值（或国民收入）中比重不断上升，以及工业就业人数在总就业人数中比重不断上升的过程。工业化是经济增长的核心，一国要实现现代化和经济增长，必须经历工业化的阶段。工业与第一产业和第三产业相比，对自然资源的开发强度明显较高，排放到环境中的废弃物的数量和种类也大大增加。工业污染会给人体健康和经济活动带来严重危害，由于多数工业布局在人口集中的城市，使其造成的损害更严重。

城市化（urbanization）是农村人口向城市转移，及与此对应的城市数量增加、城市规模扩大的过程。城市化一方面会推动经济、文化、教育、科技和社会的发展，把人类社会的物质文明和精神文明推向新的阶段；另一方面，由于城市中人口、工业、建筑的高度集中，城市化也会带来用地紧张、交通拥堵、住房短缺、城市垃圾收集与处理混乱、城市供水与排污不畅、住宅和交通设施建设滞后等与环境有关的问题。

④ 环境问题与工业社会的生活方式，尤其是消费方式有直接的关系。在工业社会，人们不再仅仅满足于生理上的基本需要——温饱，更多的消费、更高层次的享受成为工业社会发展的动力，这刺激了经济规模的扩张，加快了自然资源的开发，也产生了更多的废弃物。

⑤ 对环境问题的认知局限性和防治技术能力不足。在工业经济时期，特别是工业经济的发展初期，人们对环境问题缺乏科学认识，在生产生活过程中常忽视它们的产生和存在，结果导致问题越来越严重。当问题发展到相当严重的程度引起人们重视时，却也常常由于技术能力不足而无法解决。

1.2.3 后工业经济时期的环境—经济关系

20世纪70年代后，发达经济体逐渐从以工业为主体转变为以服务业为主体，被称为**后工业经济**（post industrial economy）时期。由于产业结构向非物质化方向发展，技术进步使单位产出的资源消耗和污染排放下降，经济活动带来的环境压力减轻。与工业经济时期相比，后工业经济时期的特征主要有：

① 第三产业取代第二产业成为经济的主导产业，产业结构向污染减轻的方向转变。

② 经济体中有人数较多的中产阶级，这部分人生活较为富裕，接受过良好教育，有较强的环境保护意识。以中产阶级为主体形成的各类环境组织往往具有强大的活动能力，能对政策、法律和政府行为发挥较大的影响力。

③ 随着人们环境保护意识的加强，绿色消费市场逐渐兴起，企业为了在变化的市场中保持竞争力，变得更愿意在环境保护方面采取较为合作的态度。

④ 处于后工业经济时期的经济体蓄积了大量的财富，有能力对环境保护进行可观的投入，使地区性环境问题得到解决。

⑤ 各类技术进步，其中包括节约能源、原材料的技术以及污染防治技术的进步大都发生在处于后工业经济时期的发达经济体中，它们拥有的科技实力使其在面对环境问题时在技术上有较为广阔的选择回旋余地。

因此,20世纪70年代以来,处于后工业经济时期的发达经济体先后治理了国内的水污染和空气污染,生态环境都有所改善。

但是在后工业经济时期仍然存在环境—经济矛盾,这种矛盾源于资本主义经济增长模式和富裕社会的浪费性消费。在全球经济普遍联系的情况下,这种增长和消费模式不但对本国,而且会对全世界的环境造成巨大的压力。

在增长理论里,增长是由需求拉动的。需求包括消费需求和投资需求,而投资需求最终也要求消费需求的支撑。在国内需求不足的情况下,国外需求(出口)的扩大可以填补需求缺口。因此可以说消费需求的增加是经济增长的基础。在这样的思想指导下,经济学者将人们的消费信心和消费指数作为经济景气的晴雨表:如果人们的消费信心增加,人们将利用自己的收入甚至透支未来的收入以购买更多的物品和服务,商家的产品能顺利地销售出去,在利润的驱动下,投资需求也将增加,就业规模将扩大,经济处于景气时期。反之,如果人们的消费信心下降,商家的产品将滞销,亏损会扩大,投资需求也将减少,失业规模将扩大,经济处于衰退时期。

在发达经济体内,工业化创造出了巨大的财富。但如果人们对衣、食、住、行等自然需要感到满足,大规模生产的产品将会卖不出去。此时,推行大量消费成为经济继续增长的必然选择。制造商们制作了大量广告鼓动人们消费更多物品,消费作为一种生活理念渗透到社会价值之中。维持发达经济的高消费要求大量的物质支持。同时,由于商品不断更新换代,许多消费品使用不久就被淘汰,又会带来严重的废弃物处理问题。发达经济体的浪费性消费不仅损害了本国的环境,还对其他国家的环境和自然资源造成了威胁。在一体化的全球经济链条中,发展中国家处于生产链条的末端,在增长的压力下,许多发展中国家走上以环境换投资的道路,因此其环境往往受到更多损害。

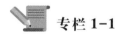 **专栏1-1**

虚拟货币和人工智能是能源炸弹吗?

虚拟货币和人工智能是后工业经济时期信息技术发展的标志性产品。表面上看,两者都不直接排放污染物,但支撑它们的发展需要巨大的能源投入,考虑到这些能源很大一部分属于化石能源,这些看似清洁的现代产业也可能会带来较大的环境压力。

比特币(Bitcoin)是虚拟货币的代表,它是中本聪在2008年提出的基于区块链技术的虚拟货币。由于比特币具有去中心化、抗通胀性、可追溯性等特点,其被用于跨境支付、国际交易、储备保值等领域,自出现以来得到越来越多的认可和使用。2010—2024年,比特币的单价从0.05美元上涨到近10万美元。与法定货币不同,比特币的发行不依赖中央机构,而是通过复杂的算法和大量的计算(俗称为"挖矿")生成新的比特币。挖矿是通过专用的"矿机"设备参与比特币网络的加密计算,不断暴涨的价格刺激了比特币挖矿活动。据剑桥区块链可持续指数(The Cambridge Blockchain Network Sustainability Index,CBNSI)

估算,2024 年与比特币挖矿相关的全球用电量约为 178.86 太瓦时(1 太瓦时等于 10 亿度电),约占全球电力消费量的 0.7%[1]。随着挖矿难度的提高,预期比特币的能耗还将进一步上升。

人工智能是研究、开发用于模拟、延伸和扩展人的智能的技术科学,被认为将引发新一轮科技革命和产业变革。人工智能的发展基于人工智能技术驱动的大模型,其代表性的产品是 OpenAI 研发的自然语言处理工具——ChatGPT 大模型。这款大模型自 2022 年发布后引起了人们的高度关注,它要从人类反馈中强化学习训练才能像人类一样思考和交流,而学习训练需要消耗大量的电力。据斯坦福人工智能研究所发布的《2023 年 AI 指数报告》,人工智能大语言模型 GPT-3 一次训练的耗电量为 1 287 兆瓦时,大概相当于 3 000 辆特斯拉电动汽车共同开跑、每辆车跑 20 万英里所耗电量的总和,相当于排放了 552 吨二氧化碳(CO_2)。除训练外,模型的日常运行也"吃电"凶猛,每天的耗电量超过 50 万千瓦时,相当于美国家庭平均用电量的 1.7 万多倍。[2]

资料来源:作者根据公开资料整理。

1.3　环境问题的分类

尽管环境问题不都是人类引起的,也不是现在才有的,但是在近代以来这一问题变得严重,深刻影响了生态系统和人类自身,引起了人们越来越多的关注。根据研究需要,可以用多种标准对环境问题进行分类:

按引起环境损害的原因,可分为自然原因引起的环境问题和人为原因引起的环境问题。例如火山喷发导致的空气污染是自然原因引起的,而汽车尾气导致的空气污染是人为原因引起的。我们研究的对象是后者。

按对生态系统的扰动性质可分为**污染**和**生态破坏**两种。各种有毒物质进入空气、水体、土壤,对人类和其他动植物的健康和生存造成危害,这就是污染,如水污染、空气污染等;生态系统的结构被破坏,使系统变得不稳定甚至崩溃,这就是生态破坏,如森林砍伐造成水土流失和荒漠化。

按环境损害发生的范围可分为地方性问题、地区性问题和全球性问题。在一个行政区划内的水污染、汽车尾气污染等属于地方性问题;而跨多个行政区划的水土流失、酸雨等属于地区性问题;气候变化、生物多样性减少的影响范围涉及整个地球生态系统,属于全球性问题。

---

① 数据来自 CCAF 官网:https://ccaf.io/cbnsi/cbeci/comparisons.
② 央广网. AI"吃电"凶猛 ChatGPT 每天耗电已超 50 万千瓦时[EB/OL]. (2024-03-12)[2024-11-25].http://m.cnr.cn/tech/20240312/t20240312_526624611.html .

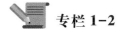 **专栏 1-2**

生态足迹

随着生产力水平的提高,人类对环境的影响力不断增强,越来越深刻地改变着环境。研究者们开发出许多指标来衡量这种影响力,其中最常用的是**生态足迹**(ecological footprint)。生态足迹指要维持一个人、地区、国家的生存所需要的或者能够容纳人类所排放的废弃物、具有生物生产力的地域面积(biological productive land)。例如,一个人的粮食消费量可以转换为生产这些粮食所需要的耕地面积,他所排放的二氧化碳总量可以转换成吸收这些二氧化碳所需要的森林、草地或农田的面积。生态足迹通过将每个人消耗的资源折合为全球统一的、具有生产力的地域面积,来评估人类对生态系统的影响。因此人们对生态环境的影响可以被形象地理解成一只负载着人类和人类所创造的城市、工厂、铁路、农田等的巨脚踏在地球上留下的脚印大小。生态足迹的值越大,表示人类对生态的破坏就越严重。通过计算,区域生态足迹总供给与总需求之间的差值如果为负值,就记作**生态赤字**,如果为正值,记作**生态盈余**,可以反映不同区域对于全球生态环境现状的贡献。

最早提出生态足迹概念的是里斯[1],随后瓦克纳格尔提出了生态足迹的计算方法[2],此后,不同的研究者也提出了自己的计算方法。虽然这些方法间有一定的差别,但主要思路大同小异。一般地,生态足迹的计算是先将各种资源和能源消费项目折算为耕地、草地、建设用地、渔业用地、林木产品生产所需的林地,以及吸收海洋无法吸收的二氧化碳排放所需的林地(即碳吸收用地)等 6 种生物生产性土地面积类型,再通过均衡因子将其换算成具有相同生态生产力的面积,并进行加总得到的。

生态足迹分析具有广泛的应用范围,既可以计算个人、家庭、城市、地区、国家乃至整个世界的生态足迹,也可以对它们的足迹进行纵向的、横向的比较分析。图 1-2 显示的是1961—2021 年间的全球人均生态足迹和人均生物承载力[3]的变化。人均生物承载力的下降主要源自人口增长,从图中可以看出,从 20 世纪 70 年代以来,全球的人均生态足迹就超过了人均生物承载力。[4]

2008 年,世界自然基金会(World Wildlife Fund, WWF)的研究认为各地区的生态足迹与生物承载力的对比存在明显差异:欧洲(非欧盟国家)、拉美加勒比地区和非洲的生态足

---

① Rees W E. Ecological footprints and appropriated carrying capacity: What urban economics leaves out [J]. Environment and Urbanization, 1992, 4(2): 121-130.

② Wackernagel M. Ecological footprint and appropriated carrying capacity: A tool for planning toward sustainability[D]. Vancouver: The University of British Columbia, 1994.

③ 生物承载力是指一个国家或地区具有提供可再生资源和吸收二氧化碳能力的土地面积的总和,具体包括耕地、草地、建设用地、渔业用地、林木产品生产所需的林地,以及吸收海洋无法吸收的二氧化碳排放所需的林地。

④ 生态足迹和生物承载力的单位是"全球公顷"(global hectares, gha),其含义是按全球平均生物生产力计算的1 公顷的土地。

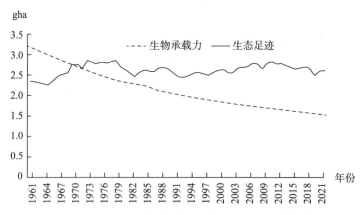

图 1-2　1961—2021 年全球人均生态足迹和生物承载力

资料来源：作者根据全球足迹网络（Global Footprint Network）的相关资料整理。

迹小于其生物承载力，有生态盈余；而其他地区则相反，存在生态赤字（图 1-3）。① 总体上看，人类的生态足迹已超过地球承载力约 30%，按目前的增长趋势，到 2030 年需要 2 个地球才能支持人类的活动。由于 15% 的全球人口消耗了 50% 的资源，生态足迹在整体加大的同时，各地区和人群的生态足迹也是不同的。如果所有的人都达到英国的生活水平，人类需要 3 个地球，而要达到北美的生活水平，则需要 5 个地球。

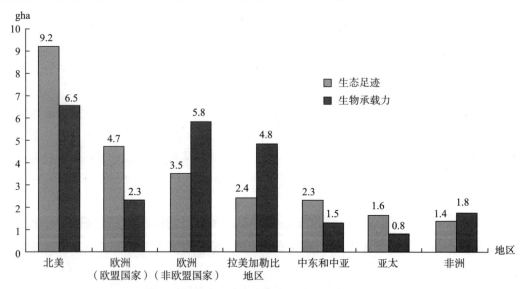

图 1-3　各地区的人均生态足迹和生物承载力

资料来源：作者根据 WWF 的相关资料整理。

近 40 年来，中国的人均生态足迹明显上升，自 2009 年后持续高于全球平均水平，2022 年达到 3.62 gha，考虑人口因素，中国的总生态足迹是 52.76 亿 gha。与中国相比，美国人

---

① WWF. The 2008 living planet report[EB/OL]. [2025-02-20]. https://wwf.panda.org/discover/knowledge_hub/all_publications/living_planet_report_timeline/lpr_2008/.

均水平是 7.3 gha,总量为 25.24 亿 gha。从占世界总量的比重变化来看,尽管中国人口占世界总人口的比重较稳定,生物承载力在全球生态系统生产能力中的比重保持平稳,但由于人均消费水平的上升,中国的总生态足迹比重增加,特别是自 2000 年以来,中国的生态足迹在全球生态足迹中所占的比重显著上升(图 1-4)。

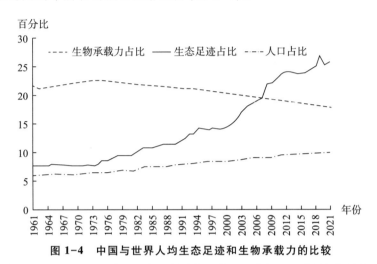

图 1-4　中国与世界人均生态足迹和生物承载力的比较

资料来源:作者根据全球足迹网络的生物承载力与生态足迹数据以及世界银行的人口数据整理。

1.4　本书的结构

本书由三个部分组成:基础知识、微观分析、宏观分析。

基础知识部分包括第 1—2 章。内容是介绍环境经济学的基本概念、环境经济学的产生及发展历程。

微观分析部分包括第 3—8 章。这一部分主要沿着污染问题的产生根源—分析方法—应对政策的思路展开。具体来说:

第 3 章主要介绍引起环境问题的几种主要的市场失灵现象:外部性、公共物品、不确定性和短视。其中外部性是造成污染的主要原因,后面几章对污染问题的分析都是围绕将外部性内部化展开的。

第 4 章介绍分析污染的两种思路:一种是用经济学的静态局部均衡方法分析污染。通过学习,学生应了解为什么人们既不应随心所欲地排放污染,也不应将污染全部清除干净,最优的方案是保留一定数量的污染。另一种是用物理学的物质平衡方法分析污染。通过学习,学生应了解污染的产生有其物质背景,以此为逻辑分析起点,理解为什么要进行清洁生产、发展生态工业、建设循环经济。

第 5 章主要介绍对环境质量变化进行经济评估的理论和方法。要将环境问题纳入经济学分析,与其他物品和服务进行比较,必须将其货币化,从而与其他经济物品统一成一致的计量单位。但是大量的环境质量变化的影响没有现成的市场价格,因此,需要开发替代方法进行评估。通过本章的学习,学生应了解衡量环境质量变化对福利影响的主要方法,学习评估环境质量变化价值的实用性手段,并认识到这些评估手段的适用性和局限性。

第6章介绍削减工业污染的主要政策手段。命令—控制型政策和经济手段,其中最常见的几种经济手段包括:排污税、排污权交易、补贴、押金—退款制。这些政策手段各有其适用性。通过本章的学习,学生应掌握这些政策手段的运行原理和适用范围,辩证地认识现实中的各种污染削减手段的优缺点。

第7章介绍削减非点源污染的主要政策手段。农业污染、城市生活污染和交通污染的污染源不同于工业污染源,它们单个污染量少,布局分散,有的还处于运动中,难以监控并测算每个污染源的排放量,因此,削减工业污染的政策手段对这类污染往往不起作用,需要开发其他的政策手段。本章将非点源污染分为移动源污染和面源污染两大类,分别介绍这两类污染的特点和常用的削减手段。

削减污染、保护环境不能单靠政府的力量,实际上,公众、市场和企业自身都可能成为积极力量。本书第8章讨论了这几种积极力量。通过本章的学习,学生可以认识到支持环境保护和污染削减的支柱是多方面的。

宏观分析部分包括第9—15章。这一部分主要沿着影响环境质量变化的宏观因素—环境管制对宏观经济的影响—环境经济核算—跨界环境问题分析—实现绿色增长—中国环境治理的思路展开。具体来说:

第9章介绍人口增长、经济增长、经济全球化等三个影响环境质量变化的宏观因素。通过本章的学习,学生应了解污染等环境问题不仅来自外部性等市场失灵,而且它们是与人类的经济规模的扩张紧密联系在一起的。

第10章引导学生将经济系统作为生态环境系统的子系统,从生态经济学的角度看待经济规模扩张。本章将介绍生态经济学的一些基本观点、罗马俱乐部的世界模型和稳态经济思想。

环境管制政策要求将大量资本转移到非生产性部门,也意味着对市场机制和企业经营的干扰和扭曲,这些都会对经济部门造成影响,对这种影响进行分析是评估和选择环境管制政策的重要基础。在第11章,学生将学习环境管制对经济增长、就业、创新、竞争力、生产效率、贸易和投资的影响,并学习将环境因素纳入投入—产出表进行分析的方法。通过本章的学习,学生应掌握分析环境管制的经济影响的思路,了解以往研究者的主要结论,并学习相应的进行实证分析的方法。

第12章学习环境经济核算方法。传统的国民经济核算体系没能将自然资源损耗和环境破坏损失纳入统计范围,指标不能反映自然资本的变化,因此许多机构和研究者尝试开发新的核算方法,其中应用最多的是 SEEA 核算体系(即综合环境与经济核算体系)。

通过本章的学习,学生应掌握 SEEA 核算框架,并了解中国进行环境经济核算的实践和主要思路。

许多环境问题的影响不局限于一个行政区域之内,而是成为跨界环境问题,有些跨界环境问题的影响甚至是全球性的。第 13 章分析了这类环境问题的形成原因和解决方案,其中重点梳理了新兴的气候变化经济学的主要内容。通过本章的学习,学生应认识到跨界环境问题的独特性,相应地,当这类环境问题无法依靠政府自上而下的强制性管控政策解决时,更多地需要依靠新型机制——基于谈判和合作的治理。

第 14 章是从宏观政策的角度提出环境保护的思路。这一思路概括地讲是要转变经济增长模式,以可持续发展目标为指导,向绿色经济转型。具体来讲,则是要建立相应的政策支撑体系,从规划、投资、生产、消费、结构调整、社会治理等多个方面促进转变的实现。

第 15 章介绍了中国的环境治理和生态文明建设。通过本章的学习,学生应掌握中国环境治理体系的发展历程和框架,学习中国生态文明建设理论和生态文明体制改革的主要内容。

相关期刊和网站

对本课程的学习,可参考阅读的期刊有:

1. *Ecological Economics*(《生态经济学》)

2. *Environmental and Resource Economics*(《环境与资源经济学》)

3. *Journal of Environmental Management*(《环境管理杂志》)

4. *Journal of Environmental Economics and Management*(《环境经济与管理杂志》)

5. *Land Economics*(《土地经济学》)

6. *International Review of Environmental and Natural Resource Economics*(《国际环境与资源经济学评论》)

7. *Environment and Development Economics*(《环境与发展经济学》)

8. *Review of Environmental Economics and Policy*(《环境经济与政策评论》)

9.《环境保护》

10.《中国人口资源与环境》

也可查阅以下网站,了解环境政策信息、查找环境统计数据:

1. 中华人民共和国生态环境部:https://www.mee.gov.cn/

2. 世界银行,可查找环境资源领域的研究报告和环境统计数据:http://www.worldbank.org/en/topic/environment

3. 世界资源研究所(World Resources Institute, WRI),WRI 是一个对资源环境、经济和

人类福利进行综合研究的组织,可在其网站查阅环境领域的新闻动态、研究报告和该研究所编制的多种环境指数：http://www.wri.org

4. 美国国家环境保护局(Environmental Protection Agency, EPA)，可了解美国的环境政策,查找美国环境统计数据：http://www.epa.gov

5. 联合国环境规划署(United Nations Environment Programme, UNEP)，可了解环境领域的政策和研究动态：http://www.unep.org

6. 欧洲环境署(European Environment Agency, EEA)，可了解欧盟及其成员国的环境政策,查找欧盟国家的环境统计数据：http://www.eea.europa.eu/

7. 国际可持续发展研究院(International Institute for Sustainable Development, IISD)，IISD 是一个可持续发展智库,可了解可持续发展的相关研究：http://www.iisd.org

8. 世界贸易组织(World Trade Organization, WTO)，可了解 WTO 框架下的环境和贸易问题：https://www.wto.org/english/tratop_e/envir_e/envir_e.htm

9. 未来资源研究所(Resources for the Future, RFF)，可查找资源环境领域的研究报告：http://www.rff.org

10. 联合国政府间气候变化专门委员会(Intergovernmental Panel on Climate Change, IPCC)，IPCC 会对气候变化的成因、发展趋势、社会经济影响、可能采取的措施等进行评估：https://www.ipcc.ch

第 2 章　环境经济学的产生与发展

【学习目标】

- 了解西方早期的环境经济思想
- 掌握分析环境问题的主要经济学工具
- 了解环境经济学的产生背景
- 了解环境经济学的主要研究领域
- 了解环境经济学在中国的发展情况

经济学是研究如何有效配置稀缺资源的学科。在人类文明发展的漫长时期里,人类的社会经济活动对自然环境的干扰不大,环境并不是一种稀缺资源。只是到了工业革命之后,人类对环境的影响才大大增加,使良好的环境具有稀缺性,因此成为经济学的研究对象。

2.1　西方早期环境经济思想

17—18 世纪,欧洲经济和人口在工业革命的带动下快速增长,不仅加剧了采掘业的压力,还大规模地改变了自然景观、降低了空气与水的质量。特别是在北欧和西欧,急速的城市化和工业化带来了比较严重的局部污染和健康问题。在自然资源被加速开发、环境质量下降的刺激下,学者们开始思考自然资源与环境问题。

亚当·斯密(Adam Smith)在《国富论》(1776)中讨论了英国的采矿业,对于新矿藏的发现和开采成本,他持乐观主义的立场。斯密强调自由市场的作用,认为政府只有三种合法的职能:执法、国防和某些公共设施的建设。在斯密生活的时代,相对于经济发展的需求,自然资源是丰裕的,污染等环境问题也没有严重到引人注意的地步。后来,经济与环境的关系发生了巨大的变化。人们认识到受利己心驱动的生产者可能会造成严重的环境破坏,因此环境保护已被视为政府的另一项合法职能。

托马斯·罗伯特·马尔萨斯(Thomas Robert Malthus)在《人口原理》(1798)中提出了"两个级数"的思想,认为人口本身按几何级数增长:1,2,4,8,…,而土地和粮食按算术级数增长:1,2,3,4,…,前者的增长速度快于后者,而且土地是绝对稀缺的,在人口压力下,贫困、战争、瘟疫等灾难性后果难以避免,会使人口出现突然的大幅下降。

大卫·李嘉图(David Ricardo)在《政治经济学及赋税原理》(1817)中提出了"相对稀缺"的概念,他认为土地的稀缺是相对的,人口增长压力迫使一个地区耕种质量更差的土地以增加粮食供给,不同等级的土地因此被依次利用,质量较差的土地投入生产会使较为肥沃的土地产生地租,并促使地租上涨。

乔治·珀金斯·马什(George Perkins Marsh)在《人与自然:人类流动所改变了的自然》(1864)中认识到森林破坏会导致沙漠化,提出只有合理管理自然资源并使其保持良好的状态,人类的福利才是有保障的。人类在做出资源管理决策时要考虑后代的福利。资源稀缺是环境平衡被破坏的结果,来自人类的不合理行为而不是资源的绝对稀缺。

19世纪末,伴随北美工业化的加速发展,这一地区的资源消耗和环境恶化问题也严重起来。在这样的背景下,1890—1920年,美国兴起了自然资源保护运动。这一运动有两个方向:一个是拉尔夫·沃尔多·爱默生(Ralph Waldo Emerson)、亨利·戴维·梭罗(Henry David Thoreau)、约翰·缪尔(John Muir)等人倡导的自然保护方向,强调生态的自有价值,要求维持、不干扰原始自然生态环境;另一个是吉福德·平肖(Gifford Pinchot)、富兰克林·德拉诺·罗斯福(Franklin Delano Roosevelt)等人倡导的实用主义的自然保护方向,强调对自然的保护要以人的利益为中心,要求对自然资源进行科学管理和明智利用。自然资源保护运动这两个方向的哲学价值和出发点虽然不同,但共同推动了美国国家公园的设立,并推动了美国自然资源的国有化和政府对森林、土地、河流的管理。

可见,从欧洲到北美,工业化使人类对自然的开发强度增加,使生态环境受到越来越大的影响,因而自然资源和良好环境的稀缺性增加,逐渐成为经济学的研究对象。

2.2 分析环境问题的经济学工具

环境经济学作为经济学的一门分支学科,既包括实证分析也包括规范分析,其中的实证分析部分是用宏观、微观经济学理论讨论影响环境及其服务的经济因素,规范分析部分是应用福利经济学理论研究如何配置环境物品和服务,以实现社会福利的最大化。本节将介绍在环境问题分析中常用的边际分析、外部成本分析和社会福利思想。

2.2.1 边际分析工具

"边际"的含义是"额外的""追加的",指处在边缘上的"已经追加的最后一个单位",或"可能追加的下一个单位"。边际在数学上属于导数和微分的概念,指在函数关系中,自变量发生微量变动时,边际上因变量的变化,边际值表现为两个微增量的比。当分析对象是离散变量时,边际值是因变量变化量与自变量变化量的比值 $\Delta Y/\Delta X$,其含义是自变量变化一个单位时因变量的改变量。当分析对象是连续变量时,边际值是因变量关于某自变量的导数值 $\partial Y/\partial X$,其含义是因变量关于自变量的变化率。

边际分析法(marginal analysis)是一种经济学研究方法,研究一种可变因素的数量变动对其他可变因素的变动产生的影响。边际分析法有助于分析和理解经济系统的运行和变化,并为决策提供技术支持,被广泛运用于对效用、成本、产量、收益、利润、消费等经济变量和经济行为的分析过程,帮助避免过度生产或过度消费,从而优化稀缺资源的配置。**边际成本**(marginal cost, MC)是每增加一个单位的产品所引起的成本增量。**边际收益**

(marginal benefit，MB)是每增加一个单位的产品所带来的收益增量。当边际成本与边际收益相等时,资源配置的净收益最大,这就是所谓的**等边际原则**(equimarginal principle)。

对于企业来说,其行为目标是取得最大利润,需要比较生产的边际成本和边际收益,如果生产一个额外的产品能带来的边际收益大于边际成本,企业就应增加产量。反之,如果边际成本大于边际收益,企业应减少产量。当二者相等时的产量决策是最优的。

对于消费者来说,他从消费行为中取得的收益是**效用**(utility),效用指消费者在消费商品时所感受到的满足程度。一般地,在其他条件不变的情况下,随着消费者对某种商品的消费量增加,每增加一单位消费所带来的额外满足感(即边际效用)逐渐减少,这被称为**边际效用递减规律**。消费者的边际成本是商品的价格,消费行为的目标是取得最大效用,那么他需要比较消费的边际成本和边际效用,如果边际效用大于边际成本,消费者会购买该商品;如果边际效用小于边际成本,消费者则不会购买。当二者相等时的购买量决策是最优的。

对于政府来说,做出经济决策时同样需要比较项目的边际收益和边际成本,即进行边际分析。如果边际收益大于边际成本,政府应推进该项目;反之,则应放弃或调整项目。

当市场和坏境变化时,边际成本和边际收益可能发生变化,最优经济决策也需要相应调整。

2.2.2　外部成本分析

自由市场主义者认为市场机制能实现资源的有效配置,但是在现实中市场机制发挥作用的条件通常不能得到满足,这使市场机制并不能覆盖经济活动产生的所有影响,从而产生**市场失灵**(market failure)。经济活动产生外部成本是一种重要的市场失灵。

阿尔弗雷德·马歇尔(Alfred Marshall)首次尝试将外部性概念引入经济分析,讨论了商人们没有支付市场的外部成本而分享收益的问题。[①]

阿瑟·塞西尔·庇古(Arthur Cecil Pigou)在马歇尔的基础上全面分析了外部性现象,并提出用收税的方法修正外部性。[②]

威廉·卡普(William Kapp)分析了社会成本问题,将社会成本定义为经济活动参与者强加在第三方或者普通公众身上的直接或间接负担。他讨论了水和空气污染损害健康、降低农业产量、加速物质腐化、加速生物灭绝等现象,认为如果经济主体的活动影响到其他主体的活动或福利,而由此产生的成本和收益又不纳入其得失核算,就出现了外部性。如果外部性被定价,负担成本者得到了补偿,外部性就被内部化了,但在市场机制中外部性常常得不到补偿。[③]

弗朗西斯·巴托尔(Francis Bator)认为外部性是市场失灵的表现,产权不完善是外部

---

① 马歇尔.经济学原理[M].廉运杰,译. 北京:商务印书馆,2000.

② 庇古.福利经济学(上下卷)[M].朱泱,等,译. 北京:商务印书馆,2006.

③ Kapp K W. The social costs of private enterprise[M]. Cambridge：Harvard University Press, 1950.

性产生的原因。通过在所有的经济活动中制定严格定义的、可传递的、市场化的产权，可以解决外部性问题。[1]

詹姆斯·布坎南（James Buchanan）和威廉·斯塔布尔宾（William Stubblebine）认为外部性打破了经济学中资源有效配置的条件。但彻底消除外部性既不可能，也不应当。他们运用边际分析方法，讨论了最优外部性问题，认为最优外部性位于边际收益和边际损失的交点处。[2]

卡尔·达尔曼（Carl Dahlman）讨论了存在交易成本和不完全信息情况下的外部性问题，认为现实中交易成本和不完全信息的存在使得人们"忍受"或"忽略"一些外部性是合理的，这样，在市场中有外部性存在的资源配置仍可能是有效率的。解决外部性问题，不能只关注庇古税，更应关注降低交易成本和减少不完全信息，更多地使用市场机制以减少外部性。[3]

2.2.3　社会福利思想

福利经济学是一种规范分析，讨论社会"应该"如何配置资源。福利是一种主观感受，在经济活动中，常用效用衡量个人福利，效用的大小可以用个人的支付意愿表示。个人福利加总即成为社会福利。

社会福利是制度安排下的社会利益分配，依赖社会选择和政策实施。维尔弗雷多·帕累托（Vilfredo Pareto）提出了资源分配的理想状态是在不使任何人境况变坏的情况下，不可能通过改变资源分配使某些人的处境变好。后人将这一状态称为**帕累托最优**（Pareto efficiency）。在不存在外部成本的完全竞争市场中，市场机制能实现稀缺资源的有效分配，达到帕累托最优状态，此时既实现了个人福利的最大化，也实现了社会福利的最大化。但是，充分竞争等假设在现实世界里往往不能满足，使得尽管每个个体都追求自身福利最大化，但结果整体上看社会福利却受到损失。如果现实偏离了帕累托最优状态，需要实施一定的政策进行调整。**帕累托改进**（Pareto improvement）是达到帕累托最优的路径和方法。尼古拉斯·卡尔多（Nicholas Kaldor）和约翰·希克斯（John Hicks）提出了一种务实的方法识别潜在的帕累托改进：如果从变革中获益的人在原则上能够完全补偿损失者，并且至少有一个获益者仍然过得更好，那么这种变革就是帕累托改进。例如，在不可再生自然资源的跨代配置上，由于人们的预见能力不足，更偏重眼前消费，往往会加快资源的开发利用，资源的配置偏离了帕累托最优状态，伤害了后代的利益。此时政府作为保护后代利益的代言人，可以实施一系列的政策，鼓励人们进行节约和储蓄，避免过度的和非理性的贴现。这虽然对当代人的利益有一定损害，但从整体上看是有益的，这就是一种帕累托改进，能够减少社会福利损失。

① Bator F M. The anatomy of market failure[J]. The Quarterly Journal of Economics, 1958, 72(3): 351-379.

② Buchanan J M, Stubblebine W C. Externality[J]. Economica, 1962, 29(116): 371-384.

③ Dahlman C J. The problem of externality[J]. Journal of Law and Economics, 1979, 22(1): 141-162.

2.3　环境经济学的产生背景

第二次世界大战后,西方各国将主要精力放在恢复和发展经济上,对资源消耗和环境保护问题没有引起足够重视。结果在经济快速增长的同时,各国都出现了严重的生态破坏和污染问题,导致成千上万的人因此患病,甚至有不少人在污染事件中丧生。由于污染事件不断发生且其危害程度加重,西方国家的一些记者开始探求并报道污染事件的真相,组织对环境问题进行调查与研究。

1962 年,美国海洋生物学家蕾切尔·卡逊(Rachel Carson)出版了《寂静的春天》一书,这本书也可以看作一份关于使用杀虫剂造成污染危害情况的报告。卡逊在书中描述了有机氯农药污染大量杀死鸟类,使本来生机勃勃的春天都"寂静"了的可怕现实,从污染生态学的角度,论述了人类与大气、海洋、河流、土壤、动植物之间的密切关系,首次揭示了人造化学品污染对生态系统的影响。这本书出版后立即引起了人们的关注,并被翻译成各国文字广为传播。该书对于启蒙人们的环境意识、促使环境科学的产生和发展起到了巨大的推动作用。

由于各种污染事件不断发生,影响范围和规模趋于扩大,社会舆论的宣传也提高了公众的环境意识,加上对核武器和核污染的恐惧,越来越多的人意识到自己正处在一种不安全、不健康的环境中。同时,收入水平的提高使发达国家的公众不再满足于单纯物质上的享受,开始渴望更好的有利于身心健康的生存环境和生活方式。20 世纪 60 年代末,西方发达国家各类环保团体纷纷涌现,公众走上街头,通过游行、示威、抗议等手段要求政府采取有力措施治理和控制环境污染,掀起了声势浩大的群众性反污染反公害的"环境运动"。其中最有影响力的是 1970 年 4 月 22 日在美国举行的"地球日"游行活动,约有 2 000 万人走上街头,参加了这次规模空前的群众运动。这次活动的影响很快扩大到全球,有力地推动了世界环保事业的发展,也使 4 月 22 日被确定为"世界地球日"。

经过广泛的环境启蒙和环境运动后,有识之士对环境污染、人口过快增长、自然资源可能耗竭产生了更多的关切和担忧。出于对人类未来发展的关切,1968 年来自欧洲的约 30 名科学家、社会学家、经济学家和计划专家在意大利罗马召开会议,探讨什么是全球性问题和如何开展全球性问题研究。会后他们组建了一个"可持续委员会",并以"罗马俱乐部"作为委员会及其联络网的名称。1972 年罗马俱乐部提出了关于世界未来发展趋势的研究报告——《增长的极限》,该报告认为:人口、粮食生产、工业生产、污染和不可再生资源的消耗会以数学家称为指数增长的速度持续增长,几乎所有的人类活动,从化肥的施用到城市的扩大,都可以用指数增长曲线表示。但地球是唯一的,耕地、不可再生资源、环境自净能力等都是有限的,如果人类社会不断追求物质生产方面的目标,那么最后一定会达到地球上许多极限中的某一个极限,其后果将可能是人类社会的崩溃和毁灭。因此,该报告提出"全球均衡状态"的设想。"全球均衡状态"的定义是人口和资本基本稳定,倾向于增加或者减少它们的力量也处于被严格加以控制的平衡之中,即"零增长"。

《增长的极限》一经发表就在全世界引起了极大的反响,学者们就此进行了激烈的争论。有人认可和支持罗马俱乐部的研究方法和建议,认同沿着人类目前的增长模式继续下去会导致悲剧性的后果。而有的学者则批评罗马俱乐部的研究忽视了市场机制和技术进步的作用,认为市场机制会对各类自然资源的消耗进行自动制约:当某种自然资源变得越来越稀缺时,它的价格就会上升,由此抑制对这些资源的经济需求。因此人类永远不可能用到"最后一滴石油"。同时,科技进步和资源利用效率的提高也将有助于克服增长的极限。他们乐观地认为:生产力的提高能为更多的生产提供支持。虽然目前人口、资源、环境和经济增长间存在一些问题,但是人类能力的发展是无限的,这些问题不是不能解决的。总体上看,世界的发展趋势是在不断改善而不是在逐渐变坏。

在环境危机和群众环境运动的压力下,自 20 世纪 70 年代起,西方各国纷纷设立专门的环境管理机构,大量投资于污染治理和环境修复,大片的土地被划定为自然保护区,各种环境保护法规和环境标准也纷纷出台,一些国家还出现了"绿党"[①]。经过近十年的治理,到了 70 年代末,西方主要发达国家成功解决了自己的产业污染问题,其国内环境质量有了明显改善。

这一时期里,国际环境合作也逐步展开。1972 年,"联合国人类环境会议"在瑞典斯德哥尔摩召开。会议研讨并总结了有关保护人类环境的理论和现实问题,制定了对策和措施,并呼吁各国政府和人民为维护和改善人类环境,造福全体人类和子孙后代而共同努力。会议将每年的 6 月 5 日定为"世界环境日",并发布了两个文件:《人类环境行动计划》和《人类环境宣言》。20 世纪 70 年代,环境运动取得了巨大的成功,令这一时期被称为"环境的十年"。1973 年,第一本专业期刊 *Journal of Environmental Management*(《环境管理杂志》)出版。

可见,同大多数经济学分支一样,环境经济学不是一门先验的学科,而是因为研究问题而诞生的学科。第二次世界大战后环境矛盾激化、群众环境运动兴起,各国政府着手制定环境政策和环境标准,提出了许多急需解决的问题,如保护环境从经济角度看是否划算?什么样的环境政策和手段最有效率?保护环境需要花多少钱?谁来出这笔钱?怎么花这些钱?等等。正是这一系列的问题促使学者们应用经济学的分析逻辑和分析工具来思考环境问题,也催生了环境经济学这一新兴学科。

环境问题不仅是一个经济问题,它还与自然生态系统的承载力、技术发展水平等有密切的关系。要清楚分析环境问题,除应用经济学的工具和理论外,还必须用到自然科学的一些概念和方法。因此,环境经济学在创立和发展的过程中,既从新古典经济学中获得了理论和工具支持,也大量融合和借鉴了与环境问题相关的自然科学中的概念和方法。例如,对水环境质量改善进行经济评价是制定水环境政策的基础。而要评估水环境质量改善的经济价值需要进行这样一些工作:首先,假定水体中污染物质的含量变化会影响水体

[①] 绿党是提倡生态优先、非暴力、基层民主、反核等政治主张的政党,对全球的环境保护运动具有积极的推动作用。美国、日本和欧盟的许多国家中都有绿党,其中最著名的是德国绿党,其曾与其他政党一起联合组阁执政。

的理化和生物学指标,如溶解氧、温度、水藻密度、鱼群数量等;其次,考察水体的理化和生物学指标变化对人类用途的影响,如工业用水、生活用水、灌溉用水、渔场生产用水和娱乐用水等;最后,确定水质变化和水体用途变化对人类福利变化的影响,并计算福利变化的货币价值。显然,这几项工作中涉及物理、化学、生物等多方面的知识,不仅仅是经济分析的问题。

2.4　环境经济学的研究内容

从上一节可以看出,在很大程度上,环境经济学的发展得益于经济学方法论及经济学和其他学科的交叉研究。几十年来,环境经济学不断吸收其他学科的技术工具和思想分析各种环境问题,已经发展成一个涉及诸多领域的学科。其研究内容涉及污染分析及政策、全球气候变化、生物多样性、自然保护区、环境国际合作、环境影响评价与环境核算等诸多方面。

2.4.1　环境政策经济学

这一领域包括对外部性、市场失灵、环境风险等问题的分析。除上一节中介绍过的用税收将外部性内部化外,罗纳德·科斯(Ronald Coase)为分析污染问题提供了一个新的思路[①]:环境污染是一种产权界定不清的市场失灵,许多自然资源产权的共有性质是产生环境问题的根源。政府机制也不是万能的,其本身也存在失灵。如果从产权角度分析市场失灵,那么得出的结论应该是反对过多的政府干预。按科斯的思路,如果将相关产权清晰界定为私人产权,那么将外部性内部化的最有效办法是利益相关方在讨价还价的基础上进行自由交易。威廉·鲍莫尔(William Baumol)和华莱士·奥茨(Wallace Oates)研究了外部性及市场失灵问题,分析了多种解决市场失灵问题的政策手段,包括直接管制、经济刺激,其中经济刺激包括污染税(费)、补贴。[②]

环境政策的形式很多,如何根据效率、公平等原则选择环境政策是人们关注的热点之一。例如,如何在命令—控制型政策和经济手段间进行选择? 基于效率原则的分析认为经济手段优于命令—控制型政策。在比较排污标准和排污税时,一般认为排污税优于排污标准。而如何在不同的经济手段间进行选择,则要视需要控制的是污染的数量还是价格而定:如果需要控制的是污染的数量,排污权交易制度更有利于达成目标;如果需要控制的是污染的价格,则宜采用污染税。在选择环境政策手段时,除了效率原则,还需要关注政策的动态效率,获得所需信息的难易程度,监测、执行的方便性,政策灵活性等方面的因素。但是,经济学家的分析结果并不总能够被政府、企业界和公众所接受。在环境管理实践中,大多数国家的政府首先倾向于使用命令—控制型政策。不过,出于降低成本和提

①　Coase R H. The problem of social cost[J]. Journal of Law and Economics, 1960, 3(1): 1-44.

②　Baumol W J, Oates W E. The theory of environmental policy[M]. Cambridge: Cambridge University Press, 1988.

高效率的考虑,近年来越来越多的国家开始使用经济手段。

分析环境政策的另一个热点是研究政策的环境和社会经济效应。这类分析适用于对拟实施政策的模拟和已实施政策效应的评估。例如,为了达成气候目标,政府计划征收碳税,需要事先模拟不同税率对降低二氧化碳排放和不同产业生产的影响,基于模拟结果在不同方案中进行选择。而在征收碳税一段时间后,还要对这一政策的实际效果进行评估,以判断政策是否达成了预期目标,是否需要调整。

此外,还有许多学者致力于研究在不完善市场、技术进步、存在交易成本等情况下环境政策的适用性、环境税改革等问题。例如,不完全竞争市场条件下或存在市场进入壁垒时排污权交易的表现,及如何在全球性环境问题(气候变化、臭氧层空洞、酸雨等)上使用这一制度,逐步以环境税替代所得税的可能性和方法,环境税的次优理论等。

2.4.2 国际环境经济和政策

在环境经济学发展的大部分时间里,其研究领域限于一个国家的范围之内。但是各种环境要素和环境问题有复杂的相关性,外部性是没有国界的。环境经济学中至少有三个问题具有国际意义:跨界和全球环境问题,国际贸易、资本跨界流动的环境影响问题,国际协议中的环境问题。

跨界环境问题源于跨界外部性,主要表现为酸雨、气候变化、臭氧层空洞、生物多样性减少等问题。因为没有一个国际权威机构对这些问题有行政管辖权,对这些问题的分析方法和政策措施在很大程度上不同于国内环境问题。从理论上看,许多学者应用博弈论分析这些跨界环境问题,并开发了合作性和非合作性经济模型。从实践上看,由于这类问题的解决在很大程度上需要国际合作,所以协商谈判成为解决这类问题的重要渠道。在各种跨界环境问题中,气候变化受到最多的关注和研究,从经济学角度进行的这类研究又被称为气候经济学。

对国际贸易、资本跨界流动的环境影响的研究涉及理论和实证两个方面。其中,理论模型考察国际贸易、资本跨界流动通过何种途径对环境产生影响,实证研究多考察这些影响的性质和大小。

与环境有关的国际协议从谈判到执行都存在许多争议和障碍。以保护环境的名义和技术壁垒形式出现的"绿色壁垒"、解决跨界环境问题时成本的分担等都是近年来研究的热点问题。

2.4.3 空间环境经济学

空间是一个地理概念,具有异质性和稀缺性。环境问题、环境政策及环境经济关系的空间性质是环境经济学需要研究的重要问题。非点源污染、土地规划、地区和城市可持续性问题、生产的选址、交通与环境等问题的研究都属于这一领域。空间环境经济学与地理学、生态学紧密相关,可从这些学科中借鉴许多分析框架和模型。

2.4.4　宏观环境经济学

宏观环境经济学考察经济增长和环境的关系。环境与经济的相互作用是环境经济学中一个历史最悠久的研究领域。

在热力学两个定律的基础上,人们逐渐认识到经济系统是环境系统的一个子系统,经济活动需要自然资源和环境承载力的支持。在前人研究的基础上,赫尔曼•戴利(Herman Daly)提出了宏观环境经济学的概念和研究框架。[①] 他认为经济学研究应有三个目标:效率、公平、规模。前两个目标在经济学理论中已有悠久的研究历史并且有相应的政策手段,而第三个目标——规模,还没有得到经济学界的正式认可,也没有相应的政策手段。传统上影响规模的政策措施,如刺激增长的宏观政策,结果几乎总是扩大规模。但由于自然资源和环境净化能力有限,经济规模的无限扩大是不可能的,因此就存在一个最优规模的问题。脱离规模目标研究可持续发展是没有意义的,实现最优规模下的稳态经济是避免人类灾难的必然选择。向稳态经济过渡需要对现有的经济运行机制、经济评价体系进行改革。

实证研究在考察经济增长与环境的关系中占据着重要地位。一些研究发现在经济增长过程中,环境质量呈现先恶化后改善的变化趋势,被称为"环境库兹涅茨曲线假说"。近十几年来,许多学者致力于解释和验证这一假说,这类研究中需要解决的主要问题是如何选择环境指标、数据、统计方法,如何解释研究结果和提出政策建议。

环境政策的实施是需要运行成本的,也会对经济活动主体的行为进行干扰和约束,因此会影响增长、就业、进出口等宏观经济变量,对这些变量进行理论和实证研究也是宏观环境经济学的研究内容。

2.4.5　环境价值评估和环境核算

评估环境的价值主要有两个目的:其一是完善经济开发和环境保护投资的可行性分析;其二是为制定环境政策、实施环境管理提供决策依据。

虽然环境的价值已获得普遍认可,但是许多环境资源没有市场价格。评估环境价值的难点在于,如何给没有市场价格的环境资源赋予货币价值,或者说使环境价值货币化。只有估算了环境的货币价值,才能将它同其他商品相比较并纳入国民经济核算体系和经济决策中去。

在实际应用中,环境价值评估和环境核算的作用主要体现在以下五个方面:

① 表明环境与自然资源在国家发展战略中的重要地位;

② 修正和完善国民经济核算体系;

③ 确定国家、产业和部门的发展重点;

④ 评估国家政策、发展规划和开发项目的可行性;

⑤ 参与制定国际、国家和区域可持续发展战略。

---

① Daly H E. Steady-state economics[M]. Washington, DC: Island Press, 1977.

2.4.6 可持续发展研究

可持续发展的概念自提出以来,引起了人们广泛的关注。概括起来,这方面的研究包括以下三个方面:

① 什么是可持续性？基于对可持续性认识的不同,人们对可持续发展的内容有许多不同的理解。

② 衡量可持续性的指标。一些研究使用综合性的单一指标,如绿色 GDP（国内生产总值）、生态足迹、真实储蓄率等;一些研究使用包含多个指标的指标体系。

③ 实现可持续发展的政策和战略。为了实现可持续发展,许多国家和地区纷纷制定可持续发展战略,这也是可持续发展的一个重要研究内容。

2.5 环境经济学的特点

环境经济学是 20 世纪 60 年代以来,伴随各类严重的环境问题的出现,在探索这些问题的根源和解决方案中不断发展起来的。面对同样的环境问题,学科背景和世界观不同的学者在如何看待问题和寻求潜在解决方案时的价值观和思路有所不同,会给出不同的解决方案。表 2-1 显示了几个相关学科研究环境问题时的不同思路和政策建议。

表 2-1　环境经济学与相关学科的联系和区别

	传统(新古典)经济学	环境经济学	生态经济学	深绿的生态学
基本原则	消费者主权,生产可能性边界,功利主义	经济主体受政府干预或环境成本的限制,功利主义	保护自然资本的集体责任,改良的功利主义	物种间平等,非功利主义
目标	利润、效用、福利和增长的最大化	考虑了环境成本的利润、成本、福利和经济增长的最大化	受限制的增长或零增长,从数量的增加到质量的改进	经济和人口的负增长
可持续概念	生产资本的维护,极弱可持续性	生产资本和自然资本的维护,弱可持续性	经济的减物质化,强可持续性	生态恢复与保护,极强可持续性
战略和政策工具	经济效率、不受约束的市场	生态效率,使用经济手段内化环境成本	生态效率,经济增长与环境影响的分离	命令—控制型政策,道德
评估与监控	国民经济核算体系	环境经济账户、绿色 GDP	建立物质流账户,可持续的福利和发展指标,人类生活质量指标	生态承载力和恢复能力的评估,生态足迹
环境价值	基于支付意愿的价值可以转化为货币单位		环境有内在价值,不能用货币衡量	

（续表）

	传统（新古典）经济学	环境经济学	生态经济学	深绿的生态学
市场化方案可以解决市场失灵吗	大多数情况下可以		微观层面的市场化方案可能导致宏观层面更大的失灵	
对后代的考虑	基于市场贴现率考虑后代利益		给后代利益更大的权重，不贴现或使用低贴现率	
对可持续发展的理解	人类福利的跨期最大化		生态功能的跨期维持	
经济增长是否要限制	不，至少在可预见的时间内不做限制		是，基于自然资源的有限性	

经济学的两种分析方法，实证分析和规范分析，在环境经济学中都有应用。实证分析回答"如何"的问题，规范分析回答"应该如何"的问题。例如，用计量模型检验征收碳税对减少汽车尾气排放的影响大小，就是回答"如何"的问题，而应将碳税税率确定在什么水平，就是回答"应该如何"的问题。

在做决策时，要比较行动的成本和收益，经济学中考察的问题都是既有成本又有收益（这里要注意的是其中包括机会成本和机会收益）的。环境问题是典型的外部性问题，由于许多环境物品没有市场价格，价格机制无法正常发挥作用，因此在讨论环境问题时，需要用替代方法计算环境物品的价值。一般使用的方法是将避免的成本视为收益，将失去的收益视为成本。对于一个行动，如果收益>成本，则应支持；反之，则应拒绝。在不同行动方案间进行比较时应选择净收益最大的方案。

环境经济学与传统经济学类似，是以人类为中心进行研究的。但这种人类中心论与传统经济学的严格的人类中心论也有不同。它不是不考虑自然环境的价值，只是将自然环境的价值通过人表达出来。自然环境不能发言，必须有人来代言，自然的价值必须通过评价者表达，这可称为"**弱人类中心论**"。例如对污染而言，经济学考察的污染是以某种方式影响了人类福利、健康的环境退化现象，因此客观存在的污染不等于有经济学意义的污染。自然保护区有价值，这种价值只是通过人们愿意为保护支付的代价来显示。

尽管有人认为自然具有不依赖人的评价而存在的**内生价值**。但这种伦理学的讨论不适用于经济学分析。因为经济学是一种研究取舍的学问，这要求对不同的选择进行定量的对比，比如在建水坝获得的水利效益和对自然景观造成的损害间进行比较，如果自然景观具有不依赖人的评价而存在的内生价值，则无法对其进行定量分析，因为"无价"意味着"没有价值"还是"无法估计的巨大价值"，实在是一个难以回答的问题。

作为一门新兴交叉学科，环境经济学从经济学中借鉴了大量的研究手段和分析工具。主要有：用局部均衡和一般均衡法分析污染问题，用成本—收益分析法分析环境的成本收益，用投入—产出分析法模拟环境经济系统的投入产出，用博弈论分析环境政策、国际环境问题等。

环境经济学的分析中也可使用多种模拟、预测和优化模型，如非线性、线性、静态、动态、投入—产出模型、可计算的一般均衡模型（computable general equilibrium，CGE）等。

2.6　环境经济学在中国

对于自然生物资源的开发，我国古代有一贯的持续利用的思想，要求顺应生物生长的规律，不能破坏生物持续繁衍的能力。许多春秋战国时期的思想家倡导万物有灵，天人合一，将人与环境的关系纳入道德层面。如孔子主张"子钓而不纲，弋不射宿"。孟子也说"不违农时，谷不可胜食也；数罟不入洿池，鱼鳖不可胜食也；斧斤以时入山林，材木不可胜用也"。《管子·八观》中提到"山林虽广，草木虽美，禁发必有时；国虽充盈，金玉虽多，宫室必有度；江海虽广，池泽虽博，鱼鳖虽多，罔罟必有正"。荀子讲"草木荣华滋硕之时，则斧斤不入山林，不夭其生，不绝其长也；鼋鼍、鱼、鳖、鳅鳝孕别之时，罔罟毒药不入泽，不夭其生，不绝其长也，……污池渊沼川泽谨其时禁，故鱼鳖优多而百姓有余用也；斩伐养长不失其时，故山林不童而百姓有余材也"。秦汉时期，《淮南子·主术训》中建议"不涸泽而渔，不焚林而猎"。除了在思想认识上强调对自然资源的保护性利用，自先秦以来，我国许多朝代都设置过虞、衡机构，用于管理山川、森林、湖泊沼泽、渔猎、矿产等自然资源，还设置冬官管理江河资源及工程建设。

现代环境经济学在 20 世纪 70 年代末被介绍到中国，1978 年我国制定了《环境经济学和环境保护技术经济八年发展规划（1978—1985 年）》，1981 年召开了"环境经济学学术讨论会"，出版了《论环境经济》，后来翻译引进了未来资源研究所、经济合作与发展组织（Organization for Economic Co-operation and Development，OECD，简称"经合组织"）的环境经济研究丛书，以及多种版本的《环境经济学》《自然资源与环境经济学》等教材。高校先后在本科阶段设置了资源与环境经济学专业，在硕士和博士研究生阶段设置了人口、资源与环境经济学专业，加大了对这一领域的人才培养力度。国家对环境经济研究的科研投入力度也增加了，21 世纪以来，随着我国对"两型"（资源节约型、环境友好型）经济、绿色转型、节能减排、高质量发展、低碳经济发展、生态文明建设的重视和推动，越来越多的学者投入环境经济学的教学和研究中，取得了大量的以中国发展经历和规划前景为背景的研究成果。

小　结

环境经济学使用经济学的方法论和分析工具，同时也得益于经济学和其他学科的交叉研究，自 20 世纪 70 年代以来，出于对环境问题和环境政策的分析需要逐渐发展成为涉及多个研究领域的独立学科。

📖 进一步阅读

1. 陆远如.环境经济学的演变与发展[J].经济学动态,2004,12:32-35.

2. 穆贤清,等.国外环境经济理论研究综述[J].国外社会科学,2004,2:29-37.

3. Hahn R W. The impact of economics on environmental policy[J]. Journal of Environmental Economics and Management, 2000, 39(3): 375-399.

4. Stavins R N. Environmental economics in the new palgrave dictionary of economics[EB/OL]. [2024-10-17]. https://link.springer.com/referencework/10.1057/978-1-349-95189-5#toc.

📑 思考题

1. 简述环境经济学的产生背景。

2. 环境经济学的主要研究领域有哪些?

3. 为什么环境经济学主张"弱人类中心论"?

微观分析部分

第3章 市场失灵——环境问题产生的原因之一

【学习目标】

● 掌握引起环境问题的几种主要的市场失灵现象:外部性、公共物品、不确定性和人类的短视

● 认识到发生市场失灵时,政府可以采取措施部分解决市场失灵问题,但政府本身也存在多种形式的政府失灵

斯密认为市场机制能自动实现经济效率,在市场上每个人"只是盘算他自己的安全……所盘算的也只是他自己的利益……他受着一只看不见的手的指导,去尽力达到一个并非他本意想要达到的目的。也并不因为事非出于本意,就对社会有害。他追求自己的利益,往往使他能比在真正出于本意的情况下更有效地促进社会的利益"。但是在现实中,市场这只"看不见的手"有时会失灵,成为许多环境问题产生的原因。

在经济学中,**市场失灵**是指市场机制不能充分发挥作用、稀缺资源不能得到有效配置的情况。非竞争性的市场、外部性、公共物品、信息不对称、代理人问题等都可能导致市场失灵。在市场失灵时,稀缺经济资源的配置没有达到帕累托最优状态,调整稀缺资源的配置方案能够提高社会的整体福利水平。

作为一种与市场机制相对的力量,政府可以部分解决市场失灵问题。但政府本身也不是万能的,在现实中存在多种形式的政府失灵。

3.1 外 部 性

外部性(externality)是指一个经济人的生产(或消费)行为影响了其他经济人的福利,这种影响是由经济人行为产生的附带效应,但没有通过市场价格机制进行传导。在外部性影响下,生产(或消费)行为的社会成本和私人成本、社会收益和私人收益间会产生偏离。

按照产生的影响的好坏,可以将外部性分为**正外部性**和**负外部性**。如果居住在河流上游的居民植树造林、保护水土,下游居民因此得到质量和数量有保证的水源,这种好处不需要向上游居民购买,此时产生的就是正外部性;而如果居住在河流上游的居民向河流中排放污染物,让下游居民的健康受到损害却不予以补偿,此时产生的就是负外部性。生产者和消费者的经济活动都可能产生外部性(如表 3-1 所示)。

表 3-1　生产者和消费者活动产生的外部性举例

对象	正外部性	负外部性
生产者之间	娱乐设施服务于就近的商业机构	上游工厂有毒化学污染威胁下游的渔业生产
生产者到消费者	私人森林允许自然爱好者在此野营	工业空气污染导致当地居民的呼吸系统患病率上升
消费者之间	注射传染病疫苗可以降低周围人群的患病风险	在公共餐厅里的吸烟者会影响其他顾客的健康和心情
消费者到生产者	消费者对产品的匿名反馈有助于提高该产品的质量	野地狩猎会扰乱附近农场的畜牧生产

　　从表 3-1 可以看出，负外部性会引起环境问题。在负外部性发生时，生产者或消费者行为的一部分成本外溢，成为外部成本。可以以生产者在生产过程中排放污染物的行为为代表进一步分析外部成本及其影响。在图 3-1 中，横轴表示企业的产量，当技术水平不变时，可以假定排污量与产量成正比，此时，也可以将横轴看作排污量（因为排污量＝产量＊系数）。纵轴是以货币单位计量的边际成本、边际收益和产品价格。

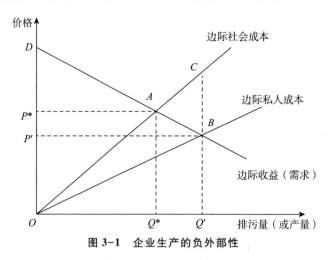

图 3-1　企业生产的负外部性

　　当存在污染时，生产活动的边际社会成本大于边际私人成本，其差额是外部成本。从社会的角度看，生产决策均衡点为 A，边际社会成本等于边际收益时对应的产量（或排污量）Q^* 是最有效率的，此时产品的价格为 P^*。但由于外部成本的存在，企业承担的私人成本较低，对企业来说，生产决策均衡点为 B，为了取得最大净收益，企业会将产量增加到 Q'，此时边际私人成本等于边际收益，对应的价格水平为 P'。

　　由于边际收益对应于消费者为产量支付的价格，所以边际收益曲线也是污染产品的需求曲线，而边际成本曲线则相当于污染产品的供给曲线。因此可以进一步分析存在外部性时的社会福利变化。在企业生产决策均衡点 B 时有：

$$社会福利＝生产者剩余＋消费者剩余－环境损失 ＝ OBP' + BDP' - OBC$$

在社会最优生产决策均衡点 A 时有：

社会福利 = 生产者剩余 + 消费者剩余 = OAP^* + ADP^*

比较这两个社会福利情况，可知由于负外部性的存在，社会福利会减少相当于图中三角形 ABC 的面积。因此，负外部性导致了社会福利的损失。

在市场机制下，外部成本不会自行消除。与社会最优水平相比，由于外部成本的存在，过多的资源被用于生产活动，产量和污染水平高于社会最优水平，产品的价格偏低。外部成本的大小与污染源采用的技术有关，也与污染源所处的位置有关，还与其距离人口中心的远近有关，受影响人口越多，外部成本越大。

大部分环境外部性是通过相关主体间的生物物理联系显现出来的。它有许多具体的表现形式：有的环境外部性只有一个污染者和一个受害者，如共处一室的吸烟者和被动吸烟者；有的污染者只有一个，受害者却有多个，如一家化工厂排放污染物毒害附近村民；有的污染者有多个，受害者只有一个，如许多农民施用的化肥农药影响了当地水源的水质，使自来水厂受损；最常见的是污染者和受害者都很多，如区域性的空气污染和水污染。有时污染者同时也是受害者，如每个人排放的温室气体引发了温室效应，对每个人造成了影响。要讨论解决外部性问题的对策，需要对不同的外部性现象进行具体分析。

有的经济活动会产生正外部性，如光伏发电能减少温室气体排放，其产生的社会收益大于私人收益，其差额是外部收益。在市场机制下，外部收益不会得到补偿。与社会最优水平相比，由于外部收益的存在，过少的资源被用于这一行业，光伏产品和光伏发电量低于社会最优水平，产品的价格偏低（如图 3-2 所示）。

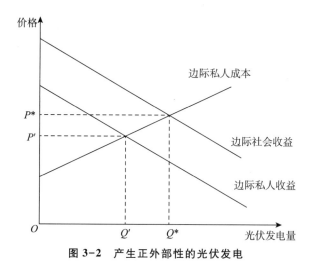

图 3-2　产生正外部性的光伏发电

3.2　公共物品

完整的产权应当有明确的所有者，其财产权利具有排他性、收益性、可让渡性、可分割性等性质，当这些条件不能满足时，可能会产生环境问题。

3.2.1　产　权

产权(property rights)指由物的存在及关于它们的使用所引起的人们之间相互认可的行为关系。产权所有者拥有别人同意他以特定方式行事的权利。[①] 产权包括财产所有权及与所有权相关的经济权利的集合，如占有权、转让权、收益权等。迄今为止，人类社会经历的产权制度大致可以分为四类：私有产权、国有产权、社区产权和共有产权。其中私有产权是现代市场经济的基础。完整的私有产权应该是界定清晰、能够有效执行的。在私有产权体系里的私有物品的消费具有竞争性和排他性。

产权能帮助人们形成与其他人进行交易时的合理预期，是进行市场交易的前提。如果物品的产权没有界定，人们就不会通过市场机制付费购买，而可能通过其他方式获取这类物品[②]；如果物品的产权界定得不清晰，人们就无法确定应与谁交易，也无法转让和买卖物品。此时价格机制就无法发生作用，外部性也就不能避免了。

产权的有效执行指产权所有者的权利是受到保护的。如果一个人的产权得不到保护，他的工作成果由别人获得，那他就没有工作的激励，可以说对个人财产的法律保护是产生经济激励的基础。但产权能否得到有效执行还要看执行的成本。如果产权的执行成本太高，产权界定得再清晰，也达不到应有的效果。只有执行成本足够低，产权才有可能得到有效执行。

消费的竞争性是指物品或服务被某个人或某些人消费时，会限制（或避免）其他消费者对该产品进行消费。例如一块巧克力被甲吃了其他人就吃不到。有些物品的消费则没有竞争性，它们一旦被生产出来，供更多人消费的边际成本为零，这类物品被称为完全非竞争性物品，国防是这类物品的代表。有些物品的消费在一定范围内类似于完全非竞争性物品，但超过一定限度其消费就有了竞争性。如在高速公路上，车辆较少时各车辆对公路的使用没有竞争性，车辆过多时道路就拥挤了，各车辆对道路的使用就具有了竞争性。

消费的排他性是指一种物品具有可以阻止其他人使用该物品的特性。生产者能够限制不为物品付费的消费者使用。而消费者在购买并得到物品的消费权之后，也可以把其他消费者排斥在获得该物品的利益之外。例如，甲购买了一块巧克力，他就获得了消费这块巧克力的权利，其他人未得到甲的允许就不能消费这块巧克力了。

按照消费是否具有排他性，可将物品分为私人物品和公共物品。**私人物品**在形体上可以分割和分离，消费或使用时有明确的排他性。**公共物品**在形体上难以分割和分离，在技术上不易排除众多的受益人，消费它们不具备排他性。例如一个地区的空气就是公共物品，这些空气并不能被分成一份一份的，也不能排除地区内任何居民自由呼吸这些空气的权利。在需求和供给方面，公共物品都有不同于私人物品的特点。

---

① Demsetz H. Toward a theory of property rights[J]. American Economic Review, 1967, 57(2): 347-359.

② 我国古书《慎子》中的一个例子"一兔走街，百人追之，……以兔为未定分也"讲的就是这种情况。人们不是通过交易得到兔子，而是一拥而上地去捕捉。从经济效率的角度看，这是对大家时间和精力的巨大浪费，而清晰界定产权避免了"百人追之"的情况，有助于提高效率。

3.2.2　公共物品的需求

由于公共物品的消费不具有排他性,消费者有强烈的动机多消费,这可能会造成需求过度的问题。

英国曾经有这样一种土地制度——封建主在自己的领地中划出一片尚未耕种的土地作为公共牧场,无偿向牧民开放。这本来是一件造福于民的事,但由于是无偿放牧,每个牧民都有动机养尽可能多的牛。随着牛的数量无节制地增加,公共牧场最终因"超载"而成为不毛之地,牧民的牛也被饿死,出现公地悲剧(tragedy of the commons)[①]。加勒特·哈丁(Garrett Hardin)在这里讨论的公地就是一种公共物品。公共物品的典型特征是这类物品的消费(使用)不具有排他性,结果人人都有动机成为"搭便车者"(free rider)[②],使公共物品被过快地消耗掉。

如图 3-3 所示,我们可以用边际分析工具研究对公地的利用:在公地里放牧可以带来收入。假定购置一头小牛的成本为 a,这也是小牛的边际成本 MC 和平均成本 AC,即 $a =$ MC $=$ AC。小牛长大后出售可以为主人带来收益,每头小牛能长多大取决于公地中牛的总数量 c,随着牛的数量增加,牛的边际产值 MP 递减,对于单个牧民来说,其增加一头小牛的成本为 a,收益则是平均产值 AP,由于 MP 递减,所以 AP>MP。

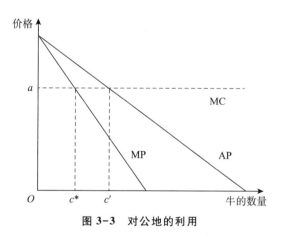

图 3-3　对公地的利用

假定 c 头牛可得的价值总量为 $f(c)$,公地的最佳利用应使整个村庄的净产值或利润最大化,即:

$$\text{Max}[f(c) - ac] \tag{式 3-1}$$

增加一头牛的边际产值等于小牛的成本 a,即:

$$\text{MP}(c^*) = a \tag{式 3-2}$$

---

① Hardin G. The tragedy of the commons[J]. Science, 1968, 162: 1243-1248.

② 搭便车问题由经济学家和社会学家曼瑟·奥尔森(Mancur Olson)于 1965 年提出。其基本含义是不付成本而坐享他人之利,指一些人需要某种公共物品,但事先宣称自己并无需要,在别人付出代价去取得后,他们就可以不劳而获地享受成果。

c^*为使整个村庄利润最大化的牛的数量,对应于 MC 和 MP 的交点。

而从每个牧民个人的角度看,如果一头牛所创造的产值超过了购买小牛的成本 a,那么增添牛就是有利可图的。如果当前公地中已有 c 头牛,这 c 头牛可获得的价值总量为 $f(c)$,那么每头牛可创造的产值为 $\dfrac{f(c)}{c}$,而自己增加一头牛的话,每头牛可创造产值 $\dfrac{f(c+1)}{c+1}$,如果 $\dfrac{f(c+1)}{c+1}>a$,那么就应再添置一头牛。如果村庄每一个人都依此行动,那么最后均衡的总牛数 c' 将符合下面的等式:

$$\frac{f(c')}{c'}=a$$

$$f(c')=ac' \qquad\qquad（式3-3）$$

c' 对应于 AP 与 MC 的交点,在边际收益递减的情况下,平均收益大于边际收益,这使得 $c'>c^*$,说明在公共产权状态下,人们有过度使用公地的倾向。

类似地,可以用这种逻辑讨论污染问题,只是人们不是从公共牧场中索取,而是向公共环境中排放废弃物。自然环境具有的吸纳废弃物的功能具有公共物品的性质,随着污染排放量的上升,其造成的边际损害递增,即 MC 是一条向上倾斜的曲线,在完全竞争市场中,单个污染者所生产的产品价格不变。在图 3-4 中,对于单个污染者来说,其增加一个单位的经济活动可以为他带来平均收益 AP = MP = p,经济活动造成的边际损害为 MC,但损害成本由所有人平均分担,污染者只承担平均成本,即 AC。由于 MC 递增,MC>AC。从社会整体利益的角度看,最优排放量对应于 MC 和 MP 的交点 Q^*,而从污染者个人的角度看,排放更多的污染是有利可图的,结果污染排放量会增大到 Q',使环境更加恶化。

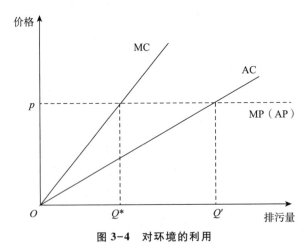

图 3-4　对环境的利用

3.2.3　公共物品的供给

由于公共物品的消费不具有可分割性和排他性,生产方就不能根据消费数量和消费者的出价意愿进行收费,这会造成供给不足的问题。

私人物品具有可分割性,因此在同一市场价格下消费者可以选择不同的消费数量,私人物品的总需求曲线就是每个消费者需求曲线的横向加总。如图 3-5 所示,假设社会上有 a、b、c 三个消费者,在物品价格为 p_i 时,a、b、c 三人对该物品的需求量分别为 Q_a、Q_b、Q_c,社会对该物品的总需求 $Q_i = Q_a + Q_b + Q_c$。在每一个价格水平上,社会总需求都这样形成,相当于总需求曲线 TD 是单个消费者需求曲线 D_a、D_b、D_c 的横向加总。

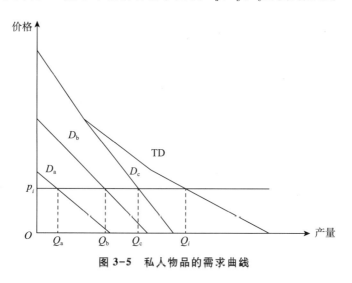

图 3-5 私人物品的需求曲线

公共物品的消费不具有可分割性和排他性,消费者只能消费相同的数量,但对相同的数量,不同的消费者愿意支付的价格可能是不同的。如图 3-6 所示,假设社会上有 a、b、c 三个消费者,在物品的供给数量为 Q_i 时,a、b、c 三人对该物品愿意支付的价格分别为 p_a、p_b、p_c,社会对该物品的总支付意愿 $p_i = p_a + p_b + p_c$。在每一个供给数量上,社会总支付意愿都这样形成,相当于总支付意愿曲线 TD 是单个消费者支付意愿曲线 D_a、D_b、D_c 的纵向加总。

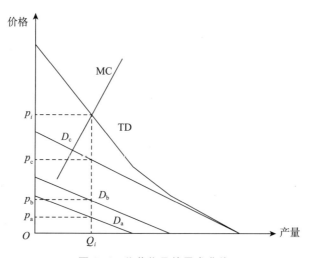

图 3-6 公共物品的需求曲线

公共物品的合理供给水平是所有受益者的支付意愿曲线的纵向加总所得的总支付意愿 TD 线与提供这种公共物品的边际成本曲线 MC 的交点。相应地，公共物品的成本在各受益者间的分摊也应以受益者的支付意愿为准，因此对公共物品的有效定价方法是差别定价。如果每个人都根据自己的边际支付意愿来付费，不仅适当的公共物品数量将被提供，而且预算也将达到平衡，即愿意支付的金额等于使供给得以实现而必须支付的金额。但是，因为公共物品消费的不可分割性和非排他性，存在搭便车的可能，所以受益者往往不愿揭示自己的支付意愿，差别定价在现实中无法实现。这使得潜在的公共物品的供给方不能取得足够的回报，不愿提供社会最优水平的公共物品。

清洁的空气、干净的水等具有公共物品的性质，从上面的分析可以看出，其消费的不可分割性和非排他性，使人们没有动力揭示自己对环境质量的出价，更愿意搭便车，结果造成在市场机制下，大家都对环境修复和污染治理没有积极性，使良好的环境供给不足。

由于在市场机制下私有部门不能提供充分的公共物品，公共物品常常需要由政府供给。政府提供公共物品的供给条件为

$$\sum_{i=1}^{n} \frac{\partial u_i / \partial G}{\partial u_i / \partial x_i} = \frac{p_G}{p_x} \qquad \text{（式 3-4）}$$

这里 G 是公共物品，x 是私人物品，u 是效用，p_G 为公共物品价格，p_x 为私人物品价格，在预算约束下政府供给公共物品的最优数量的条件是：公共物品与私人物品的边际效用之比等于其价格比。

3.2.4　公共物品的租值耗散

租值耗散（rent dissipation）是指本来有价值的资源或财产，由于产权安排方面的原因，其价值（或租金）下降，乃至完全消失。租值耗散现象在公共物品上表现得比较明显。

哈丁关注到优良的道路会在免费使用时产生过度拥挤的问题：在通往同一目的地的两条免费道路中，优良的道路总是过分拥挤，这就使在优良道路上驾车的成本大大提高。当拥挤达到一定程度后，优良道路和较劣道路对驾车者来说没有差别，这意味着优良道路原本高于较劣道路的价值完全消失。在这个例子里，优良道路之所以拥挤是因为它不是私有财产。如果优良道路是私有财产，业主就可以收租（收费），租金成为使用优良道路的价格，可以对道路的使用起调节作用。如果优良道路是免费使用的公共物品，过分使用就成为必然。可见产权界定不清是公共物品租值耗散的根本原因。在公共牧场的案例中，由于牧场对所有牧民开放，导致牧场上牛群过多，过度放牧使牧场的品质下降，也是发生了租值耗散。

一些政府机制有助于减轻或预防公共物品的租值耗散，如通过制定配额和发放许可证管理对公共物品的需求，持续监管公共物品的质量等。但对公地进行有效监管并不容易。自哈丁提出公地悲剧问题以来，学者们对公地的理解越来越深入，政策工具的设计也变得更加复杂。可公地的问题并没有减少，虽然一些常见的问题已经得到了成功的解决，

但另一些问题仍在继续出现。有些问题——例如全球气候变化的威胁——比过去更重要，也更难解决。①

 **专栏 3-1**

公有制能解决外部性和公共物品问题吗？

正如本章中论述的，外部性是指一个经济人的生产（或消费）行为影响了其他经济人的福利，这种影响是由经济人行为产生的附带效应，但没有通过市场价格机制进行传导。那么，如果外部性影响的产生方和接受方合并，"外部性"成为"内部性"，外部性就自然消失了。例如，以化工厂排放的废水污染了附近的鱼塘、造成了外部损害的案例来说，如果由化工厂收购鱼塘，那么外部性就成功地内部化了。但是，该案例中消失的只是经济学意义上的一个经济人对另一个经济人的影响，环境损害即使变为"内部性"仍然是存在的。这里"将外部性内部化"和消除环境损害是两个不同的概念。因此，通过合并将外部性"内部化"并不能真正解决环境问题。

另外，合并后原本为不同经济人拥有的物品成为共同产权物品，又会带来公共物品问题。哈丁发表《公地的悲剧》一文后，许多学者认为解决公地悲剧问题的唯一选择是政府对自然资源系统进行控制。例如文森特·奥斯特罗姆认为："因为公地的灾难和环境问题不可能借助合作途径解决，具有主要强制权力的政府原则是不可阻挡的。……即使我们避免了公地灾难，也必然无法避免只能求助于极权主义国家的悲剧。"②但人们对苏联的研究发现，在市场经济国家发生的污染问题在苏联同样存在。公有制形成了个人理性与集体理性的另一种偏离：1970 年，苏联 65% 的工厂没有对废物进行任何处理就直接排放，这是由于管理者的业绩单纯由产出衡量，他们并不考虑因此造成的对环境的损害。因此，有学者认为，工业化，而非私有企业，是环境破坏的根源，对生产资源进行国有化并不能解决问题。③

我国在 1978 年前的很长一段时期实行计划经济体制，几乎所有的经济资源都处于"公有"状态。两个在市场经济下最有活力的单位——企业和个人，无力对资源的开发利用做出规划，也不能充分享有生产的收益，只能在经济计划的指导下进行生产。在这种状况下，社会无法形成有效配置经济资源、提高资源使用效率的机制，因此造成巨大的资源浪费，也产生了比较严重的生态破坏和污染。可见，公有制既无助于解决外部性带来的环境问题，也无助于解决公共物品带来的环境问题，而且其本身还可能造成资源利用的低效率，导致更严重的环境破坏。

资料来源：作者根据公开资料整理。

---

① Stavins R N. The problem of the commons: Still unsettled after 100 years[J]. The American Economic Review, 2011, 101(1): 81-108.

② 转引自奥斯特罗姆，等.制度分析与发展的反思:问题与抉择[M].北京:商务印书馆,1992:88.

③ Tietenberg T. 环境与自然资源经济学(第 5 版)[M].北京:清华大学出版社,2001: 63.

3.3 不确定性和短视

环境变化往往是缓慢的，在自然界中，有毒物质从积累到产生明显的健康损害之间、从人类干扰生态系统到产生明显的生态破坏之间一般存在时滞，有时这种时滞还很长。例如温室气体自工业革命以来就在大气中积累，但其产生比较明显的温室效应并引起人们的关注是近三四十年的事。因此，环境领域的选择往往不仅影响现在，可能还会影响长远的将来。但是，将来的情况如何变化还存在不确定性。行为和结果间隔的时间越长，结果就越难以被认知，不确定性也越大。这使得从长期看，现在做出的看似正确的决策可能是错误的。

不确定性是气候变化分析的关键因素。气候变化的影响超出人类目前的认知和经验，其可能使生态系统产生重大的不可逆转的破坏，在科学、经济和社会后果方面都存在巨大的不确定性。当人们知道未来可能有突破性的技术进步、某些生态影响可能是不可逆转的，以及某些基础设施投资可能无法收回时，各国在选择应对气候变化的政策工具、应对行动的速度和程度时就产生了很多不同意见，使得要就温室气体减排达成国际集体行动存在巨大的困难。

一般地，人们更倾向于关注时空距离近的事物（如图 3-7 所示）。从时间维度看，人们更多看重眼前的利益，偏重当前消费。这样，不确定性的存在可能成为人们拖延行动的借口，损害环境和人们的长远福利。从空间维度看，人们对周边情况的关注也多于对远距离外的情况的关注。这可能造成人们很关注直接影响健康的当地空气质量等环境指标的变化，却忽视影响人类生存的全球性生态危机。

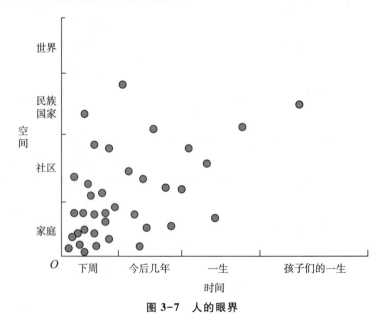

图 3-7 人的眼界

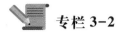 专栏 3-2

日本福岛核污染水排海

2011 年,受日本大地震及海啸影响,东京电力公司福岛第一核电站数个机组堆芯熔毁,酿成了国际核事件分级标准中最高级别的 7 级核事故。事故发生后,东京电力公司持续向事故机组安全壳内注水以冷却堆芯,产生了大量的核污染水。东京电力公司将这些核污染水存储在特制的密封罐内。随着时间的推移,这些存储罐接近饱和,但核污染水还在不断产生。在这一背景下,东京电力公司策划并启动了核污染水排海计划。自 2023 年起,该公司将核污染水过滤净化和稀释后向太平洋排放,这一过程预计将持续 30 年。

为了评估福岛核污染水排海的安全性,国际原子能机构和日本环境省对经过处理的核污染水样本进行了检测,认定其符合国际安全标准。但是这些机构的检测指标有限,核污染水中所含放射性物质的成分复杂,还有一些潜在的核素没有被检测到。相关机构没有提供数据来证实这些核素的放射性毒性和化学毒性,也没有评估其对海洋生物和生态安全的长期影响,核污染水排海的环境风险存在相当大的不确定性。因此,福岛核污染水排海的正当性、合法性、安全性被一些学者质疑,并受到中国、韩国等国民众的强烈反对。但东京电力公司坚持推动了核污染水排海,从 2023 年 8 月到 2024 年 11 月进行了 10 次排放,共排放了近 8 万吨核污染水。

资料来源:作者根据公开资料整理。

可持续发展强调在利用自然资源和开发环境时的代际公平,但无数的后代人还没有出生,只能由当代人代替他们做出决定。这会产生两个难以回答的问题:人们的决定建立在他们对后代需求的认知基础上,而后代人需要什么? 当后代人的需求与当代人的需求有冲突时,如何进行取舍? 例如,在大型河流上修建水坝会截断一些淡水鱼类的洄游路线,可能使这些鱼类面临灭绝的风险。那么应该修建水坝还是保护物种? 每一代人所做的决定都会对后代造成影响,现在的人无法了解未来人的需求,这个困难就无法克服。在气候变化和削减温室气体排放问题上,一些人认为当代人有责任减少驾驶、取暖、用电,以减少化石能源的消耗,降低温室气体排放,避免未来的气候灾难;而另一些人认为世界上还有许多人的生活水平低下,增加化石能源的使用量会增进他们的福利水平;还有人认为未来技术会发展到高级阶段,后代人会照顾好自己,当代人不用为他们减少化石能源消耗。那么是否应该减少、应该减少多少化石能源的消耗以应对气候变化呢? 选择在很大程度上取决于人们的眼界。

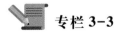 专栏 3-3

政府失灵

政府拥有对所有国民的强制力,市场失灵的存在为政府机制发挥作用提供了理由。在本书第 6 章中将介绍政府促进工业企业削减污染的政策工具。政府可使用行政和财政工具纠正污染者的行为，可以提供环境信息、资助环境科学研究活动，还可以直接供给某些公共物品。从理论上讲，政府的措施有可能纠正市场失灵。但政府也不是万能的，政府机制的运作需要成本，在政府干预中也会出现政府失灵。一些政府失灵不但不能纠正市场失灵，还可能更加扭曲市场机制，造成更大的损失。

政府失灵有多种形式，如需要政府提供公共物品或纠正市场失灵时政府没有作为；由于政府机构臃肿、公办公营的企业运行效率低下等原因使政府干预失败；政府对本应由市场机制发挥作用的领域进行干预；政府干预时产生了外部性等。

根据决策层次的不同，与环境问题有关的政府失灵可分为项目失灵、部门失灵和宏观政策失灵。发展公共项目是政府提供公共物品的一种手段。在发展中国家，公共项目的规模一般较大，在经济发展和环境保护出现矛盾时，政府常常为发展经济而牺牲环境。在实际工作中表现为忽视或降低项目的环境成本，造成环境损失，从长远看也影响经济发展。与自然环境有关的部门，如林业、农业、水利等部门的政策会对环境造成较大的影响。例如森林产品和服务的无价或低价政策会鼓励乱砍滥伐，造成森林退化、水土流失等环境后果。政府的各种宏观经济政策，包括利率、汇率、财税、金融、贸易等政策对环境质量都可能产生较大的影响。如农产品贸易保护政策鼓励作物种植与畜牧业的发展，但可能造成山坡地的水土流失、水污染、泥石流、洪灾等问题。

咸海的干涸是政府失灵造成环境损害的典型例子。中亚的咸海曾是世界第四大内陆湖泊，由发源于天山山脉的锡尔河和发源于帕米尔高原的阿姆河供水。1911—1960 年，咸海的入流量为平均每年 560 亿立方米，水体面积 6.5 万平方千米，水体总量 1 万亿立方米。苏联 1954 年开工调水工程引阿姆河水开发卡拉库姆沙漠东南部，在中亚地区开垦荒地。工程建成后，新开垦和灌溉了 660 万公顷的水田和棉田，使该流域成为新的粮棉生产基地。至 1980 年，苏联的棉花年产量达 996 万吨，占世界总产量的 20%，其中 95% 产于该地区。当时，全苏联 40% 的稻谷，25% 的蔬菜、瓜果，32% 的葡萄也产于该地区。农业丰收促进了该地区的经济发展，人口也迅速增长，由 1950 年的 1 380 万人增长到 1988 年的 3 320 万人。

但是，咸海是一个内陆湖泊，由于锡尔河、阿姆河的入湖水量急剧下降，咸海的水位也急剧下降。1971—1975 年，锡尔河、阿姆河的入湖水量分别为每年 53 亿立方米和 212 亿立方米，而 1976—1980 年，下降为每年 10 亿立方米、110 亿立方米。到 1981—1990 年，两河的入湖水量总和降到每年 70 亿立方米。当 1987 年运河区域的水浇地发展到 730 万公顷时，锡尔河和阿姆河已基本不能再为咸海输水，咸海水面因此下降了 15 米，水域面积从 6.5 万平方千米缩小到 3.7 万平方千米，海岸线后退了 150 千米。由于远距离引水、大规模开垦、不适当灌溉、过度使用化肥农药等因素，这一地区的生态环境遭到严重破坏，带来了巨大的生态灾难。咸海裸露的湖底盐碱，在中亚半干旱的气象条件和风力作用下，成为孕育"白风暴"（含盐尘的沙尘暴）的温床。从 20 世纪 80 年代中期起，苏联每年都要发生几十次的白风暴，不仅造成咸海附近环境的"白色荒漠化"，还造成锡尔河和阿姆河两岸 60% 的新垦区因农田高度盐碱化而"报废"。在咸海周围地区尤其是阿姆河下游，居民白血病、肾病、支气管炎的发生比例显著升高,咸海周边几十万居民因此迁移。联合国环境规划署曾评价说"除了切尔诺贝利核电站灾难,地球上恐怕再也找不出像咸海周边地区这样生态灾害覆盖面如此之广、涉及人数如此之多的地区了"。

资料来源:作者根据公开资料整理。

小　结

虽然市场机制是实现稀缺资源有效配置的基本制度,但在现实中由于产权难以界定、信息不对称、人类的机会主义心理等,市场机制也会出现失灵。其中一些市场失灵是造成环境问题的重要原因,主要的市场失灵有外部性、公共物品、不确定性和短视等。

进一步阅读

1. 布坎南. 公共物品的需求与供给[M].马珺,译. 上海:上海人民出版社,2009.

2. 经济合作与发展组织. 环境管理中的市场与政府失效:湿地与森林[M]. 北京:中国环境科学出版社,1996.

3. Coase R H. The problem of social cost[J]. Journal of Law and Economics, 1960, 3: 1−44.

4. Cornes R, Sandler T. The theory of externalities, public goods and club goods[M]. Cambridge: Cambridge University Press, 1986.

5. Demsetz H. Toward a theory of property rights[J]. American Economic Review, 1967, 57: 347−359.

6. Hardin G. The tragedy of the commons[J]. Science, 1989, 162: 1243−1248.

7. Panayotou T. Green markets: The economics of sustainable development[M]. San Francisco: ICS Press, 1993.

8. Randall A. The problem of market failure[J]. Natural Resources Journal, 1983, 23: 131−148.

9. Stiglitz J E. Markets, market failures, and development[J]. American Economic Review, 1989, 79(2): 197−203.

思考题

1. 简述外部性是如何引起环境问题的。

2. 与私人物品相比,公共物品的供给和需求有什么特点?

3. 什么是公共物品的租值耗散?

4. 试举例说明不确定性如何引起环境问题。

5. 试举例说明短视如何影响人们对环境问题的认识和应对。

第4章 分析污染问题的思路

【学习目标】

- 掌握使用边际方法分析最优污染问题
- 掌握使用边际方法分析污染削减成本的分担问题
- 掌握在污染分析中应用物质平衡方法
- 掌握清洁生产、生态工业、循环经济的内涵和实现思路

污染是自然环境中混入了对人类或其他生物有害的物质,其数量或程度达到或超出环境承载力,因此改变环境正常状态的现象。引发污染的有害物质就是污染物,而排放污染物的主体称为污染源。对污染有多种分类方法:按污染物的性质可分为可降解污染和不可降解污染;按污染源的性质可分为移动源污染和静态源污染;按污染源的可分辨性可分为点源污染和非点源污染;按受损害的环境介质可分为水污染、空气污染、土壤污染等。

尽管火山喷发等自然原因也会产生污染,但我们关注的污染是由人类的经济活动产生的。污染会对人们的福利产生负效用,那么在最优经济活动水平的决策中就需要权衡经济活动带来的正效用和污染带来的负效用。自然环境对一些污染物,如 SO_2(二氧化硫)、NO_x(氮氧化物)、COD(化学需氧量)等,有分解消纳的能力;对有些污染物,如 DDT(滴滴涕),则不能分解消纳。但即便能在环境中分解消纳的污染物,如果短期内排放过多,而自然环境来不及分解,它也会累积下来。这样,在现实中影响环境质量的就不仅是当期的污染排放量,还有往期的排放量、环境分解消纳污染的能力和环境中的污染积累量。本章将学习用经济学的静态局部均衡方法和物理学的物质平衡方法分析污染问题。

4.1 静态局部均衡分析

为了分析的简便,我们假定污染物是可降解的,每一时间段的污染损失由当前的排放量决定,与过去的排放量和环境中的积累量无关,这样就可以方便地用边际分析工具对污染问题进行简便的静态局部均衡分析。

4.1.1 污染分析的现实基础

污染往往以生产或消费行为的负外部性的形式表现出来,尽管污染会损害人们的健康和福利,是一种不受欢迎的现象,但要完全消除污染却没有必要,也是不可能的。这是因为:

① 在一定的技术条件下,很多行业投入的资源并不能 100% 转化为有用的产品和服务,而未被转化的部分被废弃,这是污染物的物质来源。也就是说,经济活动总是伴随着污染物的产生,因此可以将污染看作经济活动的副产品或投入物。

② 自然环境对一些污染物有自净能力,只要污染物的排放速度不超过环境的自净能力,污染物就不会累积,也不会造成损害。另外,人体、生态系统对污染物有一定的同化作用和耐受性,低于一定水平的污染也不会造成损害。

③ 消除污染要花费成本,而且随着消除比率的上升,花费的成本也会上升。或者说只有大大增加成本,产品才可能以无污染的方式生产出来。

产生污染的经济活动一方面会带来有用的物品或服务,但另一方面却会造成环境损害,因此排放污染的决策是一个两难选择。人们面对的选项是享有一定水平的物品或服务与相应的污染的组合。这不是在有没有污染间进行选择,而是在有何种程度的污染间进行选择。通过权衡,人们选取享用一定数量的物品或服务,同时忍受一定程度的污染,以达到总效用的最大化,这是进行污染分析的现实基础。

4.1.2　最优污染水平的边际分析 I

为了使稀缺的经济资源得到最优配置,经济决策是在边际水平进行的,边际收益和边际成本的对比情况决定了人们的选择。一般地,在其他条件不变的情况下,对于生产者来说,随着某种产品的生产数量增加,在一定的时间内生产者从连续增加的生产单位中得到的边际收益递减。对于消费者来说,随着某种商品消费数量的增加,在一定的时间内消费者从连续增加的消费单位中所得到的边际效用也是递减的。按照等边际原则,当递减的边际收益与边际成本相等时,生产能带来最大的净收益;当递减的边际效用与边际成本相等时,消费能带来最大的净效用,此时对应的生产或消费量是最优的。

可以用图 4-1 对污染问题进行边际分析。假定某企业在生产过程中产生污染,在技术水平不变的情况下,该企业的排污量与产量成正比例关系。图 4-1 中横轴表示排污量或产量,纵轴是以货币计量的成本(或收益)。按照一般规律,产生污染的经济活动带来的边际收益是递减的,表现为一条随排污量的增加向下倾斜的曲线,曲线以下的面积是总收益。由于少量的污染可被环境稀释,排污量少时也不会对人体健康和自然环境造成可见的损害。随着排污量的上升,稀释会变得困难,污染造成的损害也加速上升,因此污染带来的边际成本没有从原点开始,表现为一条向上倾斜的曲线,曲线以下的面积是总成本。

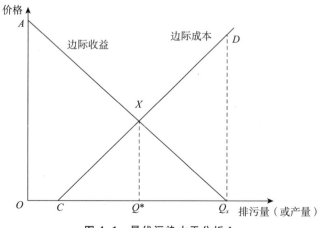

图 4-1　最优污染水平分析 I

根据边际收益和边际成本曲线的形态，可以推导出社会最优的污染水平：污染的边际收益和边际成本相等时所对应的污染水平是最优污染水平，即图 4-1 中两条边际曲线的交点 X 对应的 Q^*。在 Q^* 的左侧，污染排放量较小，增加污染带来的收益大于因此增加的损害，因此增加污染可以增加净收益；而在 Q^* 的右侧，污染排放量较大，减少污染降低的损害大于因此减少的收益，因此减少污染可以增加净收益。

企业是理性的经济人，其经营目标是取得最大净收益。在污染带来的环境损害以外部成本的形式存在时，企业不会考虑污染损害问题。为了达到自身利益最大化，企业会将产量增加到边际收益等于 0 的 Q_x。此时企业取得最大化的净收益，数量为 OAQ_x，与最优污染相比，企业多取得了 Q^*XQ_x 的收益，环境成本增加了 Q^*XDQ_x。此时，虽然企业实现了自身净收益的最大化，但产品污染量大于社会最优量，会给社会带来过多的环境损害，造成社会总福利的损失。

从图 4-1 可以看出，Q^* 虽然小于 Q_x，但并不是 0。也就是说从经济效率的角度来看，最优污染水平不是 0。但在一些特殊的情况下，例如放射性污染或剧毒化学品污染，其第一个单位的污染损害就特别严重，反映在图上为边际成本曲线向左移动，其与纵轴的交点高于边际收益曲线与纵轴的交点（图 4-2）。此时，就应该将污染量控制在 0 的水平。

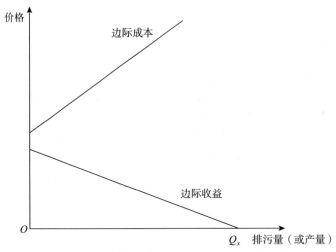

图 4-2　放射性污染或剧毒化学品污染的边际损害

4.1.3　最优污染水平的边际分析 II

还可以用另一种思路来确定最优污染水平：污染会带来环境损害成本，但是削减污染也会带来削减成本，人们的决策是要选择合适的产量（排污量），使花费的总成本最小。

如图 4-3 所示，横轴自左向右表示排污量的增加，反过来看自右向左则表示削减量的增加。企业可以通过防治措施减少排污量，但这会增加成本。一般地，随着排污量下降，进一步削减污染的成本是上升的。例如，如果要减少废气中的烟尘，用一台除尘器可以减少 80% 的烟尘，而要再减少剩余的 20% 的烟尘中的 80%，需要再装一台除尘器。这样虽然两台除尘器的成本一样,但第一台可以消除 80% 的烟尘,而第二台只能消除 20%×80% = 16% 的烟尘,显然,第二台除尘器的单位成本更高。也就是说,随着削减量的增加,污染的边际削减成本是递增的。边际削减成本曲线以下的面积是削减成本。

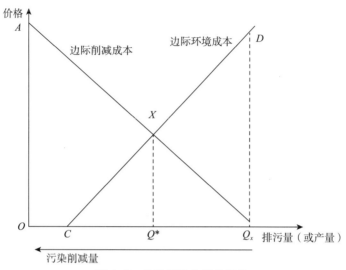

图 4-3　最优污染水平分析 II

根据两条边际成本曲线的形态,可以推导出最优污染水平:污染的边际环境成本与边际削减成本相等时所对应的污染水平是最优污染水平。在图中是两条曲线交点 X 对应的 Q^*。在 Q^* 的左侧污染削减过度,此时增加排污量尽管会带来环境成本的增加,但节约的削减成本更大,二者相抵后将使总成本下降;类似地,在 Q^* 的右侧污染削减不足,此时增加削减量尽管会带来削减成本上升,但能节约更多环境成本,二者相抵后也会使总成本下降。

如果将污染削减看作一种产品,则可将削减避免的环境损害作为这种产品的收益。由于边际收益曲线显示了不同价格下消费者愿意购买的数量,因此也可以将边际环境成本曲线作为污染削减的需求曲线。由于边际削减成本曲线显示了不同价格下生产者愿意提供的削减数量,因此可以将边际削减成本曲线作为污染削减的供给曲线。这样污染削减的市场均衡水平就由其供给曲线和需求曲线的交点决定。

从图 4-3 中也可以发现最优的污染水平不是 0。这正是经济学分析的核心思想:人们通过选择达到最优结果,而选择是有成本的。在污染问题上也是这样,人们需要在(忍受更多污染+取得更多经济收益)和(忍受较少污染+取得较少经济收益)间进行选择,以达到总效用的最大化,选择结果的最优点往往既不是随心所欲地排放污染,因为那样人类将无法生存,也不是彻底消除所有污染,因为那样经济成本太高,而是权衡之后在中间取一个组合。

4.1.4　最优污染水平的动态变化

边际削减成本曲线和边际环境成本曲线受多种因素的影响,其中任何一种因素引起边际曲线的移动，都会使最优污染水平发生变化。

在城市化过程中，人口有向大城市和城市群聚集的趋势。图4-4显示了人口增长区域的最优污染水平变化。由于人口聚集增长，使同样数量的污染排放损害了更多人的健康，造成更大的损害，因此，边际环境成本向上移动，相应地，最优排放水平由 Q^* 移动到较低水平的 Q'。这一变化的含义是，在人口稠密的地区，最优污染水平更低，需要投入更多的资源进行污染控制。

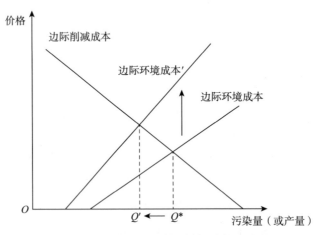

图4-4　人口增长引起的最优污染水平变化

在图4-5中，由于技术进步，使削减同样数量的污染的成本下降，因此，边际削减成本曲线向下移动，相应地，最优排放水平由 Q^* 移动到较低水平的 Q'。这一变化的含义是，从社会利益最大化的角度看，随着削减技术的进步，污染者应该削减更多的污染。但是从污染者的角度看，其付出的削减总成本不一定减少。在削减技术进步前，其付出的削减总成本是 $a+b$ 的面积，而削减技术进步后要削减更多污染，其付出的削减总成本是 $c+b$ 的面积。总削减成本是增加还是减少，要看这两个面积的比较。如果没有激励，企业可能不会自觉地应用先进的削减技术。

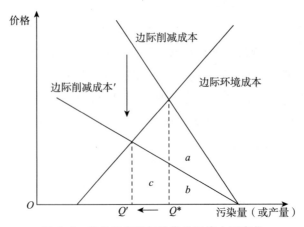

图4-5　技术进步引起的最优污染水平变化

4.1.5　污染削减任务的负担

要达到最优污染水平意味着削减一定数量的污染,而这要花费成本。从道义上讲,这笔费用应由谁负担呢? 从经济效率角度看,如何在多个负担者间分配削减任务才能使总削减成本最小呢?

1. 污染者付费原则

削减污染要花费成本,西方各国政府在 20 世纪 60 年代末陆续引入环境管制政策后,由于担心企业成本加大会减少竞争力,为了保持本国企业的竞争力,政府会向本国企业提供治污费用补贴,使其比自己承担污染削减费用的外国对手更有成本优势,这些补贴扭曲了市场竞争环境。为了维持企业间的公平竞争,OECD 于 1972 年提出了**污染者付费原则**(polluter pays principle, PPP),规定造成污染的污染者应该承担由政府决定的控制污染措施的费用,使环境处于可接受的状态。

需要指出的是,这里污染者的含义不限于污染产品的生产者,污染产品的消费者也是污染者,这是因为没有消费就不会有生产。所以,在污染者付费原则下,虽然污染者直接承担了污染削减成本,但会通过提高产品价格向消费者转嫁成本负担,结果使得两者实际上共同分担了污染削减成本。至于各自分担的比例,则取决于污染产品的供给曲线和需求曲线的弹性大小的对比。[①]

2. 多个污染者间污染削减任务的分担

在一个地区内往往存在多个污染者,这些污染者控制污染的成本一般来说是不同的。例如,要削减同样数量的污水,纺织厂花费的成本较低,而造纸厂、化工厂花费的成本可能高得多。如果为了保护当地的环境质量需要削减一定数量的污染,削减量应如何在地区内不同的污染者间进行分配才能最大限度地节约总削减成本,达成经济效率目标呢?

答案并不是平均分配,因为显然削减成本低的污染者承担更大的削减责任可以节约总成本。可以用边际方法推导这个问题的准确答案。为了分析简便,可以先假定该地区有两个污染者,他们的边际削减成本不同,污染者 1 能以较低的成本削减污染,边际削减成本曲线 1 较平缓,污染者 2 的削减成本较高,边际削减成本曲线 2 较陡峭(图 4-6)。

为了达成政府的环境目标,二者要共同削减 AB 单位的污染。横轴从左向右是污染者 1 的情况,表示随削减量的增加,边际削减成本 1 上升,其下的面积是污染者 1 负担的削减成本;从右向左是污染者 2 的情况,表示随削减量的增加,边际削减成本 2 上升,其下的面积是污染者 2 负担的削减成本。横轴上的点对应于二者分担污染削减量的划分情况,其中 A 点对应所有削减任务由污染者 2 承担,B 点对应所有削减任务由污染者 1 承担。

观察曲线可知,两条边际削减成本曲线的交点对应的削减量的划分方案可以最大限

---

① 有需要的读者可参考各类微观经济学教材中"税收在生产者和消费者间的分担"相关内容。

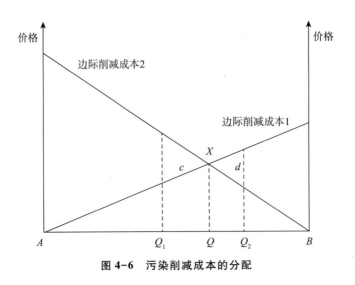

图 4-6　污染削减成本的分配

度地节约总成本,此时二者的总削减成本最小,为三角形 AXB。在点 Q 的左侧 Q_1,污染者 2 承担的削减任务过多,会使总成本增加面积 c;而在点 Q 的右侧 Q_2,污染者 1 承担的削减任务过多,会使总成本增加面积 d。

可见,对两个污染削减成本不同的污染者,要使他们共同削减一定量的污染,最节约成本的方案是按他们的边际削减成本曲线的交点对应的削减量来分配。这个方案意味着能以较低成本减少污染的一方应该承担更多的削减任务。

这一分析结论可以很容易地扩展到多个污染者的情形:要以最低成本削减一个地区的污染,不应在多个污染者中平均分配削减任务,优化的分配方案对应于所有污染者的边际削减成本曲线的交点。此时削减成本低的污染者应该多承担削减任务。可以用一个案例计算来演示这种解决思路:

一个地区有两家企业排放污染物,其削减污染的边际成本分别为:

$$MC_1 = 200 q_1$$

$$MC_2 = 100 q_2$$

这里 q_1 和 q_2 是这两家企业的污染削减量。假设不进行任何排污控制,每家企业的排污量为 20 吨,地区的总排污量是 40 吨。而科学家们经过测算,要保持该地区的环境质量,最多只能容纳 21 吨的污染,这样就需要减少 19 吨污染。

可用下式计算减少 19 吨排污量的成本有效配置。

$$\begin{cases} 200 q_1 = 100 q_2 \\ q_1 + q_2 = 19 \end{cases}$$

解得 $q_1 \approx 6.33, q_2 \approx 12.67$。可见,按照这种分配方案,削减任务不是平均分配,削减成本较低的企业应承担约 2/3 的削减任务。

尽管按照理论分析,让削减成本低的污染者承担更多的削减任务会节约总成本,但对污染者来说,承担更多削减任务会增加自己的成本负担,所以即使他们能以较低成本进行削减也不会主动报告。作为外部监管者的环境管理者往往无法获得污染者的边际削减成本曲线的形状,这种信息不对称使得环境管理者无法制定出最优的削减任务配额方案。借助于经济手段可以规避这种信息不对称问题,这在后面的章节里会加以详细介绍。

4.2　物质平衡分析

用边际分析方法可以求出最优污染水平,即当污染的边际成本与边际收益相等,或污染的边际环境成本与边际削减成本相等时的污染水平是最优的。但从以下几个角度看,这种分析方法存在不足:

① 衡量污染损失的是用支付意愿衡量的主观偏好和效用,这就无法反映未出生人类的效用,也不能反映环境的非市场化价值;

② 环境损害存在滞后性和不确定性,经济学静态分析方法难以分析长期危害和存在不确定性的污染;

③ 企业往往追求短期利润最大化,其优化决策可能从长期来看对环境的保护不足;

④ 在大多数情况下使用边际分析方法计算得到的最优污染水平不是 0,而且在最优污染水平下仍可能带来巨大的环境损害。

因此,从根本上减少环境损害需要从污染物质的来源上想办法。

4.2.1　物质平衡的概念模型

按照物理学的**物质平衡原理**,在一个封闭体系中,物质的质量是守恒的,物质只能从一种形态转化为另一种形态,或从一个地方转移到另一地方。从物质转化和转移的角度看,人类的经济活动是将自然环境中的各种物质加工组合成更好的形式、运送到不同的位置,来为人们提供各种服务和效用,在加工过程中和经消费废弃后这些物质都会返回到环境中去(图 4-7)。如果环境不能分解消纳这些废弃物,就会产生污染问题。

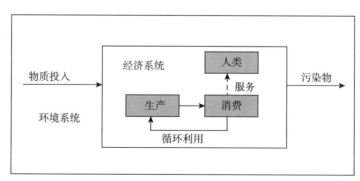

图 4-7　进出经济系统的物质

运用物质平衡的思路分析人类经济系统中的物质流动,可以发现进入环境的废弃物的质量,必等于取自环境中的燃料、食物和原材料以及取自大气层中的氧气的质量。

可以用图 4-8 对人类经济活动中的物质流动进行细化分析:环境是经济活动的背景

和基础,为公共和私人的经济活动提供所有的原材料并吸纳废弃物,它与环境类部门、非环境类部门和家庭构成一个封闭的体系。在这个体系中,环境类部门指直接从环境中汲取原材料的产业部门,包括农、林、牧、渔业和矿业部门;非环境类部门是其生产原料来自环境类部门的行业部门,这些行业对农产品和矿产品进行进一步的加工,相当于间接利用来自环境的原材料。在非环境类部门的运行中,一部分废弃物可能得到再循环利用。家庭是环境类部门和非环境类部门所生产的产品的消费者。在生产和消费过程中,环境类部门、非环境类部门和家庭都向环境中排放废弃物。[①]

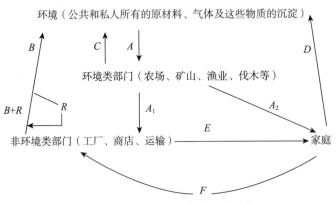

图 4-8　人类经济系统的物质平衡

按照物质平衡原理,在这一体系内部,物质的总量是守恒的。同时,在这一体系的运行中,进出每个行为主体的物质量也是平衡的,即:

环境:$A = B + C + D$

环境类部门:$A = A_1 + A_2 + C$

非环境类部门:$B + R + E = R^{②} + A_1 + F$

家庭:$A_2 + E = D + F$

可见,物质一旦从环境中提取出来,最终都会以各种废弃物的形式回到环境中去,对废弃物的处理尽管会使其形态改变或位置转移,但质量并不减少。因此,废弃物处理不能真正"消除"废弃物,但有利于将废弃物转变成更好的形态或改变其位置。

4.2.2　在污染管理中应用物质平衡分析

从物质平衡的角度看,物质一旦从环境中提取出来,最终都会以各种废弃物的形式回到环境中去。所以不论是否以最优污染水平进行排放,产生污染是必然结果。要从根本上减少污染,不能仅着眼于具体的生产消费决策,还要从源头上预防污染的产生,减少从环境中提取的物质的量、提高物质在经济系统中的循环利用率,这就要求进行清洁生产、

---

① Ayres R U, Kneese A V. Production, consumption, and externalities[J]. American Economic Review, 1969, 59(3): 282-297.

② R 是被回收再利用的废弃物流。

建设生态工业和循环经济体系。

1. 清洁生产

1989 年,联合国环境规划署提出**清洁生产**(cleaner production)的概念:清洁生产要求将整体预防的环境战略持续应用于生产过程、产品和服务中,以增加生态效应和减少人类及环境的风险。对生产过程,要求节约原材料和能源,淘汰有毒原材料,减少和降低所有废弃物的数量和毒性;对产品,要求减少从原材料提炼到产品最终处置的全生命周期的不利环境影响;对服务,要求将环境因素纳入产品设计和所提供的服务中。

实施清洁生产的措施主要有:

——产品绿色设计。要求在产品设计过程中考虑环境保护,减少资源消耗,提供减少废物污染的实质性机会。绿色设计有多种类型,可以是对产品本身的改善,如增加防止污染的设置、增加无毒材料的使用、增加再循环和可拆卸零件、增加原材料的重复利用、减少能源使用量等。

——实施生产全过程控制。要求企业采用少废、无废的生产工艺技术和高效生产设备;尽量少用或不用有毒有害的原料;减少生产过程中的各种危险因素和有毒有害的中间产品;使用简便、可靠的操作和控制;建立良好的卫生规范、卫生标准操作程序,进行危害关键控制点分析;组织物料的再循环;建立全面质量管理系统;优化生产组织;进行必要的污染治理,实现清洁、高效的利用和生产。

——实施材料优化管理。要求在选择材料时考虑其可循环性,实行合理的材料闭环流动,主要包括原材料和产品回收处理过程的材料流动、产品使用过程的材料流动和产品制造过程的材料流动。在材料流动的各个环节都努力实现废弃物减量化、资源化和无害化。

在实践中,清洁生产是与现有生产技术相比较而言的。可以将国际标准化组织(ISO)的环境管理系列标准(ISO 14000)作为清洁生产的评价标准。该标准由 ISO 第 207 技术委员会(TC 207)的环境管理技术委员会制定,目的是促进工业污染控制战略的转变,从加强环境管理入手建立污染预防观念。通过企业的"自我决策、自我控制、自我管理"方式,把环境管理融于企业全面管理之中。

按 ISO 14000 标准要求,企业的环境管理体系包括五个部分:环境方针、规划、实施与运行、检查与纠正措施、管理评审。这五个部分包含了环境管理体系的建立、评审、改进的循环,以促进组织内部环境管理体系的持续完善和提高。

生产者是从环境中提取物质的主体,不仅会在生产过程中排放废弃物,其生产出的产品经废弃后也可能成为污染物。生命周期评估要求生产者对产品的设计、生产、使用、报废和回收全过程中影响环境的因素加以控制。ISO 第 207 技术委员会专门成立了生命周期评估技术委员会,用以评估产品在每个生命阶段对环境影响的大小。按照 ISO 14000 的规范,一个完整的产品生命周期评估包括以下几个阶段:

——目标和范围的确定。在这个阶段里应明确生命周期评估的应用目标,确定研究深度,界定研究范围,选择研究方向,使人们对所考察的产品有一个全面的认识。同时应明确研究对数据的需求,对原始数据的质量要求及数据分摊方法等。

——清单分析。这个阶段主要是收集所需数据,做成产品生命周期各阶段物质能量的收支表。

——影响评估。这个阶段是运用清单分析的结果对产品生命周期各阶段所涉及的所有潜在重要环境影响进行定性或定量的评估。

——结果讨论。这个阶段是对前期工作中的发现和计算结果进行综合分析得出结论并提出建议。最后撰写研究报告,组织评审。

由于产品对环境的影响分散在整个生命周期里,要将产品的环境外部性充分地内部化,需要生产者对其产品整个生命周期的环境影响负责。1988 年,托马斯·林赫斯特(Thomas Lindhqvist)提出"**生产者延伸责任**"(extended producer responsibility,EPR)的概念,认为生产者的责任应该延伸到产品的整个生命周期。欧盟把 EPR 定义为生产者必须承担产品使用完毕后的回收、再生和处理的责任,其策略是将产品废弃阶段的环境责任归于生产者。目前 EPR 已成为构建欧盟环保体系的重要基础,在促进欧盟企业进行清洁生产、减少有毒有害固体废弃物排放方面产生了明显的效果。

中国 2002 年制定了《中华人民共和国清洁生产促进法》,2012 年对该法进行了修正。按照这部法律的规定,各行业企业是清洁生产的实施主体,在生产实践中应优先采用资源利用率高以及污染物产生量少的清洁生产技术、工艺和设备。各级政府在促进企业清洁生产中发挥着重要作用,其责任主要有:将清洁生产促进工作纳入国民经济和社会发展规划、年度计划以及相关规划,制定有利于实施清洁生产的产业政策、技术开发和推广政策,加强对清洁生产促进工作的资金投入,组织和支持建立促进清洁生产信息系统和技术咨询服务体系,定期发布清洁生产技术、工艺、设备和产品导向目录,限期淘汰浪费资源和严重污染环境的落后生产技术、工艺、设备和产品,根据需要批准设立环境与资源保护方面的产品标志,优先采购有利于环境与资源保护的产品,积极开展宣传培训等。

2. 生态工业

传统工业生产中企业追求的是单一产品的效益,采用从原料到产品到废料排放的线性生产方式,以达成产品的经济效益最大化目标。在这个过程中,大量没有转化为产品的资源被废弃,成为环境污染的物质来源。**生态工业**是指综合运用技术、经济和管理等措施,将生产过程中剩余和产生的能量和物料,传递给其他生产过程使用,形成企业内或企业间的能量和物料高效传输与利用的协作链网,从而在总体上提高整个生产过程的资源和能源利用效率、减少废弃物和污染物产生量的工业生产组织方式和发展模式。

丹麦的卡伦堡生态工业园(Kalundborg Symbiosis)是生态工业的一个样板,这个工业园中的主体企业有发电厂、炼油厂、制药厂、石膏制板厂和养鱼场等,这些企业按照互惠原则,通过废弃物的综合利用联系在一起。发电厂的粉煤灰和除尘渣不须建灰场,炼油厂的含硫烟气不再排入大气,制药厂的残渣也不须填埋,这些都通过生态工业链转化为其他企业的原料。它们之间的资源交换和互动减少了大量的废弃物排放(如图 4-9 所示)。

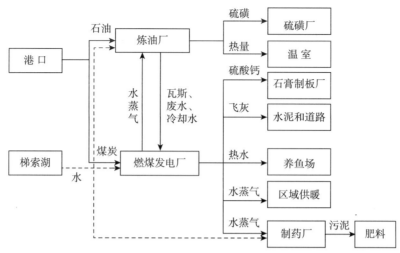

图 4-9 卡伦堡生态工业园的生态工业链

为了促进工业领域生态文明建设,推动工业园区实行生态工业生产组织方式和发展模式,促进工业园区绿色、低碳、循环发展,中国开展了国家级生态工业示范园区建设,同时各个省、大部分地市甚至部分县也规划和创建了各级生态工业园。按照规划,这些园区内的企业通过废弃物交换利用、能量梯级利用、土地集约利用、水的分类利用和循环使用,共同使用基础设施和其他有关设施等降低了它们整体上对环境的影响。其中广西贵港国家生态工业(制糖)示范园区是国内第一个国家级生态工业示范园区。它以原广西贵糖集团股份有限公司为核心,辐射带动周边关联产业。以甘蔗为原料,采用生态工艺、多级利用和"无废料化设备",实现物料闭路循环,推动工业废弃物能源化、资源化利用,进而形成"甘蔗—制糖—蔗渣—制浆—造纸碱回收—再利用"糖业产业链。围绕制糖及副产品和废弃物的综合利用,构建了废水循环利用、热电联产、固废再生利用等 25 条生态工业链,形成了包括上下游的电厂、酒精厂、复混肥厂、水泥厂的生态工业链网。

3. 循环经济

产业革命以来的 200 多年里,工业发展与环境保护长期处于尖锐的冲突中。在严格法规的约束下,工业界开展了对污染的治理。这种治理走的是一条"先污染后治理"的道路,结果以前的环境污染尚未得到控制,新的污染又源源不断地冒出来。为了摆脱这一困境,人们开始对高消耗、高污染、低效益的传统工业发展模式进行变革,希望找到环境和经济双赢的发展道路。经过理论探讨和实践摸索,人们发现循环经济有望实现环境与经济双赢的经济运行模式。**循环经济**是人类按照自然的生态系统物质循环和能量流动规律构建的经济系统,它以实现资源使用的减量化、产品的反复使用和废弃物的资源化为目的,强调清洁生产。

循环经济与传统经济的不同之处在于:传统经济是一种由"资源—产品—消费—排放"所构成的物质单向流动的线性经济。在这种经济中,人们以越来越高的强度把地球上的物质和能源开采出来,在生产加工和消费过程中又把污染和废弃物大量地排放到环境中去,对资源的利用常常是粗放的和一次性的,通过把资源持续不断地变成废弃物来实现经济的数量型增长,导致了许多自然资源的短缺与枯竭,并酿成了灾难性的环境污染后果。而循环经济倡导的是一种建立在物质不断循环利用基础上的经济发展模式,它要求经济活动按照自然生态系统的模式,在生产、流通和消费等过程中进行物质的**减量化、再利用、再循环**(reduce,reuse,recycle, 3R),组织成一个"资源—产品—消费—再生资源"的物质循环流的过程,使得整个经济系统以及生产和消费的过程基本不产生或者只产生很少的废弃物。其中减量化是指在生产、流通和消费等过程中减少资源消耗和废弃物产生;再利用是指将废弃物直接作为产品或者经修复、翻新、再制造后继续作为产品使用,或者将废弃物作为其他产品的部件予以使用;再循环是指将废弃物直接作为原料进行利用或者对废弃物进行再生利用。

循环经济理念认为"只有放错了地方的资源,而没有真正的废弃物",所有的物质在不断进行的经济循环中都得到合理和持久的利用,把经济活动对自然环境的影响降低到尽可能小的程度。这样就使环境合理性和经济有效性实现了很好的结合。循环经济为工业化以来的传统经济转向可持续发展提供了新的理论范式,有助于化解长期以来环境与发展之间的尖锐冲突。

为了推动建立"资源—产品—消费—再生资源"的闭合循环代谢过程,促成原材料的循环利用。2005 年,美国生态建筑师威廉·麦克多诺(William McDonough)和德国化学家迈克尔·布朗嘉特(Michael Braungart)合作创立了"摇篮到摇篮认证"(cradle to cradle,简称 C2C 认证)。这个认证的核心理念是:产品的设计、生产、使用和回收应该是一个持续循环的过程,整个过程应该最大限度地减少对资源的消耗、减少对环境的影响,并在社会经济方面带来正面的影响。因此,C2C 认证要求产品在生命周期的每个阶段都要考虑环境和社会的影响,同时要实现材料的有效回收和再利用。认证的评估过程包括五个方面的评价:材料健康、物质再利用、再生能源和碳管理、水管理、社会公正性。认证结果分为基本级、青铜级、银级、金级及铂金级五个等级。目前,C2C 认证在全球范围内得到了广泛应用,被许多企业和组织认可。

中国于 2009 年实施了《中华人民共和国循环经济促进法》,提出要在生产、流通和消费等过程中进行减量化、再利用、再循环活动。按照这部法律的规定,发展循环经济是经济社会发展的一项重大战略,由政府推动、市场引导、企业实施、公众参与共同推进,在技术可行、经济合理和有利于节约资源、保护环境的前提下,按照减量化优先的原则实施。

 **专栏 4-1**

日本创建循环经济社会

日本除森林外,其他自然资源储量都很贫乏。但日本同时又是一个经济大国和资源消费大国。为了振兴经济、寻求新的经济增长点、继续保持国际竞争力,日本提出了建立循环型社会的发展目标,以废弃物循环利用为核心,积极发展"静脉产业"(一种形象的说法,指从事废弃物回收和再利用的产业),于 2000 年制定了《推进形成循环型社会基本法》,把建设循环型社会提升为基本国策。从 2000 年起每 5 年发布一次《推进形成循环型社会基本计划》,该计划将资源产出率、资源循环利用率、废弃物循环利用率、最终处置量(专指填埋量)作为循环型社会的统领性和约束性目标,每 1～2 年组织对计划实施情况进行检查(如表 4-1 所示)。

表 4-1 日本历次循环型社会推进计划总体目标设定情况

指标	年份				
	2000 基准年	2010	2015	2020	2025
资源产出率(万元/吨)	25	39	42	46	49
资源循环利用率(%)	10	14	14～15	17	18
废弃物循环利用率(%)	36	—	44	45	47
最终处置量(百万吨)	56	28	23	17	13

与此同时,日本在全社会范围内开展废弃物分类回收和综合利用,促进产业结构转型,通过政府绿色采购引导企业和公众的绿色消费。2000 年以后,经过多年的努力,日本废弃物的再循环率明显提高,最终排放量大大减少(如图 4-10 所示)。

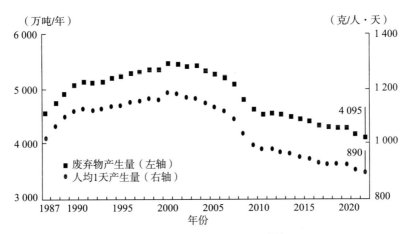

图 4-10 日本固体废弃物排放情况

资料来源:作者根据日本环境省的官方资料整理。

小 结

分析污染有两种思路:从边际角度进行的静态局部均衡分析和从物质平衡角度进行的物质流分析。

通过前者的分析可知:最优污染水平是由污染的边际收益和边际成本的交点决定的,要用最低的成本削减污染、达到最优污染水平,意味着所有承担污染削减责任的企业具有相等的边际削减成本。只要削减成本存在差异,削减成本相对较低的污染者就应该承担更多的削减责任。

通过后者的分析可知:污染的产生具有物质根源,通过改革产品设计、生产工艺和生产流程,实行清洁生产、建设生态工业,可以降低工业生产的物质消耗和污染排放。而在整个社会层面推进循环经济,促进物质的再循环不仅对减少废弃物排放有积极作用,还会促进"静脉产业"的发展,有助于优化国家的产业结构。

进一步阅读

1. 马传栋.工业生态经济学与循环经济[M].北京:中国社会科学出版社,2007.

2. 曲向荣.清洁生产与循环经济[M].北京:清华大学出版社,2011.

3. Ayres R U, Kneese A V. Production, consumption, and externalities[J]. American Economic Review, 1969, 59(3): 282-297.

4. Baumol W J, Oates W E. The theory of environmental policy[M]. Cambridge: Cambridge University Press, 1988.

思考题

1. 激进的环境主义者反对一切污染,阐述为何零污染既不可行,也无必要?

2. 人口增长、技术进步会对最优污染水平产生什么影响?

3. 如果一个地区有多个污染源,在不同污染源中平均分配削减任务是否有经济效率?为什么?

4. 什么是物质平衡原理?

5. 什么是循环经济? 如何发展循环经济?

6. 试简述实施清洁生产的主要措施。

第 5 章　环境影响的经济评价

【学习目标】

- 了解衡量环境质量变化对福利影响的主要方法
- 掌握评估环境质量变化价值的主要手段
- 认识不同评估手段的适用性和局限性

是建设水坝还是保护物种？将污染排放标准设定为多少是合适的？污染排放税率应怎样调整？有限的财政资金是用于加强教育和基础设施建设，还是用于治理环境污染？要科学回答这些社会决策问题，需要进行成本—收益分析，这要求将不同选择方案的成本和收益放在同一个平台上进行比较。但是，不像工程建设项目可以利用市场价格准确地计算成本和收益，许多环境问题的成本和收益并没有现成的市场价格，这就需要寻找一些替代方案。

 **专栏 5-1**

保护还是开发？澳大利亚的选择

卡卡杜国家公园是澳大利亚主要的国家公园之一，具有独特的生态系统、丰富的野生动物及原住民遗址，公园的大部分被列入联合国世界文化遗产名录。面积为 50 平方千米的卡卡杜保护区位于卡卡杜国家公园内。这一地区最初被作为牧场使用，但人们认为其地下蕴藏着多种贵金属矿。矿产开发能增加收入、扩大就业，但也可能导致卡卡杜保护区和卡卡杜国家公园的生态系统受到不可挽回的破坏。

1990 年，澳大利亚资源评估委员会（The Resource Assessment Commission，RAC）负责评估卡卡杜保护区的不同用途的价值，以决定是开采这一地区的矿物，还是将其纳入卡卡杜国家公园保护起来。这就需要对生态系统破坏的成本进行价值评估，并将其与预期的就业和收入效益进行比较。

经济学家用意愿调查法评估了不同方案的收益和成本，保护这一地区的价值估计为 4.35 亿澳元，而开发带来的价值估计为 1.02 亿澳元。因此，保护这一地区有利于社会福利的最大化，保护是优先选择。于是政府采纳了 RAC 的研究结果和建议。

资料来源：Carson R T, et al. Valuing the preservation of Australia's Kakadu conservation zone[J]. Oxford Economic Papers, 1994, 46: 727-749.

5.1　环境价值的社会选择

　　一些环境保护主义者认为动植物、荒野都有**内生价值**，这种价值源于环境本身的特质和性质，不以人的喜好而增减。他们还认为环境的内生价值与人自身的价值并列，各种价值间没有孰优孰劣的问题，人类应尊重自然环境的内生价值，不应对其进行损害。但问题是人类的活动不可能不影响环境，如果所有的自然环境要素都有其内生价值，都不可损害，那么人类的活动就无法进行了。

　　经济学分析是在约束条件下研究选择的学说。在"鱼和熊掌不可得兼"时，需要取舍。而要取舍就需要在一个统一的标准下进行比较。在环境价值的衡量中，这个统一的标准是**人类本位主义**，也就是说自然环境本身没有价值，它的价值是依其对人类福利的作用而存在的。这样就可以将自然环境与其他影响人类福利的因素进行对比，使人类能在开发环境还是保护环境、保护某个物种还是建一座水电站之间做出选择。

　　成本—收益分析（cost-benefit analysis，CBA）是基础的经济学分析方法，它的含义是理性的经济人在对一个行动进行评价和取舍时，会对其进行成本—收益的衡量。成本—收益分析的基本思路包括：

　　——如果某一政策或项目的成本大于收益，就应放弃；而如果收益大于成本，就可以选择这一行动。

　　——如果要对多个方案进行选择，则应比较这些方案的净收益的大小，选择净收益最大的方案。

　　——如果政策或项目的影响是长期的，成本和收益发生在多个时期，应使用贴现的方法，计算这些成本和收益的净现值，在净现值的基础上进行决策。

　　综合以上思路，经过比较，最优的方案是能实现最大的净收益现值的政策或项目，如下式所示：

$$\text{PVNB} = \sum_{t=0}^{T} (B_t - C_t) / (1 + r)^t \qquad (\text{式 } 5\text{-}1)$$

其中的 B_t 是收益，C_t 是成本，t 是时间，T 为分析的终点年份，r 是贴现率。PVNB 是净收益现值，当 PVNB 为正值时意味着该政策或项目有可能实现帕累托改进。

　　对于与环境问题有关的行动、政策的选择也可以基于这种思路：如果一个与环境有关的项目的预期净收益为正，就可以进行，反之则不应该进行。对环境政策的分析也是如此，如果实施一项环境政策的净收益为正值，执行这一政策就是有利的，反之就不应该执行。由于许多与环境有关的成本或收益没有现成的市场价格，在计量这些成本和收益的过程中，有时需要采取变通的方法，把本应获得但没有得到的收入作为损失计入成本，把避免的损害计为收益。如计算水污染的损失时，就可以把因水污染减少的渔业产值作为损失。而在计算水污染防治措施的收益时，可以把因水污染防治而避免的渔业损失作为收益。

5.2　环境变化对福利的影响

环境质量的变化通过四种渠道影响个人福利:市场化商品的价格变动、生产要素价格的变动、非市场化物品的数量和质量的变动、风险的变动。其中价格变动对福利的影响是分析福利影响的基础,它的分析模型一般假设有两种物品。要计算其中一种物品的价格变动对福利的影响,经济学提供了多种方法。

5.2.1　消费者剩余

消费者剩余(consumer surplus)是消费者从购买商品中得到的剩余满足,在数量上等于他愿意支付的价格和实际支付的价格之差。消费者剩余可以用需求曲线下方、价格线上方和价格轴围成的图形的面积表示。如图 5-1 中横轴显示的是商品数量,纵轴显示的是商品价格,PQ 代表需求曲线,当价值为 P^* 时,消费者的购买数量为 Q^*,消费者购买商品时获得的消费者剩余为图中灰色部分的面积。可见如果价格上升,则消费者剩余减少;如果价格下降,则消费者剩余增加。

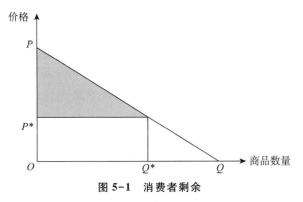

图 5-1　消费者剩余

当商品的价格发生变化时,会产生收入效应和替代效应。例如,假设消费者要将自己的收入全部用于购买两种商品:食品和衣服。当食品价格下降时,一方面,这相当于他的收入相对上升了,他可以购买更多的食品,福利水平会上升,这就是收入效应;另一方面,食品相对于衣服来说,变得更便宜了,他会购买更多的食品,福利水平也会上升,这就是替代效应。使用消费者剩余方法衡量福利变化,会把价格变化产生的收入效应和替代效应混合在一起,要单独考察两种效应,则需要开发其他方法。

5.2.2　补偿变化

为弥补消费者剩余方法的不足,约翰·希克斯(John Hicks)发展了另外四种计量福利变化的方法:补偿变化、等价变化、补偿剩余和等价剩余。**补偿变化**(compensation variation, CV)是指需要多少补偿支付才能使个人在价格变化前后的福利状况一样。可以借助图 5-2 对补偿变化进行解释。

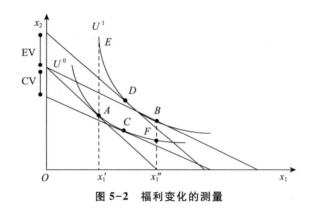

图 5-2　福利变化的测量

图 5-2 中，消费者将自己的收入用于购买 x_1 和 x_2 两种物品，在初始状态下，消费者的预算约束线与无差异曲线 U^0 切于 A 点。当 x_2 的价格 p_2 不变，而 x_1 的价格由 p_1' 下降到 p_1''，每一个 x_2 的消费都可以对应更多的 x_1，表现为预算约束线发生旋转，与更高水平的无差异曲线 U^1 切于 B 点。显然，与 A 点相比，B 点意味着更高的福利水平。这里要回答的问题是：剔除收入效应，单独考察替代效应导致的 A 点到 B 点的福利增长，用货币单位计量出来是多少？

补偿变化法是假定在价格变化时将消费者的收入减少 CV，使消费者的消费组合从 B 点变为 C 点，这时消费者的福利水平和价格变化前的点 A 一样（两点在同一条无差异曲线上），但是对 x_1 和 x_2 两种物品的消费组合比例与 B 点相同（预算约束线平行移动），即：

$$\mathrm{CV}(p_1',p_1'') = E(p_1',p_2,U^0) - E(p_1'',p_2,U^0) \qquad （式 5-2）$$

因此，当价格下降时，CV 是消费者对价格降低所愿意支付的最大价值。当价格上升时，CV 表示为使消费者福利不变必须补偿的价值。当价格降低时，CV 不能大于个人收入（因为消费者愿意支付的价值不能大于其收入）；当价格上升时，CV 可以大于个人收入。

5.2.3　等价变化

等价变化（equivalent variation，EV）是指给定初始价格，要达到变化后的福利水平，等同于价格变动的收入变动。在图 5-2 中，给定初始价格，如果收入增加 EV，消费者在 D 点达到与 B 点相同的福利水平 U^1（两者在同一条无差异曲线上），对 x_1 和 x_2 两种物品的消费组合比例与 A 点相同，即：

$$\mathrm{EV}(p_1',p_1'') = E(p_1',p_2,U^1) - E(p_1'',p_2,U^1) \qquad （式 5-3）$$

因此，价格下降时，EV 是使消费者自愿放弃低价购买商品所必须得到的最低数额。当价格上升时，EV 是消费者为了避免价格变动所愿意支付的最高数额。

EV 和 CV 的不同之处在于，EV 的变动是在原价格下，CV 的变动是在新价格下。两者的相同点是，EV 和 CV 都允许消费者调整两种商品的消费以应对价格和收入的变化。

当价格下降时，CV 是使个人效用保持在最初水平上相应的货币收入变化量，因此，它是价格下降时个人支付的最大数量，代表一种支付意愿（willingness to pay）。EV 是使个人效用保持在价格下降后的效用水平上相应的货币收入变化量，因此，它是为替代价格下降个人所接受的最小补偿量,它代表一种受偿意愿(willingness to accept)。

当价格上升时,CV 作为个人意愿受偿的最小值,将使个人效用保持不变;EV 作为个人意愿支付的最大值,将使价格保持相对不变。因此,CV、EV 与受偿意愿、支付意愿之间的关系可表示为表 5-1。

表 5-1　价格变化效应的货币计量

	补偿变化	等价变化
价格上升	对变化发生的支付意愿	对变化不发生的受偿意愿
价格下降	对变化发生的受偿意愿	对变化不发生的支付意愿

5.2.4　三种福利衡量手段的关系

计算消费者剩余的一般需求曲线是基于收入不变的情况,当价格变化时,从无差异曲线和预算约束线的组合中推导出的需求量和价格的函数关系,既包含了价格变动产生的收入效应,也包含了价格变动带来的替代效应。希克斯需求是保持效用水平不变,当价格变化时,需求量与价格的函数关系,只描述了价格变动的替代效应。反映在图形上,希克斯需求曲线比一般需求曲线更陡峭。

当价格发生变化时,消费者剩余、补偿变化、等价变化计算的福利变化数值并不相同,可以通过图 5-3 来说明这一关系。EF 是商品 z 的一条需求曲线,当 z 的价格从 P_z^0 下降到 P_z^1 时,消费者(收入不变)对 z 的消费量从 z_0 增加到 z_1,价格下降后消费者的效用提高,从而有两个分别代表价格变化前和变化后的补偿需求函数,一个通过 E 点,一个通过 F 点。图(a)中,补偿曲线 EG 左边的浅色阴影部分 $ABGE$ 是价格变化产生的补偿变化,在图(b)中,一般需求曲线左边的阴影部分 $ABFE$ 是与价格变化对应的消费者剩余,在图(c)中,补偿曲线 DF 左边的斜线部分 $ABFD$ 是价格变化产生的等价变化,图(d)将图(a)、图(b)、图(c)叠加在一起,可以看出,消费者剩余介于补偿变化和等价变化之间,当价格下降时,三者之间的关系是补偿变化≤消费者剩余≤等价变化。

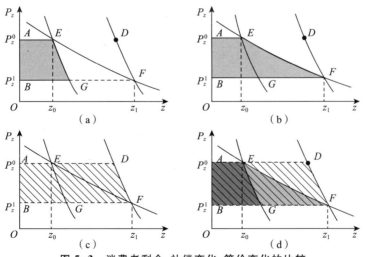

图 5-3　消费者剩余、补偿变化、等价变化的比较

理论上，如果可以确定支付意愿或受偿意愿，我们就可以得到价格变化对福利影响的货币计量值，这是对价格变化引起的福利变化的准确衡量。如果做不到这一点，但知道需求函数，也可以计量消费者剩余，消费者剩余介于两个准确计量值之间。在价格变化不大时，这种差异是可以忽略不计的，如果价格变化较大，三种计算结果可能会出现显著的差异，根据相关学者的研究，在大多数情况下，误差为5%或更低。[1]

5.2.5 补偿剩余和等价剩余

除价格变化以外，环境服务水平的变化还可能表现为物品的数量变化或质量变化。对于这两种变化引起的福利变化，希克斯提出了两种衡量方法：**补偿剩余**（compensation surplus，CS）和**等价剩余**（equivalent surplus，ES）。

补偿剩余指给定新价格和消费量 x_1''，收入需要变化多少才能使消费者的福利与旧价格和旧的购买组合 A 下的福利相同。在图 5-2 中，补偿剩余是在新的数量 x_1'' 处两条无差异曲线的垂直距离 BF。

等价剩余指给定旧价格和消费量 x_1'，收入需要变化多少才能使消费者的福利与在新价格和新的购买组合 B 下的福利相同。在图 5-2 中，等价剩余是 x_1 的消费保持在初始数量水平 x_1' 时两条无差异曲线的垂直距离 AE。

5.3 环境变化的价值评估

环境不仅有使用价值，也有非使用价值。其中使用价值又可细分为直接使用价值和间接使用价值。非使用价值可细分为存在价值、遗赠价值、选择价值等（如图 5-4 所示）。以森林为例，其有提供木材、观光、狩猎等产品和服务的直接使用价值，有保持水土的间接使用价值；森林是地球生态系统的一部分，保留着自然信息和生物多样性，所以也具有存在价值；森林可以留给后代人，所以具有遗赠价值；森林的用途和利益可能目前尚未被认知和开发，但未来可能有价值，所以具有选择价值。对于这些价值能否被评估，学术界仍存在显著分歧，许多环境保护主义者认为环境价值，特别是非使用价值是不能被评估的。

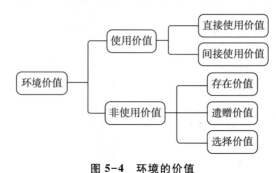

图 5-4 环境的价值

① Willig R D. Consumer's surplus without apology[J]. American Economic Review, 1976, 66(4): 589-597.

环境变化的价值评估并不用于测量这些环境价值,而是测量与人类有关的环境质量改变的成本或收益。且假定这种改变不会使环境产生根本性的变化(如不会使环境系统崩溃)。按照规范的经济学方法,从一项提升环境质量的项目中得到的收益(或避免的损失成本)可用个人的边际支付意愿衡量。对环境质量提升来说,社会总收益或总支付意愿是环境物品需求曲线下方围成的面积。由于理性的经济人会为避免损害付账,可以将环境损害成本视为支付意愿。那么对环境损害来说,社会总收益或总支付意愿是边际损害成本曲线下方围成的面积。

由于缺乏相关的市场,环境要素和环境质量的变化本身往往没有市场价格,需要使用替代方法对其进行估价。目前人们常用的方法有:直接市场法、替代市场价值法、意愿调查法、市场实验法。有些环境变化的后果存在不确定性,可能产生巨大的非使用价值损害风险,此时可使用**谨慎原则**(precautionary principle)。1992 年联合国环境与发展大会通过的《里约环境与发展宣言》将这一原则定义为:为了保护环境,各国应按照本国的能力广泛适用风险预防措施。当有可能造成严重的或不可挽回的损害时,不能把缺乏充分的科学确定性作为推迟采取符合成本收益的措施的理由。表 5-2 列举了适用于不同情况的评估方法。

表 5-2　环境价值评估的主要方法

环境损害的来源	例子	主要估值方法	价值类型
经济投入、产出的损失	农林牧渔业损失	生产率变动法	使用价值
暴露于环境损害的风险增加	噪声、恶臭、废渣	资产定价法,防护支出法	使用价值
损害健康	死亡和发病风险	人力资本法	使用价值
娱乐、便利、美观损失	观鸟、露营	旅行费用法,重置成本法,意愿调查法	使用价值
自然栖息地的简化	生物多样性减少	意愿调查法,谨慎原则	非使用价值
生态系统结构或功能的不可逆转的损害	物种灭绝、气候变化	谨慎原则	非使用价值

 专栏 5-2

美国《清洁空气法》的收益和成本

美国《清洁空气法》体系的建立源于两起环境公害事件:1943 年的洛杉矶光化学烟雾事件和 1948 年的多诺拉烟雾事件,这两起事件都是由于严重的空气污染造成的。就美国联邦层次的立法而言,《清洁空气法》是经 1955 年的《空气污染控制法》、1963 年的《联邦清洁空气法》、1967 年的《空气质量控制法》、1970 年的《清洁空气法》以及后来的 1977 年修正案和 1990 年修正案等逐步完善的。此外,各州和地方政府也建立有类似的法规,从而形成完整的法律规范体系。

1990 年《清洁空气法》修正案的第 812 条要求美国国家环保局定期编制报告，为国会和公众提供关于《清洁空气法》的社会效益、成本和对美国经济的影响的信息。2011 年，美国国家环保局公布了第 3 次评估结果，发现 1990 年修正案通过改善空气质量带来的效益价值非常大，且该价值将随着时间的推移而增长，按照估计结果，到 2020 年预计能达到约 2 万亿美元的水平（中等直接效益估计），而相对应地 2020 年实施法规的成本约为 650 亿美元。1990—2020 年实施修正案的效益成本比为 32/1（如表 5-3 所示）。

表 5-3　1990 年《清洁空气法》修正案的成本—收益分析表

项目	年份			
	2000	2010	2020	1990—2020
直接合规成本[a]：				
中[b]	20 000	53 000	65 000	380 000
直接效益[a]：				
低[c]	90 000	160 000	250 000	1 400 000
中	770 000	1 300 000	2 000 000	12 000 000
高[c]	2 300 000	3 800 000	5 700 000	35 000 000
净效益＝效益−成本[a]：				
低	70 000	110 000	190 000	1 000 000
中	750 000	1 200 000	1 900 000	12 000 000
高	2 300 000	3 700 000	5 600 000	35 000 000
效益/成本比：				
低[d]	5/1	3/1	4/1	4/1
中	39/1	25/1	31/1	32/1
高[d]	115/1	72/1	88/1	92/1
每避免一例过早死亡的合规成本[a]：				
中	180 000	330 000	280 000	未评估

注：a 表中成本和效益的单位是以 2006 年不变价格计算的百万美元。

b 这种分析的成本估计是基于对消费模式、输入成本和技术创新等因素的未来变化的假设，这些因素引入了重大的不确定性。然而，与许多关键因素相关的不确定性程度却不能可靠地量化，因此无法提出具体的低成本和高成本估计数。

c 低效益和高效益估计对应于统计不确定性分析的第 5 和第 95 百分位结果。

d 低效益/成本比率反映了低效益估计与中成本估计的比率，而高比率反映了高效益估计与中成本估计的比率。

资料来源：美国国家环保局，https://www.epa.gov。

5.3.1 直接市场法

直接市场法是根据环境质量变动对资产价值、生产效率的影响来评估环境资源价值的一种方法。这种评价方法把环境质量看作一种生产要素,通过可以观察到并且可测量的生产率、生产成本和收益的变化,来估算环境损害成本或环境改善带来的效益。例如,酸雨损害了树木和建筑物,降低了它们的市场价值;土壤侵蚀减少了当地农作物的产量,使下游农民和水库所有者为了清除泥沙支付更多的费用;污染引起的疾病会产生医疗成本,同时还会带来发病者工资收入的损失。可以把树木和建筑物市场价值的变化、农民清除泥沙的费用、工人治疗疾病的成本和工资收入损失等作为环境损害成本。

在环境变化的价值评估中,直接市场法因比较直观、易于计算、易于调整等优点而被广泛应用。常用的直接市场法包括:生产率变动法、人力资本法等。对处于不同发展阶段的国家,直接市场法都是最常见的价值评估方法。直接市场法主要适用于评估以下问题:

① 土壤侵蚀对农作物产量的影响;

② 河流泥沙沉积对流域下游地区使用者造成的影响;

③ 酸雨对农作物和森林的影响、对材料和设备造成的腐蚀损失;

④ 空气污染通过大气中的微粒和其他有害物质对人体健康造成的影响;

⑤ 水污染对人体健康造成的影响;

⑥ 由于排水不畅和渗漏造成受灌地的盐碱化,影响农作物的产量;

⑦ 砍伐森林对气候和生态的影响。

1. 生产率变动法

生产率变动法通过测定环境质量变化对生产者的产量、成本和利润,或是对消费品的供给与价格的变动及其引起的消费者福利的变化来推算环境价值。

环境质量变化影响生产率,而生产率变化可以用单位投入生产的商品数量的变动表示,可以将商品价值变化作为环境质量变化带来的效益或损失的量度。按要素价格是否变化,生产率变动法的计算方法可分为两种:

——要素价格不变。如果产出的增加相对于整个市场销售额而言很小,而投入的增加相对于市场销售的各种生产要素而言也很小,就可以假定产品和各种生产要素的价格在产量变化后保持不变。用预计的产量变化乘以市场价格就可以得到环境质量变化的经济价值。

——要素价格变化。如果产量的增加对产品和生产要素的价格有影响,就需要该产品的供给曲线和需求曲线信息。如果可以获得该商品需求价格弹性系数的资料,而且如能假定需求曲线是一条直线,就可以计算出环境质量变化的经济价值约为:

$$\Delta Q \times \frac{(p_1 + p_2)}{2} \qquad\qquad (式5\text{-}4)$$

其中,p_1为变化前的价格,p_2为变化后的价格。

2. 人力资本法

污染导致环境系统对生命的支持能力发生变化,这会对人体健康产生很大的影响,导致劳动者的发病率与死亡率提高。**人力资本法**就是通过估算环境变化造成的健康损失来评估环境变化的价值的。

环境质量变化对人体健康的影响包括医疗费用的增加和由于健康原因引起的个人收入损失。前者等于因环境质量变化而增加的病人人数与每个病人的平均医疗费用的乘积;后者等于因环境质量变化引起的劳动者预期寿命和工作年限的缩短量与劳动者预期收入现值的乘积。这里现值是指未来预期收入流的当前值,其计算方法如下:

$$PV = \sum_{t=0}^{T} V_t / (1 + r)^t \qquad (式5-5)$$

其中PV是预期收入现值,V_t是第t年的预期收入,r是贴现率。因为劳动者的收入损失与年龄有关,所以计算收入损失时要先按年龄组分别计算劳动者各年龄段的收入损失,然后将各年龄段的收入损失汇总。人力资本法的评估步骤如下:

① 识别环境中的致病因素,即识别出环境中包含哪些可导致疾病或死亡的因素;

② 确定致病因素与疾病发生率和过早死亡率之间的关系;

③ 估算处于风险中的人口规模;

④ 估算由于疾病导致的收入损失和医疗费用;

⑤ 估算由于过早死亡而丧失的收入的现值;

⑥ 对④和⑤的计算结果求和,得到致病因素造成的损害价值。

3. 直接市场法的局限性

直接市场法基于可观察到的市场行为,易于被决策者和公众所理解,是应用最广的价值评估技术。但采用直接市场法需要具备一些条件:

① 环境质量变化产生的影响比较明显,可以观察出来;

② 环境质量变化直接影响物品或服务的价格或产量,因此可以用物品或服务的价值变动反映出来;

③ 物品或服务的市场运行良好,价格是反映其经济价值的良好指标。

当环境质量变化和市场化物品或服务的变化之间的关系不能确定、市场机制不完善、产出变化可能对价格产生重大影响时,这种评估方法的局限性就暴露出来了。

通常很难把环境因素从其他影响因素中分离出来。例如,空气污染通常是由大量的污染源造成的,很难分清某一具体污染源造成的后果,因此难以估计该污染源对环境造成的影响与产出变化间的物理关系,使得确定环境损害和损害原因间的关系常常需要依靠假设,或者参考其他地区已建立的相关因果关系,因此可能会因为处理方式不同出现偏差。

当环境变化对市场产生明显影响时,就需要对市场结构、供给曲线与需求曲线的弹性及变动进行比较深入的观察,需要对生产者和消费者的行为进行分析,同时也要考虑生产者与消费者的适应性。分析涉及的环节越多,产生误差的可能性也就越大。

5.3.2 替代市场价值法

市场上存在着一些商品,它们可以作为环境提供的服务的替代物。例如,游泳池可以看作干净湖泊或河流提供的游泳服务的替代物;私人公园可以看作自然保护区或国家公园的替代物。如果这种替代关系成立,消费两者给用户带来的福利水平也是一样的。环境质量提高带来的效益,就可以通过替代它们的商品购买量减少和价格下降来测算。反过来,环境受到损害造成的损失,也可以通过替代它们的商品购买量增加和价格上涨来测算。这种评估环境质量变化的方法就是**替代市场价值法**。常用的替代市场价值法有旅行费用法、资产定价法、防护支出法等。

由于环境的某些服务功能能够被私人物品完全替代,而有些只能被部分替代,甚至无法替代,例如,原始森林作为木材的使用价值部分可以被人工林替代,但其特有的生态功能(包括维护生物多样性等)则无法被人工林替代,因此使用替代市场价值法计算环境质量下降的损失可能存在估值过低的问题,常引起较大的争议。

1. 旅行费用法

旅行费用法是通过人们的旅游消费行为对非市场化的环境产品或服务进行价值评估,把旅游者对环境产品的支付意愿作为环境价值。旅游者的支付意愿包括两个部分:消费环境服务的直接费用和消费者剩余。直接费用主要包括交通、门票和住宿费用,以及时间成本等;消费者剩余则体现为旅游者的支付意愿与实际支付之差。

旅行费用法的评估步骤如下:

① 定义和划分旅游者的出发地区,以评价场所为圆心,把场所四周的地区按距离远近分成若干个区域。也可以根据行政区域单位划分,距离评价地点越近的区域,其旅行费用越低。

② 在评价地点对旅游者进行抽样调查,收集用户的出发地区旅行费用及其社会经济特征。

③ 计算每一区域到此旅游的人次,从而计算出各区域的旅游率。

④ 求出旅行费用对旅游率的影响。根据对旅游者的调查资料,对不同区域的旅游率和旅行费用以及各种社会经济变量进行回归,求得旅行费用对旅游率的影响。这是一条人们对旅游的需求曲线,即:

$$Q_i = \beta_0 + \beta_1 CT_i + \beta_2 X_i \tag{式 5-6}$$

其中,Q_i 指旅游率,CT_i 是从 i 区域到评价地点的旅行费用,X_i 是 i 区域旅游者的收入、受教育水平等相关社会经济变量。

⑤ 利用这条需求曲线估计各区域在不同门票价格下的旅游者实际数量,获得总需求曲线。

⑥ 计算消费者剩余。总需求曲线以下的面积就是用户享受的总消费者剩余。

⑦ 将每个区域的旅游费用及消费者剩余加总,得出总支付意愿,即景点的价值。

2. 资产定价法

资产定价法也称内涵资产定价法、内涵价格法。其理论依据是人们赋予环境的价值可以从他们购买的具有环境属性的商品的价格中推断出来。资产定价法通常被用于对房地产市场进行分析。由于住房的价格中包含了环境因素，环境价值可以通过房价反映出来。资产定价法的评估步骤如下：

① 建立房产价格与其各种特征的函数关系，即：

$$PH = f(h_1, h_2, \cdots, h_{k-1}, h_k) \qquad (式5-7)$$

其中，PH是房产价格，$h_1, h_2, \cdots, h_{k-1}, h_k$是住房的各种内部特性（面积大小、房间数量、新旧程度、结构类型等）和住房的周边社会经济特性（当地学校的质量、离商店的远近、当地的犯罪率等），h_k是住房附近的环境质量（例如空气质量）。

② 把房产价格函数对环境质量求导，求出环境质量的边际价格曲线，表示在其他特征不变的情况下，环境质量变动1个单位时房产价格的变动量。

$$P_{hk} = \frac{\partial PH}{\partial h_k} \qquad (式5-8)$$

边际价格曲线是买主的支付意愿函数，也是买主的需求曲线。环境质量改进的价值是改进前后个人需求曲线以下的面积的差值。

3. 防护支出法

当环境质量下降时，人们会努力通过各种途径保护自己不受环境质量变化的影响。这些防护方法可能是环境质量的替代品，也可能是防止环境退化的措施。例如为了防止噪声污染，居民会安装双层玻璃；因为担心饮用水受到污染，人们可能会购买瓶装水；对环境变化反应较强烈的人会搬迁以躲避环境损害等。**防护支出法**就是根据人们准备为躲避环境损害支出的费用多少来判断人们对环境价值的评价的。一般地，这种方法按以下步骤进行：

① 识别环境危害。

② 界定受影响的人群，例如工作或者居住在飞机起飞地带和机场道路周围的居民会受到飞机噪声的影响。

③ 获得相关数据。数据（主要是防护方法和防护支出的金额）的收集方法主要有：直接观察法，对受到危害的人进行普遍调查或抽样调查，专家意见法（专家根据专业经验和主观判断对防护支出进行估价）。

防护支出法可能有偏差，这是因为：一方面，防护支出法假设"防护支出"是必然发生的，而在现实生活中，由于人们对环境危害的认识往往滞后于环境风险和环境危害的产生，因此当新的风险和损害刚出现时，防护支出水平是偏低的，这使得评估的环境损害偏低。另一方面，防护支出法要求人们对他们受到损害的程度比较了解，然而对于想象中的风险，或者随着时间增长的风险，人们的估计可能会过高或过低：有人会忍受一定的危害或困境，直到他们认为有必要采取行动，这时利用防护费用对损害进行估计的结果会偏低;有人由于过分担心自己的生命安全和生活质量而加大防护力度,导致防护支出过度,会使估值偏高。

5.3.3　意愿调查法

当缺乏真实的市场数据,甚至也无法通过间接观察市场行为评估环境价值时,可以依据意愿调查建立一个假想的市场来解决问题。**意愿调查法**也称条件价值法(contingent valuation method,CVM),主要是利用问卷调查方式直接考察受访者在假想市场里的经济行为,推导出人们对环境资源的实际或假想变化的估价。

1. 支付意愿与受偿意愿

一个消费者面临两种消费选择:一种选择是货币收入,用 M 表示;另一种选择是享受一定的环境质量(譬如空气质量的改善等),用 E 表示。假设一个理性消费者的偏好用图 5-5 中的无差异曲线表示,W_1、W_2、W_3 分别代表低、中、高三种效用水平,每一条无差异曲线上的点都代表不同的 M 与 E 的组合,但这些不同的组合却代表相同的效用水平。

支付意愿是消费者愿意为改善环境质量或防止环境恶化支付的费用。在图 5-5 中,A 点表示消费者拥有 M_0 的收入,享受 E_0 的环境质量。环境质量从 E_0 增加至 E_1 时,对一个理性消费者而言,他愿意为此支付的货币为 M_0-M_1。此时,他的福利状况从 A 点变到 C 点,C 点表示其拥有 M_1 的货币收入,享受 E_1 的环境质量,C 点和 A 点位于同一条无差异曲线 W_2 上,因此它们代表同样的效用水平。这意味着消费者为 E_1-E_0 的环境质量改善支付 M_0-M_1 的货币收入后其福利水平仍然未变。因此,M_0-M_1 就是消费者对 E_1-E_0 的环境变化的支付意愿,体现了该消费者对环境价值变化的货币评估。

受偿意愿是消费者愿意接受的忍受环境质量下降或放弃改善环境的补偿费用。在图 5-5 中,如果环境质量从 E_0 下降为 E_2,消费者愿意接受的最低货币补偿为 M_2-M_0。此时他的福利状况处于 G 点。与 A 点相比,G 点代表更高的货币收入但更差的环境质量,由于二者处于同一条无差异曲线上,其代表的福利水平并没有改变。所以,M_2-M_0 实际上是消费者忍受环境质量下降所愿意接受的补偿意愿。

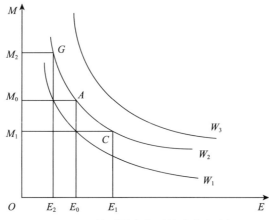

图 5-5　环境质量变化时的消费者选择

支付意愿与受偿意愿为环境变化的货币价值评估提供了基础。它们通常以家庭或个人为对象，通过建立假想市场，以调查问卷或直接访谈的形式询问被调查对象，征询他们对一项环境改善措施的支付愿望，或忍受环境恶化的接受补偿意愿。二者在实际应用时的含义见表5-4。意愿调查法多被用于对公共物品的价值评估上，如对自然保护区、野生动物等的评估以及对环境质量改善的评估。

表 5-4　支付意愿和受偿意愿

	环境改善	环境恶化
支付意愿	为了改善环境，消费者愿意支付的最大金额	为了阻止环境恶化，消费者愿意支付的最大金额
受偿意愿	当环境改善政策中止时，作为补偿至少必需的金额	当环境恶化时，作为补偿至少必需的金额

在设计意愿调查方案时，可以直接询问调查对象的估价，也可以将非市场化的环境物品或服务与其他市场化商品放在一起，要求调查对象对其进行排序，排序结果提示了调查对象的偏好和对环境物品的估价。下面这个案例有助于理解意愿调查法的操作方法：

如果一片森林过去一直为周围2万个居民提供免费的休闲服务，要对这种服务的价值进行评估，可以按总人口的5%采样，调查1 000人的支付意愿和受偿意愿。调查的问题是：

① 为了维持这片森林，你愿意每年支付多少钱？首先给定一个初始值（如100元），询问被调查者是否愿意，如果答案为是，则继续增加金额，直到得到否定答案为止，该金额就是被调查者的支付意愿。如果第一个问题的答案为否，则转入第2个问题。

② 每年付给你多少钱，你愿意放弃在这片森林里休闲？首先给定一个初始值（如100元），询问被调查者是否愿意，如果答案为是，则继续减少金额，直到得到否定答案为止，该金额就是被调查者的受偿意愿。

将被调查者的支付意愿和受偿意愿分别加总并乘以20得到总支付意愿和总受偿意愿，那么，森林提供的休闲服务价值在总支付意愿和总受偿意愿之间。

2. 意愿调查法的偏差

要使调查结果尽量反映真实情况，除需要精心设计调查方案外，还要求样本数量足够多，在处理调查结果时剔除偏差过大的样本。即使这样，意愿调查法的结果仍有可能存在较大的偏差，这是因为意愿调查法是基于假想的评价，不像其他评价法是依据物理量的测量和市场价格，因此容易受到调查者和被调查者的个人影响。

一般地，对同一种环境质量变化，支付意愿和受偿意愿有很大的不同。通常支付意愿比受偿意愿的金额低很多（据估算约为1/3）。这可能是由于与对获得其尚未拥有的某物的估价相比，人们对其已有之物的损失会有更高的估价。有时这种心理因素影响会造成较大的偏差。除此之外，意愿调查法中比较典型的偏差还包括：

①　策略性偏差。当访问者相信他们的回答能影响决策时,将产生策略性偏差。例如,当询问电厂附近的居民对净化电厂附近空气的支付意愿时,如果他们认为控制污染的费用将由其他人支付,他们就可能较高地估计其支付意愿。相反,如果居民认为他们将根据各自的支付意愿纳税,他们就可能较低地估计其支付意愿。

②　信息偏差。如果调查者对环境质量可能发生的变化、产生的影响和应对方案等信息叙述得不完全、不准确,那么就会导致信息偏差,对被调查者产生误导,使后者给出的估价不能反映他们的实际意愿。

③　支付方式偏差。该偏差是指因假设的支付方式不同而导致的偏差。用什么样的方式收取或发放货币,可能会影响被调查者表明的支付或受偿意愿的大小。

④　假想偏差。在意愿调查中,被调查者对假想的市场问题的反应与对真实问题的反应不一样,特别是当被调查者评估一个他不熟悉的和不在市场上交换的产品的价值时,不准确程度明显上升。

⑤　起点偏差。起点偏差是由于调查者在设计问卷和问题时,所建议的支付意愿和受偿意愿的出价起点高低引起的回答范围的偏离。

由于这些偏差的存在,很难找到所有人都接受的唯一的环境质量定价方案。

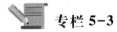 **专栏 5-3**

北京市居民为改善大气环境质量的支付意愿研究

大气污染曾是北京市最严重的环境问题之一,也是市民最能切身感受到的污染问题。为了调查北京市居民对改善大气环境质量的真实支付意愿,21 世纪初,杨开忠等进行了入户调查研究。调查范围为北京市 4 个城区(东城、西城、崇文、宣武)①和 4 个近郊区(朝阳、丰台、石景山、海淀)。这一区域集中了 81% 的城市人口及 2/3 的工业产值,也是当时北京市大气污染最严重的区域。研究采用随机抽样、直接入户调查的方法,样本量为 1 500。抽样的方法是根据 8 个区住户的密度(总户数/总面积)按比例确定各区的抽样数,然后按抽样数在各区内均匀划分单元格,每个单元格近似到街道,随机抽取 10 户进行入户访问。

调查使用的问卷是经过两次预调查并进行修改后最终确定下来的。研究者通过预调查检验了问卷设计的合理性,主要是检验与支付意愿有关的问题能否被受访者理解和接受。

在询问受访者的支付意愿之前,调查员将预先准备好的图片出示给受访者。图片是关于北京市大气污染状况的,对比了清洁和污染的空气质量。在出示图片的过程中,调查员向受访者介绍大气污染的危害、支付费用的意义以及使用情况。之后,调查员问受访者:"北京市大气质量改善的目标是在 5 年内降低目前空气污染物浓度的 50%,您的家庭

---

①　2010 年,东城区、崇文区合并为新的东城区,西城区、宣武区合并为新的西城区。

是否愿意为达成这个目标每年支付一定的费用？"如果受访者表示"不愿意支付"，则请他们给出不愿意支付的理由。如果受访者选择了"愿意支付"，则进一步提问："您的家庭为达成北京市大气质量改善的目标每年最多愿意支付多少金额？您最多愿意支付的金额大约占您家庭年收入的比例是多少？"①

调查选择入户访问的时间选定为周末的上午 10 点至下午 1 点、下午 4 点至 5 点和晚上 7 点至 9 点。选择这些时间段进行入户访问，有助于居民接受调查并有比较充分的时间思考和认真回答。另外，调查时间长短的控制对于减小调查结果的偏差也很有意义。从心理学角度来说，时间长短应控制在让受访者有充足时间思考，但又不失去耐心的范围，这样才能提高回答的准确性，减小结果的偏差。通过总结预调查的经验，正式调查的时间被控制在 20～30 分钟。

调查发现，北京市居民为将城市污染物浓度降低 50% 的支付意愿为 143 元/户（以 1999 年的货币价值计量），占居民家庭年收入的比值约为 0.7%～0.9%，8 个城区的总支付意愿是 3.36 亿元。

资料来源：杨开忠，等.关于意愿调查价值评估法在我国环境领域应用的可行性探讨：以北京市居民支付意愿研究为例[J].地球科学进展，2002，17(3)：420-425.

5.3.4　市场实验法

意愿调查法是基于假设条件的意愿陈述，人们并没真实支付或受偿，没有实际的利益关系发生，使得他们表述的评估价值可能存在偏差。针对这一问题，研究者们开发了一种新的评估方法——**市场实验法**，通过引入真实的货币收支，激励人们显示出自己对物品的真实评价。依照实验的场所不同，可将市场实验法分为现场实验和实验室实验两种类型。

现场实验是要真实地模拟一个之前在现实世界中没有存在过的市场，通过对参与者选择的统计，得出他们对一个物品的估价。我们可以借用一个研究案例来帮助理解这一评估方法。

美国威斯康星州的霍利肯（Horicon）地区是一片面积约 100 平方千米的自然保护区，这里在秋季开放狩猎，持有狩猎许可证的人可捕杀一种野生鸟类——加拿大鹅，威斯康星州自然资源管理处负责狩猎许可证的发放，1978 年其通过在申请人间抽签的方法免费发放了 13 794 份狩猎许可证。为了评估狩猎许可证的价值（也可视为自然保护区的价值），有学者用多种方法进行了评估。②

一方面，研究者们用旅行成本法和意愿调查法对许可证进行了价值评估。具体方法

---

①　该研究采用了意愿调查法常用的引导评估技术中的自由回答的方式，即直接询问受访者为改善北京市大气环境质量最多愿意支付的金额，而没有给出任何选择范围，愿意支付多少金额完全由受访者自行决定。一般认为，自由回答方式的优点在于它能够消除支付意愿的起点偏差和受访者过于积极产生的偏差。

②　Bishop R C, et al. Contingent valuation of environmental assets: Comparisons with a simulated market[J]. Natural Resources Journal, 1983, 23(3): 619-633.

是,在狩猎季后调查了 300 个狩猎者的旅行成本,其平均值为 32 美元。抽取 353 人进行问卷调查,调查他们的支付意愿和受偿意愿。由于并不真正进行支付或得到补偿,意愿调查法的偏差非常明显,研究者们得到的结果分散在 11～101 美元之间,而且受偿意愿明显高于支付意愿,前者为 67～101 美元,后者只有 11～12 美元。

另一方面,研究者设计了一个人工市场,使用现场实验法进行了价值评估,实验方法是,随机抽取 237 个许可证持有者作为研究样本,给他们邮寄面额为 1～200 美元的支票,让收到者在两个选项中进行选择:收下支票返还许可证;归还支票保留许可证。通过测算在这个模拟市场中的出售意愿(simulated market willingness-to-sell),许可证的均值为 63 美元,这一结果介于没有实际货币支付时的受偿意愿和支付意愿之间。

进行现场实验需要一个条件:待评估物品已经被分配成为私人物品,这样才有可能在此基础上设计市场。在不满足这个条件时,可以组织实验室实验。这种实验方法的步骤是:召集一批志愿者作为被试人员,给他们货币让他们参与实验,通过统计被试人员在货币和物品间的取舍,对物品进行估价。

在市场实验法中,尽管市场是人为设计的,但并不是假想的,参与者做出的决定与真实货币有关,所以更能反映人们对物品的真实估价,这是市场实验法最突出的优点。但是市场实验法也有局限性,主要是在实验对象和实验环境的选择上,难以完全避免一定的特殊性,也很难对实验过程进行充分有效的控制,完全排除其他因素的影响,这限制了市场实验法结果的代表性和应用范围。

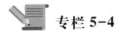

专栏 5-4

应小心使用环境价值评估结果

使用直接或间接的方法对环境变化的影响进行价值评估有助于将其纳入经济学的分析框架,但在环境决策中,单纯依靠经济分析也是不够的。

1992 年,《经济学人》发表了前世界银行首席经济学家劳伦斯·亨利·萨默斯的一份谈话备忘录。在这份备忘录里萨默斯建议鼓励将更多的污染工业转移到欠发达国家。他的理由有三点:

① 污染带来的健康成本取决于因更高的发病率和死亡率而不得不放弃的利益。从这个角度来看,污染导致的健康损害应该发生在成本最低的也就是工资最低的国家。因此把有毒废弃物倾倒在工资最低的国家这类行为背后的经济学逻辑是无可辩驳的。

② 由于在污染水平很低时增加污染的成本可能会非常低,污染成本曲线可能是非线性的。非洲那些人口稀少的国家的污染程度在很大程度上是不够的,与洛杉矶或者墨西哥城相比,它们的空气质量毫无疑问好太多。向非洲转移污染产业和废弃物有助于提高世界的福利水平。可惜的是,许多污染是由不可贸易物品或服务(交通、发电)制造的,固体废弃物的单位运输成本过高阻止了这种转移。

③ 出于审美和对健康的关注而产生的对清洁环境的需求可能会有非常高的收入弹性。如果一种诱因有百万分之一的可能性会导致前列腺癌，那么在一个人们能够活到得前列腺癌的年纪的国家，人们对这一诱因的关注肯定要高于一个五岁以下幼儿死亡率为千分之二百的国家。因此对那些可能带来污染的物品开展贸易是能够促进福利的。

这份备忘录背后的经济学逻辑"完美无瑕"，但发表后引起了很大的争论，特别是在发展中国家引起哗然。巴西当时的环境部部长卢森伯格给萨默斯写了一封公开信："你的推理在逻辑上是完美的，但本质上是疯狂的。……你的想法是那些传统的'经济学家们'在思考我们生活的世界时所表现出的不可思议的精神错乱、简化论思维、对社会的冷漠和自大无知的具体例子。"

可见，环境决策不仅要考虑经济效率，还要综合考虑公平、人权等多方面的因素，生硬地照搬经济学原理是远远不够的。

资料来源：Swaney J A. So what's wrong with dumping on Africa？［J］. Journal of Economic Issues，1994，28（2）：367-377.

环境价值评估可能会忽视许多环境的非使用价值，如某一环境因素作为生态系统的一部分对保持系统完整性的价值，往往不会被评估到。当环境风险和不确定性很大、环境损害不可逆时，就不能单纯使用成本—效益分析，此时可以考虑使用谨慎原则。按照这一原则，当一项活动对人类健康或环境造成严重或不可逆转的损害威胁时，即使该活动与可能造成的损害之间的因果关系尚未得到证实，也应采取预防措施（例如暂停、禁止），防止损害的可能性。[①] 基于不同原则的政策建议往往差异巨大。例如，在气候变化问题上，有学者基于谨慎原则建议应在 1990 年的排放量基准上减排 71%[②]，而基于成本—收益原则考虑的学者建议减排 11%[③]。

虽然环境价值评估有局限性，但它提供了一个持续地组织不同信息的有用框架，有助于比较政策的正面和负面后果，使人们可以通过比较选择优先政策，对环境、卫生和安全领域的法规制定和项目评估都有很大帮助。

小 结

进行与环境有关的经济决策需要进行成本—收益的对比，这要求把所有的成本—收益换算成相同的货币单位。大多数环境质量变化没有市场价格，需要采用变通的方法测算其价值。在实践中这些变通的方法主要有：直接市场法、替代市场价值法、意愿调查法和市场实验法。这些方法适用于不同的评估对象，一般来说，衡量污染损失用直接市

---

① 但也有一些学者反对谨慎原则，认为谨慎原则是一种道德判断，它考虑的是避免未来世代的损失，而不关心当代人需要付出的成本。这一原则可能会带来巨大的经济负担，还会阻止技术进步。

② Cline W R. The economics of global warming［M］. New York：Columbia University Press ，1992.

③ 诺德豪斯.管理全球共同体：气候变化经济学.上海：东方出版中心，2020.

场法,衡量间接使用价值使用替代市场价值法或市场实验法,衡量存在价值使用意愿调查法。

进一步阅读

1. DeGrazia D. 动物权利[M]. 杨通进,译. 北京:外语教学与研究出版社, 2007.

2. 罗尔斯顿 Ⅲ. 哲学走向荒野[M].刘耳,叶平,译. 长春:吉林人民出版社,2000.

3. Arrow K J, et al. Is there a role for benefit-cost analysis in environmental, health, and safety regulation？[J]. Science, 1996, 272(5259)：221-222.

4. Freeman A M. The measurement of environmental and resource values：Theory and methods[M]. Washington, DC：Resources for the Future, 1993.

5. Hausman J A. Contingent valuation：A critical assessment[M]. Amsterdam：North-Holland Press, 1993.

6. Willig R D. Consumer's surplus without apology[J]. American Economic Review, 1976, 66(4)：589-597.

思考题

1. 衡量福利变化有哪些常见的方法？

2. 资源环境价值评估的方法有哪些？

3. 意愿调查法的偏差来源主要有哪些？

4. 什么是市场实验法？

5. 是否有难以对环境价值进行货币化衡量的情景？如果有,试举例。

第 6 章　削减工业污染的政策

【学习目标】

- 掌握几种常见的削减工业污染的政策:命令—控制型政策、庇古税、补贴、排污权交易、押金—退款制
- 掌握不同政策的适用范围,辩证地认识现实中各种污染削减政策的优缺点

工业污染是一种典型的负外部性,在市场机制下无法自我纠正,这时就需要利用政府这只"看得见的手",通过实施环境政策纠正污染者的行为,将负外部性内部化。对于工业污染的管理来说,常用的环境政策大致可分为两类:命令—控制型政策和经济手段。

6.1　命令—控制型政策

命令—控制型政策指政府运用行政和法律手段,对污染企业的生产和排放行为进行纠正,强制其执行环境标准的方法。

6.1.1　命令—控制型政策的主要形式

命令—控制型政策的具体形式多种多样,按是否直接管控污染物,可以大致分为直接管制和间接管制两种。直接管制是直接对污染物排放进行规定,如规定允许排放的污染物的最大浓度、排放速率、排放总量等。而间接管制一般是通过对生产技术、生产地点的选择等进行规定,最终达到控制污染排放的目的,如规定可选择的生产投入物的种类、生产技术、对产品产量或污染物排放量进行配额控制、对污染企业的选址进行约束等。

命令—控制型政策的实施往往以一些污染控制法为基础,如环境保护法和具体领域的污染控制法,然后根据这些法律确定污染物排放种类、数量、方式以及与产品和生产工艺相关的污染指标。有关生产者和消费者遵守这些法律和污染物排放规定是义务性或强制性的,如果违反,往往会受到行政、法律或经济制裁。

排放标准是一种典型的命令—控制型政策。图 6-1 显示了排放标准的制定思路。要将污染排放水平减少到最优水平 Q^*,政府制定了排放标准 S,并规定污染者不能排放超过这一标准的污染,否则对每一单位的污染处以至少为 P^* 的罚款。在处罚的威胁下,污染者排放多于 Q^* 的污染是不划算的,这样就可以达成预期的环境目标。

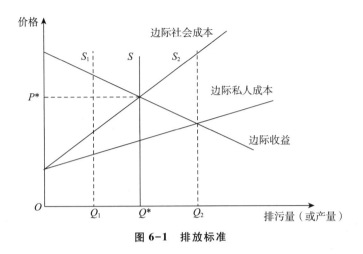

图 6-1 排放标准

一般地,排放标准是按照五个步骤制定的:

① 设立环境目标,如使空气质量保持在不威胁人体健康和安全的水平;

② 设定管制指标,指标应是最能代表和解释目标的,并且应是可测量的,如污染物排放量、排放浓度等;

③ 建立指标的质量标准,也就是确定什么水平的环境指标算污染,什么水平的环境指标是可接受的;

④ 建立排放标准,也就是确定把污染排放量限制在什么水平才能达到环境质量标准;

⑤ 执行,包括排放标准的执行、污染减排、监测和违法处罚等。

因为担心各地区会为了吸引投资和创造就业而竞相放松环境标准,一般地,对新污染源的环境标准会设定得更严格,而且多在国家层面上设定,与地方无关。例如,我国《环境空气质量标准》(GB 3095-2012)设立了适用于全国范围的 10 种常见的空气污染物浓度标准。

6.1.2 命令—控制型政策的优缺点

命令—控制型政策由国家强制力量保证推行,具有对问题定位准确、简便的优点,易于在自上而下的行政体系内推行,并且见效快、可靠性强。特别是对 DDT、氟氯烃等不可降解且危害大的污染物,能够有效地降低甚至完全消除。在命令—控制型政策下,污染者要承担达标成本,因此满足"污染者付费原则"的要求。命令—控制型政策强制要求减少污染,与下节将要介绍的经济政策相比,更符合一般社会公众对公平和道德的认知,容易得到公众的支持①。

尽管被各国环境管理部门广泛使用,但从经济学的角度看,命令—控制型政策也有一些局限性,主要表现在以下方面:

———————————

① 一些环境保护组织批评经济手段,认为其代表着政府被排污者收买,允许污染者破坏环境,损害公众健康,他们更赞同标准、禁令等命令—控制型政策。

① 难以制定最优标准。从理论上说，环境标准应根据污染的边际成本等于边际收益的原则确定，如果信息是完全的，环境标准应设立在图 6-1 中边际社会成本曲线和边际收益曲线的交点上，此时的污染水平 Q^* 是最有效率的。但实际上，由于政府掌握的信息往往不完全，无法确定边际曲线的形状和交点，因此制定的环境标准是综合多方面因素的结果。在这样的环境标准下的污染水平往往不等于最优污染水平，可能偏左或偏右，如图中 S_1 或 S_2，只有在极凑巧的情况下，排污标准才能达到最优排污量。

② 难以实现削减量的优化分配。通过第 4 章的分析可知，在存在多个污染源的情况下，各污染源的边际削减成本曲线的交点对应的削减量分配方案是最优的。从理论上说，政府应根据每个污染源的削减成本和收益情况，对其设立相应的排污标准。但这种做法不具有现实可操作性，政府只能对不同的污染源设立统一的排污标准，这样就无法在污染源间进行有效的配额分配。

③ 不能提供动态激励。削减污染是要花费一定成本的，而且随着污染的逐步削减，边际削减成本递增。在达标之前，污染者为了降低达标成本有动力推动技术进步，但实际上企业对减少污染的技术进步本身没有兴趣。为了节约成本，污染源没有动力在达到标准后进一步减少污染，因此排污标准无法为持续减少排污提供动态刺激。

④ 政策执行成本大。命令—控制型政策很难考虑企业间的技术差异或边际削减成本差异，在实施过程中招致阻碍、拖延、违反的可能性大，这类政策往往需要巨大的监督成本和惩罚成本。有研究发现，要实现同样程度的污染削减，命令—控制型政策的成本相当于经济手段的 2~22 倍。[1]

⑤ 灵活性差。为了使新的环境状况和变化得到反映，政府需要根据生产工艺或产品逐个制定详细的规定。这需要对比大量工程和经济方面的数据，是一项耗时的任务，而且规定出台的同时可能又会出现新技术和新产品，使得政策不得不再次对标准进行更新。

因此，人们这样评论命令—控制型政策：(它)受到各方的欢迎，政府知道自己的政策目标，公众知道通过政策能得到什么，企业知道自己可以排放什么、排放多少，唯一不喜欢这类政策的是经济学家。

专栏 6-1

从"APEC 蓝"到"北京蓝"

2020 年之前，以北京市为代表的我国许多城市在冬季会出现雾霾天气，严重影响人们的身体健康和交通安全。虽然政府采取了各种环保措施，但效果并不显著，雾霾的消散基本要靠"风吹雨打"。2014 年 11 月北京市举办 APEC 会议（亚太经合组织会议），为了减少空气污染物排放，保证会议期间北京市的空气质量，政府出台了严格的命令—控制型政策。具体措施包括：污染企业停工限产，建筑工地停工，对渣土运输车辆实施管控，对北京

---

① Titenberg T H. Emissions trading: Principles and practice[M]. Washington, DC: Resources for the Future, 1985.

市及周边部分城市的机动车进行管制,以及高强度的督查和问责。严格的管控措施取得了立竿见影的效果:APEC 会议期间北京市主要大气污染物排放量同比均大幅削减,APEC 会议期间,北京市的天空呈现出久违的蔚蓝色,被称为"APEC 蓝"。会议结束后,许多人热切期盼"把 APEC 蓝留下"。但 APEC 会议期间实行的高强度管控代价巨大,无法长期使用,会议结束后严重的空气污染又卷土重来了。

治理北京市的大气污染、改善空气质量是一个长期、复杂、艰巨的过程。2013 年以来,北京市按照《大气污染防治行动计划》《空气质量持续改善行动计划》等文件的要求,在推进产业结构调整的同时,大力推进了建筑工程扬尘治理、能源结构和交通结构调整。

北京市搭建了统一的施工扬尘视频监管平台,粗颗粒物(TSP)监测网络覆盖各街乡镇,卫星遥感定期巡查裸地,为管控扬尘提供了技术支持。同时,通过推荐基坑气膜等先进技术指导施工企业降尘降噪,北京市的"以克论净"政策推进了扬尘精细化管控。

治理燃煤电厂、燃煤锅炉、民用散煤是北京市能源结构调整的重点。在燃煤电厂方面,全市实现了四大燃煤电厂关停、停备,建成四大燃气热电中心,2017 年率先实现清洁发电。在燃煤锅炉方面,淘汰燃煤锅炉 0.83 万台、4.09 万蒸吨,2018 年全市燃煤锅炉基本"清零"。在散煤治理方面,实现了平原地区基本"无煤化",有序推进山区散煤治理。到 2023 年年底,全市 93% 的村庄、96% 的村庄住户实现清洁取暖。通过持续压减燃煤,北京市能源结构大幅优化,燃煤消费总量由 2012 年的 2 270 万吨降至 2022 年的不足 100 万吨,优质能源占比提升至约 99%。

北京市通过分析 PM2.5(细颗粒物)来源发现,重型柴油车占其交通源 PM2.5 排放的很大比重,一辆重型柴油车的排放量相当于 200 辆小汽车的排放量。重型柴油车一般包括大客车、大货车、环卫车等。为了管控重型柴油车污染,2018 年北京市研发搭建了国内首个重型柴油车在线监控平台,实时监测车辆达 16 万辆,大约覆盖了北京在用重型柴油车的 70%。该在线监控平台能实时获取行驶车辆的空间位置及排放情况信息,再通过云端大数据处理,就能够进行智能化识别和报警,有效管控重型柴油车污染物排放。此外,北京市还通过补贴政策加速高排放车淘汰,2009 年起实施多轮经济鼓励政策,为车主发放补助 115 亿余元,累计淘汰约 306 万辆老旧机动车。

经过综合治理,北京市的大气 PM2.5 含量从 2013 年的 89.5 微克/立方米下降至 2023 年的 32 微克/立方米,年均浓度连续三年稳定达标,其他主要大气污染物也都持续稳定达到国家二级标准,连续的蓝天超过半年之久。民众欣喜地发现,"北京蓝"已成为首都的靓丽底色,北京市大气污染治理成效被联合国环境规划署评价为"北京奇迹"。[①]

资料来源:作者根据公开资料整理。

[①] 数据转引自李玲.十年间 PM 2.5浓度降幅超 60%、碳排放强度降幅达 50%:"北京经验"为全球绿色转型提供借鉴[N].中国能源报,2024-9-23(1);"北京蓝"常驻 成为大国首都靓丽底色[EB/OL].(2024-07-12)[2024-10-18]. http://epaper.bjnews.com.cn/html/2024-07/12/content_846106.htm.

6.2 排污税

在命令—控制型政策下,政府不仅直接干预企业的生产决策,规定企业不能使用什么技术、不能在哪里办厂、不能排放超过多少的污染……而且这类政策还有此前介绍的多种不足,所以经济学家们更倾向于推荐基于市场机制的**经济手段**(economic instruments),也称为基于市场的手段(market-based instruments)。经济手段通过价格、成本、利润、信贷、税收、收费、罚款等经济杠杆调节各方面的经济利益关系,政府不直接干预污染企业的生产决策,只调控企业面临的市场环境,企业则根据变化了的市场环境自主进行经营决策。

调控市场价格就是一种常用的经济手段。对有害环境的污染,可以通过征收与污染行为挂钩的税(费)增加污染者的成本,促使污染者减少污染;对有利于环境的产品和技术进步等,可以用补贴的方式增加这类产品的收益,促使生产者增加供给。二者虽然作用方向相反,但原理是一样的,本节主要介绍税(费),第 6.4 节主要介绍补贴。

6.2.1 庇古税

从外部性的角度分析,污染是一种公共成本大于私人成本的负外部性,在市场机制下,会产生比社会最优水平更多的污染。1920 年,英国经济学家庇古在《福利经济学》一书中首先提出对污染征收税或费的想法。他建议,应当根据污染造成的危害对排污者征税,用税收来弥补私人成本和社会成本之间的差距,这就是"**庇古税**"。

可以用图 6-2 来说明庇古税的思想:由于外部性的存在,污染的边际社会成本大于边际私人成本。可以用征税的方法提高边际私人成本,使其与污染的边际收益曲线的交点对应最优污染水平。为了将污染者的行为纠正到社会最优,排污税的税率应设定为边际私人成本与边际社会成本的差额,这也是最优污染水平时的环境外部成本,在图 6-2 中相当于线段 ab。对每一单位的排污量都征收 ab 的税 t,这相当于把边际私人成本曲线向上移动到边际私人成本*。此时,排污者从自身利益出发,会将污染水平自动调整到 Q^*。

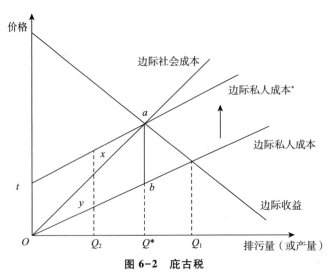

图 6-2 庇古税

从图 6-2 可以看出,在排污税税率为 t 的情况下,污染者要缴纳的排污税是图形 $tOba$ 的面积,而污染者造成的环境损失为三角形 Oba 的面积,也就是说企业缴纳的总排污税超过了损害损失,超过部分为三角形 tOa 的面积,有人质疑这对企业是不公平的。为了解决这个问题,可以考虑制定双重排污收费制度,允许企业免税排放一定量的污染,只对超过规定限度的排放量征收费用。如允许企业免税排放 Q_2 单位的污染物,对超过这个限度的排放量按税率 t 征税,这样企业会在激励作用下将排污量从 Q_1 削减至 Q^*。与对每一单位排污都征收排污税相比,此时污染者的削减成本、排污量不变,但政府的排污税收入减少了。通过调整 Q_2,从理论上讲可以使图中 x 和 y 部分大小相当。这样企业承担的排污税就与其造成的环境损害相当。

庄古税是由污染者支付给政府的,这笔税金是否应用于补偿给受害者呢?从经济效率的角度看,这没有必要。原因有二:其一,排放多少是由污染者决定的,受害者只是污染结果的接受者,对污染的多少不能产生影响,因此,补偿只是一种转移支付,是否得到补偿并不会改变污染者的行为选择;其二,现实中受害者往往是可以转移流动的,如果受害者可以得到补偿,那么可能会鼓励他们向污染源靠近,反而会加大污染损害成本,造成效率损失。因此,庄古税应该被征收但不需要补偿给受害者,这一税收就成为政府的一项收入。

1. 一个污染者的情景

如果政府设定了庄古税税率,对排放的每一单位污染都征收固定税率的排污税,污染者为了使自己排污的总成本最小,会选择削减污染,一直到边际削减成本曲线与排污税曲线的交点处对应的水平。

如图 6-3 所示,在没有实行排污税时,污染者自由排污,此时的污染排放量为 OQ。污染边际削减成本递增,要完全消除污染,污染者需要付出的削减成本是 COQ。在实行了税率为 t 的排污税后,污染者需要付出的总成本由削减成本和排污税组成,因此污染者会调整污染削减量到 Q^*,此时边际削减成本等于排污税,在图上对应两条曲线的交点 A。之所以会在 A 点达到均衡,是因为在 A 点右侧,污染者付出的削减成本过大,减少污染削减量代之以交纳排污税可以降低总成本;而在 A 点的左侧,污染者付出的排污税大于污染削减成本,进一步削减污染可以降低总成本。在 A 点,污染者需要付出 AOQ^* 的削减成本,同时支付 $ABQQ^*$ 的排污费,此时总成本最小。

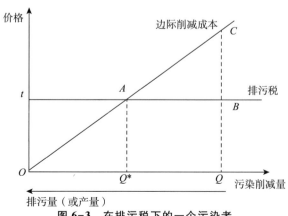

图 6-3　在排污税下的一个污染者

可以通过以下例题理解庇古税：

在没有环境管制时企业排放 100 单位的污染,企业削减数量为 Q 的污染时边际削减成本为 MAC = 30+2Q。在排污税率为 110 元/单位污染时,企业需要支付的削减成本、排污税、总成本分别为多少?

解:如图 6-4,在排污税率为 110 元/单位时,企业会选择 110 = 30+2Q,解得 $Q = 40$。

此时削减成本相当于 $B+C$ 的面积,$\int_0^{40}(30+2Q)\,\mathrm{d}Q = 2\,800(元)$;

排污税相当于 D 的面积,$(100-40)\times110 = 6\,600(元)$,

总成本 = 削减成本+排污税 = 2 800+6 600 = 9 400(元)。

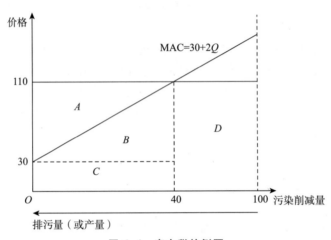

图 6-4　庇古税的例题

2. 两个及更多污染者的情景

一个地区的污染者往往不止一个,图 6-5 是两个污染者面对排污税时的情景,两者从自身成本最小化的角度出发,都会调整自己的污染削减量,使之处于自身的边际削减成本曲线与排污税曲线的交点处对应的水平,即边际削减成本 1=边际削减成本 2=排污税税率 t。

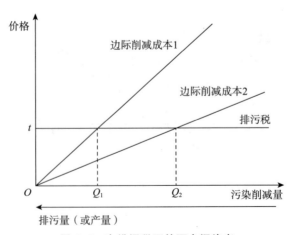

图 6-5　在排污税下的两个污染者

当一个地区有多个污染者时,可以将对两个污染者的分析扩展到多个污染者面对排污税时的情景,所有的排污者从自身成本最小化的角度出发,都会调整自己的污染削减量,使之对应于自身的边际削减成本与排污税税率相等的点。这意味着所有的污染者都具有相同的边际削减成本,这也是以最小成本达成污染控制目标的要求(参考 4.1.5 小节中的相关内容)。

从图 6-5 中可以看出,在排污税税率为 t 时,污染者 1 将削减 Q_1 单位的污染,而污染者 2 将削减 Q_2 单位的污染,二者合计的削减量是(Q_1+Q_2)。如果有多个污染者,其合计的削减量是($Q_1+Q_2+\cdots$)。可见,随着污染者数量的变化,总削减量不是一个固定的数量。相应地,总污染排放量也是变动的。

6.2.2　对监管条件变化的适应

排污税有较大的灵活性,通过调整税率可以适应不同的信息水平,还可以促进技术的持续进步。

1. 对不完整信息的适应

从理论上讲,实施排污税不需要了解各个企业的边际削减成本曲线,但要将排污税税率设定在对应的最优排污水平上,需要了解社会整体的边际社会成本和边际社会收益曲线的信息,或了解边际环境成本和边际削减成本曲线的信息,可是在现实中这些信息往往不能准确获得。环保部门需要在信息不完全的情况下设定排污税税率,因而常常难以实现理想的庇古税。变通的办法是设定某个环境标准替代理论上的最佳点,并以此为目标设计税率,现实中的排污税就是按这样的变通方法设定的。

图 6-6、图 6-7 和图 6-8 是在不同信息水平下设定排污税的结果:

① 图 6-6 是在完全信息下设定的排污税,此时可以将税率设为 t^*,其对应的排污量是最优污染水平 Q^*,而且各个污染企业会将自身的边际削减成本自动调整到与 t^* 相等,使得达到 Q^* 的总削减成本最低。

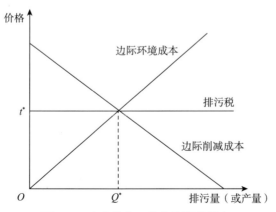

图 6-6　完全信息下设定排污税税率

② 由于污染的影响具有多样、间接、滞后的特点，限于人类的认知水平有限常不能确切地认定，而且有的损失还难以用货币准确衡量，因此要获得边际环境成本曲线信息非常困难。图6-7是在只了解削减成本而没有环境成本信息下设定的排污税，此时可以根据希望达到的排放量 Q 设定一个相应的税率，这里 Q 可能与最优排放量 Q^* 不一致，但设定了排污税税率 t 后，各个污染企业会将自身的边际削减成本自动调整到与 t 相等，使得达到 Q 的总削减成本最低。

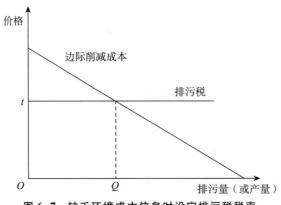

图 6-7　缺乏环境成本信息时设定排污税税率

③ 如果对削减成本和环境成本的信息都不了解，仍可能设定一个税率 t，各个污染企业会自动将自身的边际削减成本调整到与 t 相等，把各企业削减后的排污量相加就是总排污量。图6-8显示的是两个污染者的情况。在排污税税率为 t 时，这两个污染者排放的污染的量为 (Q_1+Q_2)。虽然此种情况下总削减量和总排污量是无法提前预知的，但达到这一总排污量的总削减成本仍是最低的。

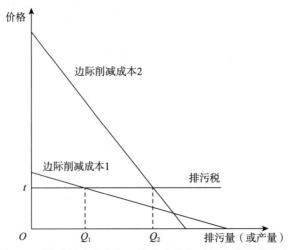

图 6-8　缺乏削减成本和环境成本信息时设定排污税税率

2. 对技术进步的持续激励

在削减污染方面，技术进步可以降低边际削减成本曲线，如图6-9所示，在没有实施排污税时污染者自由排放数量为 Q 的污染。在排污税税率为 t 时,污染者会削减 QQ_1 数量的污染,排放 OQ_1 数量的污染,此时污染者支付的总成本包括面积为 QPQ_1 的削减成本和面积为 tOQ_1P 的排污税;由于技术进步,污染者的边际削减成本曲线下降,污染者会削减 QQ_2 数量的污染,排放 OQ_2 数量的污染,此时污染者支付的总成本包括面积为 $QP'Q_2$ 的削减成本和面积为 tOQ_2P' 的排污税。

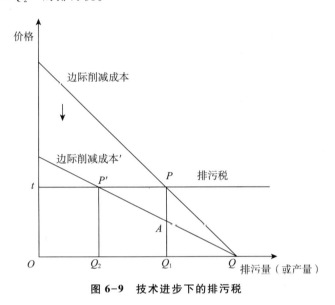

图 6-9　技术进步下的排污税

不考虑技术进步的成本,减污技术进步会使污染者减少成本 APP',同时还会多削减 Q_1Q_2 的污染。因此污染者有动力持续推进减污技术的进步,使环境持续得到改善。考虑到技术研发也需要投入,技术进步有成本,排污者是否会选择开发和应用新技术,需要比较技术进步的成本与其带来的成本节约哪个更大,只要节约的成本大于增加的成本,排污者就会选择推进技术进步。

同时,由于排污税是对污染排放征税,而不是对产出征税,因此还会鼓励一些对环境有利的替代效应发生。例如,用污染较轻的投入品替代污染重的投入品、用污染较轻的产品替代污染重的产品、用污染较轻的生产工艺替代污染重的生产工艺,这些都是有利于环境的技术进步。

6.2.3　中国的环境保护税

庇古税是以经济效率为目标建立起来的模型,各国实际采用的排污税政策由于考虑了政策可行性及其他影响因素,与标准模型不尽相同。在我国,类似的制度是环境保护税。

我国的环境保护税源于排污收费制度。排污收费制度是我国实施时间最长的环境经济政策,这一制度的建立是一个逐步调整和完善的过程。在调整过程中,排污费的征收范围逐渐扩大,征收标准逐渐提高,对污染者的约束越来越强,对排污费的使用管理也越来越严格。表6-1总结了排污收费制度的建立、完善及其向环境保护税转变的时间节点和政策变化的主要内容。排污收费制度自1979年开始试点实施,在近40年时间里,排污收费在促进污染者治污减排、为环保工作筹集资金方面发挥了重要的作用,但实际执行中存在着执法刚性不足等问题。

表6-1　从征收排污费到征收环境保护税

年份	政策主要内容
1978	中共中央批转国务院原环境保护领导小组《环境保护工作汇报要点》,提出实行"排放污染物收费制度"的设想
1979	颁布《中华人民共和国环境保护法(试行)》,其第十八条规定:"超过国家规定的标准排放污染物,要按照排放污染物的数量和浓度,根据规定收取排污费"
1982	颁布《征收排污费暂行办法》,详细规定了收费对象,收费程序,收费标准,停收、减收和加倍收费的条件,排污费的列支,收费的管理和使用等内容
2003	公布《排污费征收使用管理条例》《排污费征收标准管理办法》,与前期政策相比的主要改变包括:实现了由超标收费向排污即收费和超标加倍收费、由单一浓度收费向浓度与总量相结合收费、由单因子收费向多因子收费的转变;要求对排污费的征收、使用和管理严格实行收支两条线,征收的排污费一律上缴财政,列入环境保护专项资金,并全部用于污染治理
2007	国务院发布"十一五"《节能减排综合性工作方案》,提出要研究开征环境税
2014	发布《关于调整排污费征收标准等有关问题的通知》,提高了收费标准,扩大了收费面,也根据排污者的不同表现进行了收费标准的调整,加大了经济激励力度
2018	《中华人民共和国环境保护税法》及《中华人民共和国环境保护税法实施条例》施行,正式开征环境保护税

一般认为,将排污收费改为环境保护税不仅能增强征管强制力,同时也是规范政府收入形式的要求。另外,环境保护税能够调整不同企业间的负担水平,有利于企业的公平竞争。因此,经过数年的研究和准备,2018年排污收费整体转变为环境保护税。环境保护税的排污主体是企事业单位和其他生产经营者。应税污染物分为大气污染物、水污染物、固体废物和噪声四大类。省级人民政府可统筹考虑本地区环境承载能力,在《中华人民共和国环境保护税法》所附《环境保护税税目税额表》规定的税额幅度内进行一定的调整。

自开征以来,我国年均征收200亿元左右的环境保护税(参考图6-10),约占年度一般公共财政收入的1%。征收环境保护税的主要目的不是取得财政收入,而是使排污单位承担必要的污染治理与环境损害修复成本,并通过"多排多缴、少排少缴、不排不缴"的税制设计,发挥税收杠杆的绿色调节作用,为污染减排提供经济激励。

除从排污收费制度转变而来的环境保护税外,我国还有一些税种也有促进环境保护的作用,被称为环境保护相关税,如资源税、消费税、城市维护建设税、车船税、城镇土地使用税和耕地占用税等。

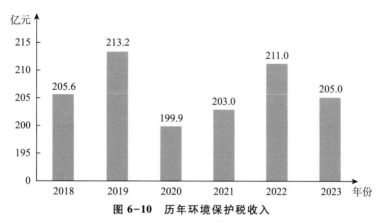

图 6-10　历年环境保护税收入

资料来源:作者根据生态环境部历年生态环境统计公报整理。

6.3　排污权交易

庇古税通过调整污染者面对的价格信号来纠正污染者的行为。在这个过程中,环境服务是一种公共物品,政府以税收的形式强制要求排污者为环境服务付费,从而将外部性内部化。而排污权交易机制则是基于另外一种思路,即通过建立产权将环境服务界定为私人物品,使之成为一种可交易商品纳入市场机制中,因而消除了外部性。

6.3.1　排污权交易机制

排污权交易的理论基础是科斯对污染问题的分析,各国根据需要设计实施了不同的排污权交易机制。

1. 科斯分析污染问题的思路

用庇古税的思路分析污染问题,如果 A 的行为妨害了 B,那么通过税收纠正 A 的行为来制止这种妨害是正当的。但科斯发现,庇古税本身将造成资源配置效率的损失。要避免社会福利的损失,需有一种双重纳税制度,在向污染者征税的同时,也需要向被污染者征税。而要进行双重纳税需要的信息量是巨大的,在现实中几乎不可能实施。

科斯认为,传统方法掩盖了选择的本质。这个污染问题通常被认为是由于 A 对 B 造成伤害,因此必须决定的是:我们应该如何约束 A? 但这是错误的。该问题的本质是一个互惠性质的问题,即真正的问题在于:应该允许 A 伤害 B,还是应该允许 B 伤害 A,如何避免更严重的伤害。对河流污染来说,如果我们假设污染的有害影响是它导致了鱼类的死亡,那么要决定的问题是:损失的鱼的价值是大于还是小于河流污染所造成的产品的价值。从经济学角度看,这是对稀缺的河流的竞争性使用问题。如果河流使用权界定清晰而且可以自由买卖,就会形成产权市场,A、B 间通过交易可使市场污染数量达到帕累托最优状态。通过分析,科斯得到了被后人称为"**科斯定理**"(Coase theorem)的结论:在交易成本为零时,只要初始产权界定清晰,并允许经济活动当事人进行谈判交易,交易的结果都会导致资源的有效配置。**交易成本**(transaction costs)是指交易双方在完成交易前后产生的各种与交易相关的成本。对一个交易来说，潜在的买家和卖家必须互相确认，并进行谈判，从而最终在交易的价格上达成一致，并且这个交易必须被监督和强制执行。这样就有三种可能的交易成本来源：搜寻和信息成本、议价和决策制定成本、监督和执行成本。可以通过下面受烟尘影响的居民的案例来理解科斯的分析逻辑：

假定一个工厂周围有 5 户居民，工厂的烟囱排放的烟尘使居民晒在户外的衣物受到污染，每户的损失为 75 元，5 户居民总共损失 375 元。解决这个污染问题的办法有三种：

① 在工厂的烟囱上安装一个防尘罩，费用为 150 元；

② 每户居民购买一台除尘机，除尘机价格为 50 元，总费用是 250 元；

③ 每户居民自己承担 75 元的损失，或从工厂方面得到 75 元的损失补偿。

假定 5 户居民之间，以及居民与工厂之间达到某种约定的成本为零，即交易成本为零，在这种情况下：

如果法律规定工厂享有排污权，那么居民会选择每户出资 30 元共同购买一个防尘罩安装在工厂的烟囱上，因为相对于每户拿出 50 元钱买除尘机，或者自认 75 元的损失来说，这是一种最经济的办法。

如果法律规定居民享有清洁权，那么工厂也会选择出资 150 元购买一个防尘罩安装在自己的烟囱上，因为相对于出资 250 元给每户居民配备一台除尘机，或者拿出 375 元给每户居民赔偿损失，购买防尘罩也是最经济的办法。

因此，在交易成本为零时，无论法律规定是工厂享有排污权，还是做出相反的规定让居民享有清洁权，最后用安装防尘罩来解决烟尘污染衣物问题的成本都是最低的，即 150 元，这样的解决办法效率最高。

可见，在有效的产权界定下，原来的外部性问题可以被纳入市场交易机制，外部性自然消除了。交易的结果产生均衡状态，实现了帕累托最优，偏离该均衡状态时至少有一方要受到损失。而且如果市场交易的成本可以忽略，这种资源配置最优的结果与初始产权界定给谁无关。

在现实中，由于发现交易对象、进行讨价还价、监督保护交易的进行等都要花费成本，所以交易成本是真实存在的，有时交易成本还很大，以至于可能阻止交易的进行。例如在上文所举的例子里，如果受烟尘影响的居民数量不是 5 户而是 50 户、每家晒衣服的数量不同因而损失不同，工厂要和他们分别进行谈判达成交易就非常困难。而如果一个地区排放烟尘的是多家工厂，情况就更复杂了。因此，通过清晰界定产权，由污染者和受损者间通过产权交易将外部性内部化只是一个理论上的理想状态。实际上，按照产权交易思路建立的排污权交易机制是将排污权界定在排污者之间，通过排污者之间的交易达成以最低成本实现污染削减目标的一种机制。

2. 排污权交易的政策设计

应用科斯分析污染问题的思路，可以通过界定污染产权，并允许污染产权自由交易的方法达到最优污染水平,这就是排污权交易机制。它建立在区域内排污总量控制的基础上,首先由政府部门确定一定区域的环境质量目标,并据此评估该区域的环境容量,推算出污染物的最大允许排放量。政府通过一定的方式(无偿或有偿分配)将排污总量分解到区域内的排污企业,建立相应的交易平台,允许排污权在交易平台上买卖,同时规定只有持有排污权才能排放相应数量的污染,否则就要被处罚。

初始排污权可以是免费发放的,环境管理者根据排污现状按比例向现有污染者免费发放排污权,在不加重现有污染者平均成本负担的情况下引入排污权交易。这种方法容易被污染企业接受。初始排污权也可以是有偿分配的,例如可以通过拍卖分配排污权,这样政府可以得到一笔资金,但这会加重现有污染者的负担,可能遭到他们的反对。

分配初始排污权后,就清晰界定了污染产权,通过交易,会形成排污权的市场价格,边际削减成本较高的污染者将买入排污权,而边际削减成本较低的污染者将出售排污权,其结果是所有的污染者都会调整自己的污染削减量,使自身边际削减成本与市场均衡价格相等,从而使达成环境目标的总污染削减成本最小化。可以通过以下案例更好地理解排污权交易:

设一个地区有两个污染者:厂 1 和厂 2,为了达成环境目标,二者最多可排放 40 单位的污染。在图 6-11 中,自左向右的横轴显示厂 1 的排污量,反向的横轴显示厂 2 的排污量。厂 1 的边际削减成本曲线为 MAC1,厂 2 的边际削减成本曲线为 MAC2。如果初始分配方案是平均分配排污权,那么每个污染者可排放 20 个单位的污染。此时,厂 1 的边际削减成本为 600,而厂 2 的边际削减成本为 200。每个污染者的削减成本是对应削减量的边际削减成本曲线下方三角形的面积,因此厂 1 的削减成本是 6 000,厂 2 的削减成本是 2 000,二者的总削减成本为 8 000。

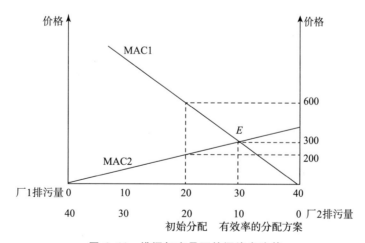

图 6-11 排污权交易下的污染者决策

如果二者可以交易排污权,厂 1 会选择买入而厂 2 会选择卖出,交易的均衡点是二者边际削减成本曲线的交点 E,排污权的均衡价格为 300,此时厂 1 排放 30 个单位的污染,而厂 2 排放 10 个单位的污染,厂 1 的削减成本为 1 500,厂 2 的削减成本是 4 500,二者的总削减成本为 6 000。通过交易,厂 1 要支付 3 000 购买排污权,与交易前相比,净成本节约了成本 1 500,厂 2 售出排污权得到 3 000 的收入,与交易前相比,净成本节约了 500 (见表 6-2)。

表 6-2　排污权交易前后的成本比较

	排放量	削减成本	许可证成本(收入)	净成本
交易前				
厂 1	20	6 000	0	6 000
厂 2	20	2 000	0	2 000
合　计	40	8 000	0	8 000
交易后				
厂 1	30	1 500	-3 000	4 500
厂 2	10	4 500	+3 000	1 500
合　计	40	6 000	0	6 000

可见,交易后两个污染者的边际削减成本都等于排污权的市场价格,这满足了第 4 章中讨论的在多个污染者间有效分配污染削减量的条件。可以很容易地将两个污染者的情形扩展到多个污染者:污染者们会根据自身的边际削减成本曲线进行决策,明确是出售还是买入排污权,交易的结果是每个污染者的边际削减成本都与排污权的市场价格相等,从而以最低成本达成了污染削减目标。

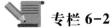 专栏 6-2

美国排污权交易的实践

1968 年,美国学者约翰·戴尔斯首先提出了排污权交易的想法。[①] 20 世纪 70 年代初,在美国的一些地区经济增长和环境保护的矛盾变得十分突出:一方面法律要求这些地区改善空气质量,另一方面新增产能又会使空气进一步恶化。美国国家环保局不得不禁止更多新污染企业进入该地区,直到当地空气质量达标为止。但通过阻止经济增长来解决空气质量问题,不受政府和民众的欢迎,在政治上也不可行。可交易许可证使同时达成经济增长和环境保护这两种看似矛盾的目标成为可能:可交易许可证能配合地区污染排放总量控制政策实施,现有污染源将排放水平削减到法律要求的水平之下后,超量削减经环保局认可后成为"排放削减信用"(emission reduction credit, ERC),可以出售给想进入该地区的新排放源。新排放源只要从该地区的其他排放源手中获得足够的 ERC,使新排放

---

① Dales J H. Pollution, property and prices[M]. Toronto:University of Toronto Press, 1968.

源进入后该地区的总排放量不高于从前,就可以进入该地区。这样排污权交易既能使空气污染物排放量控制在一定水平内,又为新企业提供了机会。

酸雨是指 pH 值小于 5.6 的雨雪或其他形式的降水,主要是人为向大气中排放大量酸性物质造成的。酸雨会对湖、河、森林、建筑产生破坏,水体酸化也会使有毒重金属溶解扩散,通过食物链危害人的健康,发电厂排放的二氧化硫是产生酸雨的重要污染来源。为了应对酸雨污染,美国于 1976 年开始在部分地区试行二氧化硫排污权交易,并于 1990 年起在全国范围内引入二氧化硫的排放总量控制和排污权交易机制。目前排污权交易已成为美国空气质量管理的主要手段。

在排污权交易中,可交易的排污量等于允许排放量与实际排放量之差。排污权交易通过确定排污控制总量和参加单位、分配初始排污权、经市场交易再分配排污权、审核调整四个部分的工作来达成污染控制的管理目标。为了提高排污权交易制度的灵活性,方便排污企业在一定的时间和空间范围内根据生产需要调配自己掌握的排污权,排污权交易机制还配套有容量节余、补偿、"泡泡"和银行四项灵活性政策:

——容量节余。只要污染源单位在本厂区内的排污量无明显增加,则允许在其进行改建、扩建时免于承担满足新污染源审查要求的举证和行政责任,排污者可以用其 ERC 抵消改建、扩建部分增加的排放量。

——补偿。以一处污染源的污染削减量来抵消另一处污染源的污染排放增加量,或是允许新建、改建的污染源单位通过购买足够的 ERC 来抵消其增加的排污量。实践证明这一政策不仅改善了空气质量,促进了当地的经济增长,反过来又使经济增长成为改善空气质量的动力。因为新企业若要想在该地区发展,已有污染源就必须实施削减。经济增长与改善空气质量之间的矛盾在补偿政策下得到统一。

——"泡泡"。把一家工厂的空气污染物总量形象地比作一个大"泡泡",其中可包括多个污染排放口。只要其所有排放口排放的污染物总量保持在规定的限度内,排放空气污染物的工厂就可以在环保局规定的一定标准下,有选择、有重点地分配治污资金,调节厂内各个排放口的排放量。

——银行。允许污染者将 ERC 存入指定的银行,以备自己将来使用或出售给其他排污者,银行则参与 ERC 的贮存与流通环节。

经过实践,美国已建立了多种不同类型的排污权交易体系。按是否配合污染物排放总量控制政策,可将美国实施的排污权交易分成两类:总量控制型排污权交易和排污信用交易。

总量控制型排污权交易是预先为一定区域内的污染源设定总的年度排放上限及一定时期的污染排放削减计划时间表,促进企业对未来的减污政策变动形成理性预期。总量控制型排污权交易是目前美国最主要的交易形式,美国最为成功的酸雨计划中的二氧化硫排放许可交易是最典型的总量控制型排污权交易的例子。由于存在排污总量上限,此类计划又被称为"封闭市场体系"。它通常是强制性的,主管部门掌握一定区域内被要求参加计划的企业的排放信息,以便确定排放削减水平,然后据此确定区域允许的排放上限。一般地,总量上限逐年递减,直至达到空气质量标准的要求,因此这种方法通常被作为未达标区的一种达标战略。年度排放的总量上限以许可或配额的形式分配给区域内的污染源。许可一般是按历史排放量来分配的，要求参加的企业在达标期末拥有的排放许可数量至少应等于其在该期的排放量。企业可以自由选择如何达到这一要求，例如企业可以削减排放量、使用分配所得的许可或在交易市场上购买许可等，剩余没有使用的许可可以存入银行以备将来使用、出售或退出使用。许可的购买也很自由，任何人都可以通过经纪人、环境组织或年度拍卖会购买。例如，1996年美国一个中学的学生筹集了2.05万美元，在年度拍卖会上买了290吨的二氧化硫排污权，这些排污权不会产生实际排放量，因此减少了污染。[①]

排污信用交易则不与污染物排放总量控制政策配套使用，由于没有排放总量上限，信用交易体系也被称为"开放市场体系"。在排污信用交易体系下，污染源只要在一定时间内自愿削减了污染物排放，经环保局认可，就可以产生ERC。除了出售，ERC也可被用来达到排放控制要求，或存储以备将来之用。该体系允许出售污染削减量，可以激励自愿的排放削减行为，同时也为受管制企业提供了达标的灵活性。美国目前开展排污信用交易的污染物主要有NO_x和挥发性有机物。

多年以来，美国的排污权交易实践取得了明显的效果，既减少了污染排放，也节约了经济成本。从政策实施情况可以得到以下经验教训：[②]

① 活跃的交易是政策发挥作用的基础，而制定一个较低的污染排放上限是增加交易需求、活跃交易的基石；

② 四项灵活政策对稳定排放权的市场价格非常重要，缺乏这类条款可能导致价格飙升和暴跌；

③ 排污权交易在不同排污者的减排成本差异较大时可明显节约削减成本，否则政策效果不明显；

④ 排污权交易适用于排放后能混合均匀的污染物，这类污染物的环境影响只与排放量相关而与排放地点关系不大，否则可能产生污染热点，引起相关地区对政策的排斥。

可见，并不是所有国家、所有污染物都适用排污权交易政策。

资料来源：作者根据公开资料整理。

6.3.2　对监管条件变化的适应

从理论上看，相对于高成本的命令—控制型政策，排污权交易可以降低区域内企业的总污染削减成本。排污权交易机制的建立可促使企业从被动治污向主动治污转变，有助于促进区域产业结构和产业布局的调整、促进环保技术的成果转化，既可达成预期的环境

---

① Hussen A M. Principles of environmental economics and sustainability: An integrated economic and ecological approach[M]. 4th ed. London: Routledge, 2018: 116.

② Schmalensee R, Stavins R N. Lessons learned from three decades of experience with cap and trade[J]. Review of Environmental Economics and Policy, 2017, 11(1): 59-79.

目标,也不会成为区域内产业扩张的障碍,因此能协调经济增长和保护环境的矛盾。与命令—控制型政策比较起来,排污权交易制度有适应变化的灵活性。

1. 对增长的污染源的适应

在现实中,环境监管条件会发生变化,例如污染源数量增长、发生通货膨胀、生产技术和污染削减技术进步等。不同的环境政策在应对这些监管条件变化时的灵活性有较大的差异。在排污权交易体系里,排放源数量增加,会加大对排污权的需求,在排污权供应总量不变的情况下,排污权的价格会上升。排污权交易的灵活性主要体现在以下方面:

① 有利于进行宏观调控。环境管理者不直接制定排污标准,但可以通过发放和购买排污许可影响排污价格,从而控制实际污染排放量,很好地适应污染源的增长。例如,管理者认为需要严格排污标准时,就可以买进一定数量的排污权冻结起来,使排污许可的价格上升;而要放松环境标准时,可以进行反向操作,或发放新的排污许可。

② 排污权交易可以给非排污者表达意见的机会。环境保护组织如果希望降低污染水平,可以通过购买排污权,把排污权控制在自己的手中,不排污也不卖出,这样污染水平就会降低。

③ 通过排污权交易,既能保证环境质量水平,又能使新、改、扩建企业有可能通过购买排污权得到发展,有助于形成污染水平较低而生产效率较高的经济体系。

在实行排污税的情况下,如果税率不变,新增排放源会导致地区污染总量增加,环境质量恶化。因此,对一个增长中的经济体来说,要维持一定的环境质量水平,排污权交易比排污税更有优势。

2. 对技术进步的激励

采用先进工艺和设备减少污染排放的企业可以将节约下来的排污权出售或贮存起来以备企业今后发展使用。如图 6-12 所示,当排污权的市场价格为 P^* 时,在原边际削减成本下,污染者排放 Q_1 量的污染,支出 BQ_1Q 的削减成本。如果技术进步降低边际削减成本曲线,污染者排放 Q_2 量的污染,支出 CQ_2Q 的削减成本,同时可以出售 Q_1-Q_2 的排污权(或者减少购买 Q_1-Q_2 的排污权),得到净收益 ABC。因此污染者有动力推进减污技术的进步。

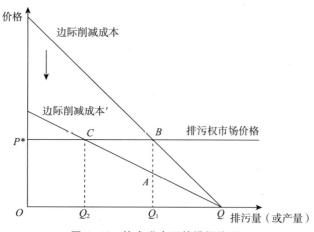

图 6-12　技术进步下的排污许可

在排放总量一定时,如果技术进步得到普及,所有排污者的边际削减成本曲线都有所下降,排污权交易市场上的供给增加,需求下降,会形成更低的排污许可证价格。此时,管理者能更方便地在下一个管理周期中降低排污许可总量,从而进一步提高区域环境质量。

6.3.3　中国的排污权交易

我国试行排污权的有偿使用和交易机制已有二十多年的历史,目前主要以地方试点的方式进行,还没有形成全国性的交易平台。

"十五"(即第十个五年计划,2000 至 2005 年)之前,我国排污权交易实践以零星的地方性试点为主,如 1987 年在上海市闵行区开展的企业间水污染物排放指标有偿转让,1994年起原国家环保总局在包头、开远、柳州、太原、平顶山、贵阳 6 个城市开展的大气排污权交易试点等。

"十五"期间,我国环保工作的重点全面转到控制污染物排放总量上,原国家环保总局提出了通过实施排污权交易制度促进总量控制工作的思路,使排污权交易制度的试点范围不断扩大。2007 年,财政部和原国家环保总局选择电力行业和太湖流域开展排污权交易试点。自 2008 年起,财政部与原环境保护部联合在全国范围内开展排污权交易试点工作。

2014 年,国务院办公厅发布了《关于进一步推进排污权有偿使用和交易试点工作的指导意见》,提出建立排污权有偿使用和交易制度,这是我国环境资源领域一项重大的、基础性的机制创新和制度改革,是生态文明制度建设的重要内容。

该文件对于排污权有偿使用做出了以下规定:

——严格落实污染物总量控制制度。实施污染物排放总量控制是开展试点的前提,试点地区要严格按照国家确定的污染物减排要求,将污染物总量控制指标分解到基层,不得突破总量控制上限。

——合理核定排污权。核定排污权是试点工作的基础。现有排污单位的排污权,应根据有关法律法规标准、污染物总量控制要求、产业布局和污染物排放现状等核定。新建、改建、扩建项目的排污权,应根据其环境影响评价结果核定。排污权以排污许可证形式予以确认。

——实行排污权有偿取得。试点地区实行排污权有偿使用制度,排污单位在缴纳使用费后获得排污权,或通过交易获得排污权。排污单位在规定期限内对排污权拥有使用、转让和抵押等权利。对现有排污单位,要考虑其承受能力、当地环境质量改善要求,逐步实行排污权有偿取得。新建项目排污权和改建、扩建项目新增排污权,原则上要以有偿方式取得。有偿取得排污权的单位,不免除其依法缴纳排污费等相关税费的义务。

——规范排污权出让方式。试点地区可以采取定额出让、公开拍卖方式出让排污权。现有排污单位取得排污权,原则上采取定额出让方式,出让标准由试点地区价格、财政、环境保护部门根据当地污染治理成本、环境资源稀缺程度、经济发展水平等因素确定。新建项目排污权和改建、扩建项目新增排污权,原则上通过公开拍卖方式取得,拍卖底价可参照定额出让标准。

——加强排污权出让收入管理。排污权使用费由地方环境保护部门按照污染源管理权限收取,全额缴入地方国库,纳入地方财政预算管理。排污权出让收入统筹用于污染防治,任何单位和个人不得截留、挤占和挪用。

该文件对于排污权交易做出了以下规定:

——规范交易行为。排污权交易应在自愿、公平、有利于环境质量改善和优化环境资源配置的原则下进行。交易价格由交易双方自行确定。试点初期,可参照排污权定额出让标准等确定交易指导价格。

——控制交易范围。排污权交易原则上在各试点省份内进行。涉及水污染物的排污权交易仅限于在同一流域内进行。火电企业(包括其他行业自备电厂,不含热电联产机组供热部分)原则上不得与其他行业企业进行涉及大气污染物的排污权交易。环境质量未达到要求的地区不得进行增加本地区污染物总量的排污权交易。工业污染源不得与农业污染源进行排污权交易。

——激活交易市场。国务院有关部门要研究制定鼓励排污权交易的财税等扶持政策。试点地区要积极支持和指导排污单位通过淘汰落后和过剩产能、清洁生产、污染治理、技术改造升级等减少污染物排放,形成"富余排污权"参加市场交易;建立排污权储备制度,回购排污单位"富余排污权",适时投放市场,重点支持战略性新兴产业、重大科技示范等项目建设。积极探索排污权抵押融资,鼓励社会资本参与污染物减排和排污权交易。

——加强交易管理。排污权交易按照污染源管理权限由相应的地方环境保护部门负责。跨省级行政区域的排污权交易试点,由环境保护部、财政部和发展改革委负责组织。排污权交易完成后,交易双方应在规定时限内向地方环境保护部门报告,并申请变更其排污许可证。

到 2022 年年底,全国 28 个省(自治区、直辖市)已开展排污权交易工作的试点。试点实践取得了一定的环境与经济效益,有的地区性银行还尝试以排污权为抵押开发了企业贷款业务。

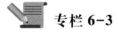 专栏 6-3

中国的碳排污权交易

随着人们对气候变化和碳减排问题的关注日益增加,碳排污权交易成为我国排污权交易机制试点的一个重要内容。2011 年国家发展改革委批准北京、天津、上海、重庆等省市进行碳排污权交易试点。由于将环境成本内部化会加大经济运行成本,关系着未来各地的产业竞争力,各地试点时都非常慎重。这些地区的产业结构和经济发展水平不同,其碳排放总量目标和交易覆盖的行业范围也是根据国家下达的碳排放强度目标,结合本地区的社会经济发展情况制定的。各试点地区确定的总量目标并不是绝对值，而是相对量，留足了经济发展所需要的碳排放增长空间。试点覆盖的行业绝大多数为热电、钢铁、化工等高耗能行业。排放权的配额分配均采用免费发放为主的方案。2014 年各试点地区相继开市交易，取得了一定进展。但也暴露出市场流动性弱、监管标准不一等问题。

从 2014 年开始，国家发展改革委和生态环境部陆续发布一系列文件，开始建设全国统一的碳市场。按照政策设计，全国碳市场是利用市场机制控制温室气体排放的重要政策工具，包括强制性的碳排放权交易市场[①]和自愿性的温室气体自愿减排交易市场[②]两个部分。这两个市场既各有侧重、独立运行，又通过配额清缴抵销机制有机衔接。

2021 年 7 月全国碳排放权交易市场上线。市场交易中心在上海，碳配额登记系统在武汉。第一个履约周期的碳排放配额总量和分配方式采用自下而上的方式确定，即由各省市汇总企业当前排放量，上报至国家主管部门，主管部门综合考虑有偿分配及市场调节等因素，确定全国及各省排放配额量，再下发至各省主管部门，最终分配到各企业账户。碳市场运行初期纳入的是发电行业的重点单位，排放权以免费分配为主，企业大部分排放量的配额都可以免费获得。2024 年，国务院发布《碳排放权交易管理暂行条例》，对碳排放权交易及相关活动进行了规范。

截至 2024 年 7 月，全国碳排放权交易市场纳入的排放单位有 2 257 家，年覆盖二氧化碳排放量约 51 亿吨，成为全球覆盖温室气体排放量最大的碳市场。在上线运行的前 3 年里，全国强制性碳排放权交易市场顺利完成两个履约周期[③]。主要取得了以下四方面进展：

① 建立了一套较为完备的制度框架。国务院发布《碳排放权交易管理暂行条例》，生态环境部出台《碳排放权交易管理办法(试行)》和碳排放权登记、交易、结算三项管理规则，碳排放核算报告和核查指南、配额分配方案等文件，共同构成了较为完备的碳排放权交易制度体系(ETS)。

② 建成了"一网、两机构、三平台"的基础设施支撑体系。"一网"指"全国碳市场信息网"，集中发布全国碳市场权威信息资讯。"两机构"指全国碳排放权注册登记机构和交易机构，对配额登记、发放、清缴、交易等进行精细化管理。"三平台"指全国碳排放权注册登记系统、交易系统、管理平台三大基础设施，实现了全业务管理环节在线化、全流程数据集中化、综合决策科学化。

③ 碳排放核算和管理能力明显提高。建立碳排放数据质量常态化长效监管机制，优化核算核查方法，对企业排放关键数据实施月度存证，实施"国家—省—市"三级联审，充

---

① 2020 年 12 月，《碳排放权交易管理办法(试行)》由生态环境部发布，并于 2021 年 2 月 1 日起施行。全国碳市场覆盖范围为八个高耗能行业：石化、化工、建材、钢铁、有色、造纸、电力和民航。

② 全国温室气体自愿减排交易系统于 2024 年 1 月正式启动。根据《碳排放权交易管理办法(试行)》，企业参与可再生能源等领域的减排项目可申请获得经过核证的自愿减排量(Chinese certified emission reductio, CCER)，CCER 可以用于全国碳排放权交易市场覆盖下重点排放单位每年抵销碳排放配额的清缴，1 单位 CCER 可抵销 1 吨二氧化碳当量的排放量，抵销比例不得超过应清缴碳排放配额的 5%。

③ 履约周期是指企业按照规定的时间周期完成碳排放配额的清缴工作。全国碳市场的第一个履约周期是 2019 年至 2020 年，第二个履约周期是 2021 年至 2022 年。

分运用大数据、区块链等信息化技术智能预警,消除数据问题隐患。创新建立履约风险动态监管机制,督促企业按时足额完成配额清缴。纳入系统的企业均建立了碳排放管理内控制度,管理水平和核算能力显著提升。

④ 碳市场活力稳步提升。上线交易以来交易规模逐步扩大,第二个履约周期的成交量和成交额比第一个履约周期分别增长 19% 和 89%,且第二个履约周期企业参与交易的积极性明显提高,参与交易的企业占总数的 82%,较第一个履约周期上涨近 50%。同时,碳价整体呈现平稳上涨态势,由 2021 年启动时的 48 元/吨,上涨至 2024 年 7 月 26 日收盘价 91.6 元/吨,上涨了 90.8%。[①]

2025 年 3 月,钢铁、水泥、铝冶炼行业被纳入全国碳排放权交易市场。未来,我国将继续推进全国碳市场各项建设,稳步扩大行业覆盖范围,持续强化数据质量管理,逐步推行配额有偿分配,不断丰富交易主体、交易品种和交易方式,研究探索碳金融活动可行路径,充分发挥碳市场推动低成本温室气体减排功能,助力达成碳减排目标。

资料来源:作者根据公开资料整理。

6.4　补贴和押金—退款制

前面几种污染削减政策都以污染排放量为管理对象,管理者要检查污染的排放情况是否达标。本节介绍的这两种政策则不同,政策管理的对象是污染削减量,管理者要检查污染者在减少环境破坏方面做出的努力(如削减情况)。

6.4.1　补贴

补贴把排污权界定给污染者,由管理者支付污染削减费用以激励污染者改变行为。污染者排污的机会成本就是管理者提供的污染补贴,他要在自己的边际削减成本和补贴间进行衡量。如图 6-13 所示,如果管理者为一单位的污染削减提供的补贴标准是 S,污染者将削减 OQ 单位的污染,对应边际削减成本曲线与补贴标准的交点,此时污染者得到的补贴是 $SOQP$,而付出的削减成本为 OQP,除最后一个单位的削减外,污染者的每一份削减努力都能得到收益,这样通过削减 OQ 的污染,污染者可以得到 SOP 的净收益。偏离 Q 点的削减量会导致净收益的下降,从图上可以看出,如果污染削减量只有 Q',则净收益会减少 EFP。而如果污染削减量达到 Q'',则净收益会减少 PDC。所以,当边际削减成本等于补贴标准时,污染者的削减量是最优的。

可以将对一个污染者的分析推广到存在多个污染者的情景,每个污染者都会根据自己的削减成本情况削减一定量的污染,使各自的边际削减成本等于补贴标准。与庇古税

---

① 全国碳市场累计成交额近 270 亿元[EB/OL].(2024-07-21)[2024-10-17]. https://baijiahao.baidu.com/s?id=1805181188678644516&wfr=spider&for=pc.

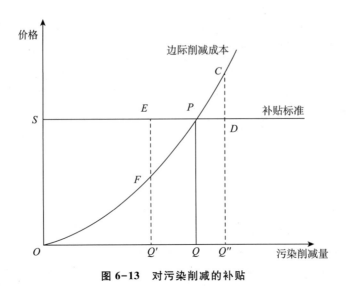

图 6-13　对污染削减的补贴

类似,这意味着所有的污染者在边际上具有相同的削减成本,这也是以最小成本达成污染控制目标的要求。随着污染者数量的变化,总削减量不是一个固定的数量。相应地,总污染排放量也是变动的。

　　补贴政策也适用于能产生正外部性效应的环境改善活动,如植树造林、发展可再生能源等。可以借助图 6-14 进行分析:以植树为例,在初始状态下,当这一活动的边际成本和边际私人收益相等时,对应的个人最优植树量为 Q。考虑到树木除可以提供木材外,还具有保持水木、固碳等环境价值,其边际社会收益大于边际私人收益。因此,对应边际社会收益和边际成本交点的植树量 Q^* 是社会最优植树量。为了激励个人增加植树量,可以按每棵植树量为其提供大小为 BC 的补贴,使植树活动的边际成本下降。此时,个人将植树量从 Q 增加到 Q^*。

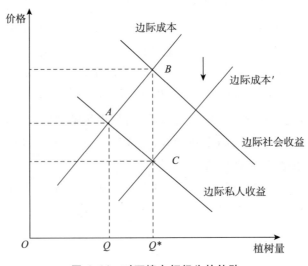

图 6-14　对环境友好行为的补贴

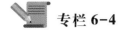

专栏 6-4

旧车报废补贴

出于减少排放、刺激消费等目的,不少国家都会对老旧机动车的报废进行补贴。比较有代表性的是美国的"旧车换新折扣补贴"(car allowance rebate system),这项政策于 2009 年由联邦政府发起,旨在使用经济刺激手段使美国消费者将家中费油的老旧机动车报废,换成省油的新车。除了环保方面的考虑,由于新车车况和安全配置更高,这一政策还将使人们获得更加安全的交通环境。美国政府最初投入的补贴基金总额是 10 亿美元,然而活动开始不到一周所有补贴款就发放一空,这时距离原定的结束日期还有很长时间。鉴于置换需求还非常旺盛,美国国会批准追加了 20 亿美元用于该项目。最终的调查显示,被淘汰的老旧车辆的平均油耗为 14.9 升/百公里,而消费者换到的新车的平均油耗降到了 9.3 升/百公里。

我国也有类似的政策。按每公里行程排放尾气中的污染物多少,我国设定有六级标准,从国一到国六环境要求依次提高。由于尾气排放很大程度上是在汽车设计生产阶段决定的,通过补贴支持消费者将老旧汽车更换为达到更高排放标准的新汽车有助于减少空气污染。2024 年 4 月,商务部和财政部等 7 部门联合印发《汽车以旧换新补贴实施细则》,对个人消费者报废国三及以下排放标准燃油乘用车或 2018 年 4 月 30 日前(含当日)注册登记的新能源乘用车,并购买纳入工业和信息化部《减免车辆购置税的新能源汽车车型目录》的新能源乘用车或 2.0 升及以下排量燃油乘用车,给予一次性定额补贴。其中,对报废上述两类旧车并购买新能源乘用车的,补贴 1 万元;对报废国三及以下排放标准燃油乘用车并购买 2.0 升及以下排量燃油乘用车的,补贴 7 000 元。同年 7 月,国家发展改革委、财政部出台文件,将这两个补贴分别提高到 2 万元和 1.5 万元。同时支持报废国三及以下排放标准营运类柴油货车,加快更新为低排放货车。报废并更新购置符合条件的货车,平均每辆车补贴 8 万元;无报废只更新购置符合条件的货车,平均每辆车补贴 3.5 万元;只提前报废老旧营运类柴油货车,平均每辆车补贴 3 万元。

资料来源:作者根据公开资料整理。

6.4.2　押金—退款制

押金—退款制是对具有潜在污染的产品在销售时增加一项额外费用,如果通过回收这些产品或把它们的残余物送到指定的收集系统后避免了污染,就把押金退还给购买者。可以结合图 6-15 对押金—退款制进行分析:在存在环境负外部性的情况下,消费某产品的边际社会成本高于边际私人成本,因此使得生产(消费)的数量 Q' 偏离了社会最优数量 Q^*。为了对这种偏差进行纠正,可对每单位的消费量征收数量为 ab 的押金,如果事后消费者证明自己已经按要求降低了污染,就按污染减少量退还所收押金。

押金—退款制在发达国家作为一种应用较多的固体废弃物污染控制政策,多用于易拉罐、啤酒瓶和软饮料瓶的回收。我国也曾在啤酒瓶的回收上采用过押金—退款制,采用这一制度的一个重要原因是当时原材料匮乏,厂家只能回收啤酒瓶清洗后重复使用。但目前这一回收体系已几乎不见踪影,原因是啤酒瓶的原材料供应充分、回收旧瓶成本过高、同一产品的生产商数量越来越多、批发和进货的渠道无法控制等,使厂家失去了继续实行押金—退款制的动力。

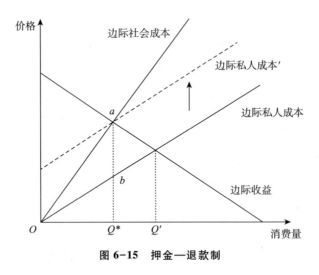

图 6-15　押金—退款制

从国内外的实践可以看出,有两个重要因素影响了押金—退款制的应用:一方面,各类包装容器的生产成本日益降低,而回收这类废弃物的运输和贮藏费用升高;另一方面,废旧包装的收集、分类和加工多属于劳动密集型行业,劳动力成本越高,回收废料在投入市场上的竞争力就越弱。如果仅用经济效益衡量,押金—退款制不易被企业接受。因此,要使押金—退款制持续运行下去,需要满足这样几个条件:

——要有强制性的环境法规的支持,要求相关企业必须采用押金—退款制;

——押金的收取标准要足够高,才能对消费者形成激励;

——要建立一个收集和监督相对容易、管理费用相对较低的回收系统。

6.5　减污政策的比较与选择

前几节介绍的环境政策都可以达到削减污染的目的,在实践中人们需要对这些政策进行比较和选择。

6.5.1　命令—控制型政策与经济手段的比较

命令—控制型政策依靠自上而下的政府强制力量推行,能够迅速直接地达成环境目标,其运作机制为政府所熟悉,需要的信息少,能快速可靠地解决一些环境问题,达成预期环境目标,因此得到普遍的应用。但是命令—控制型政策也有明显的缺点,主要是对微观经济主体的选择干扰大、不能产生政府收入、要求的行政管理成本高、可能滋生腐败和幕后交易、难以用最低的成本达成污染削减目标、灵活性也较差、不能促进技术进步和持续的污染削减等。所以学者们一般更乐于推荐经济手段。

与命令—控制型政策比较起来,人们认为经济手段有许多优点,如节约成本、能达到最优污染水平、能促进动态效率等。但它们要建立在成熟的市场经济体制基础上,需要有效的环境监测和严格的环境执法体系保证其实现。而在许多发展中国家,这些条件是不具备的,这使得经济手段"看起来太好了,以至于显得不真实"。所以在市场功能薄弱的发展中国家,命令—控制型政策更受管理者的欢迎。

在环境管理实践中,各国实行的都是混合政策,即同时应用命令—控制型政策和经济手段。实际上,即使在使用经济手段较多的发达国家,命令—控制型政策也比经济手段更常用。

6.5.2　排污税与补贴的比较

排污税认为以政府为代表的一般公众对清洁的环境拥有产权,排污者必须为其引起的环境损害付费。而排污补贴则认为排污者有排放污染的权利,政府和公众要得到清洁的环境,必须向排污者付费购买。在这两种管理手段下,现金流会向相反的方向流动。

在征税情况下,污染者不仅要为排放的污染付费,还要为削减污染支出成本,征税给污染者带来的成本负担大于实现同一排放水平的排放标准,但是征税可以为政府增加收入。

补贴则相反,排污者可以从削减污染中获得收益,而公众则通过政府支付减排费用。因此,庇古税和补贴对企业成本的影响不同。这会对企业的盈利能力,进而对整个行业的产出和排污产生不同的影响:征税会提高企业的平均成本,长期来看会导致一些企业退出行业;而补贴会使平均成本下降,增加企业的获利机会,长期来看会导致更多的企业进入该行业。这样,在补贴手段下,即使每个污染者都更清洁,但更多的污染者还是会产生更多的污染。所以庇古税和补贴虽然在短期能达成相同的污染削减目标,但长期来看,在补贴手段下会产生更多的污染。

6.5.3　排污税与排污权交易的比较

排污税和排污权交易都建立在污染者付费基础上。前者是污染者直接付费给政府,它对排放量的影响不确定,但对污染者来说,排污的边际成本是一定的;后者是污染者付费购买污染权,它能保证污染的定量削减,但其边际成本则不确定。

对这两种市场机制的选择在于:减少污染控制费用的不确定性和污染削减数量的不确定性哪个更重要? 如果减少污染控制费用的不确定性更重要,就应该选择税收制度,如果减少污染削减数量的不确定性更重要,就应该选择排污权交易制度。

在污染者的削减成本存在不确定性时,也可以通过比较边际削减成本和边际环境损害成本的弹性大小做出选择。当边际削减成本的弹性较大时,应选择排污税,反之,则应选择排污权交易。

可以用图6-16直观地说明这一点:环境管理部门不了解每个污染者的边际削减成本情况,只知道总体的边际削减成本MAC,污染者的边际削减成本可能偏高或偏低,在图中为MAC_H或MAC_L,浅色阴影面积是与价格控制有关的福利损失,深色阴影面积是与数量控制有关的福利损失。在图(a)中,MAC的弹性较大,浅色阴影面积大于深色阴影面积,因此应选择数量控制,也就是排污权交易;而在图(b)中,边际环境成本MEC的弹性较大,浅色阴影面积小于深色阴影面积,因此应选择价格控制,也就是排污税。[①]

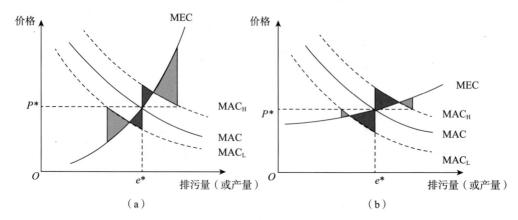

图6-16 价格或数量控制下的福利损失

排污税可以带来财政收入,成为治理污染的重要资金来源。而且税率是适用于整个行业的,无论是原有污染企业还是新增污染企业都适用这一税率,因此比较公平。管理者不需要详细了解每家企业的情况,减少了管理者与企业进行单独接触的机会,也有利于避免腐败。但是,在排污税机制下,受信息不足的约束,管理部门往往无法施行最优税率。

排污权交易更加灵活。环境管理者不直接制定排污标准,可以通过发放和回收排污权来影响排污价格。为了减少引入新政策的阻力,排污权的初次分配往往用无偿的方法配置给现有的污染企业,使得在配额管理方面有腐败的风险。如果原有污染企业的排污权是免费取得而新增污染企业需要购买排污权,相当于原有污染企业获得了不公平的成本优势,也是对市场竞争秩序的损害。在排污权交易机制基本建立后,政府也可以逐渐转变到拍卖排污权,这种配置方式能为政府带来收入。

在发生通货膨胀时,污染控制成本受通货膨胀影响会上升。在排污权交易体系下,这会自动导致更高的许可证价格,排污总量不变化。在排污税情况下,由于污染控制成本相

① Weitzman M. Prices vs. quantities[J]. Review of Economic Studies, 1974, 41: 477-491.

对于固定税率的上升,会导致更低的污染削减量,使环境质量恶化。

有些污染物(如温室气体)在排放后在大范围的环境中迅速混合均匀,其环境损害与排放地的位置无关。而有些污染在排放后扩散较慢,损害多集中在当地。比较而言,排污税和排污权交易都适用于前者。而后者更适用排污税,因为在排污权交易下,后者可能产生地区性污染"热点"。此外,在排污权交易市场上,有的企业可能手握大量排污权,拥有控制市场的势力,这也成为学者和政策制定者关注的问题。

6.5.4　减污政策的选择

污染物被排放后,往往以复杂的方式被转移转化,在很长一段时间后才造成显著的损失,污染源和损失在时间和空间上可能是分离的,因此环境问题具有复杂性的特点,单一的减污政策不能有效解决所有的环境问题。

在削减污染的过程中,人们需要综合运用各种政策工具。经济效率也不是选择减污政策的唯一标准,同时还要考虑政策的可行性、对经济增长的影响等多方面的因素。表 6-2 列出了选择减污政策的主要标准,从中可以看出要在实践中选择减污政策,需要进行多方面的评估和考察。没有哪种政策工具可以同时达成这么多方面的评估目标,所以实践中的环境政策是各种政策工具的组合,其执行部门也不限于环境管理部门。

表 6-2　选择减污政策的主要标准

选择标准	简要描述
环境有效性	能否较好地达成环境目标?
成本有效性	能否以最低的成本达成目标?
可靠性	多大程度上可以依靠该政策达成目标?
信息要求	要求污染控制主管部门掌握多少信息?信息获得的成本是多少?
可实施性	有效实施要求多少监测?能做到吗?政策执行是否简便易行?
长期影响	政策的影响力是随时间减弱、增强,还是保持不变?
动态效率	能否持续不断地提供激励来促使污染者减少污染和进行技术革新?
灵活性	当出现新信息、条件改变或目标改变时,能否以低廉的成本迅速适应?
公平性	对不同收入阶层、不同地域的影响是否有差异,是不是公平的?

6.6　减污政策的执行

环境政策的执行主要分为两个部分:监控和惩罚。监控是指环境管理部门测量污染者的排污量,将其与环境法规规定的水平相比较,以促使污染者遵守环境政策,并作为实施经济手段的依据。惩罚是对被发现的违规者的处罚。监控和惩罚的实施都是有成本的。

6.6.1 执行成本

执行成本是与环境法规实施过程中的管制活动相关的公共成本。一般地,执行成本会使边际削减成本曲线升高,边际执行成本随着排放量的减少而增加,也就是说,随着削减量的增加,实施进一步减排花费的成本就越来越高(参考图6-17)。引入执行成本 E 将使最优污染水平向右移动,从 Q^* 移动到 Q'。

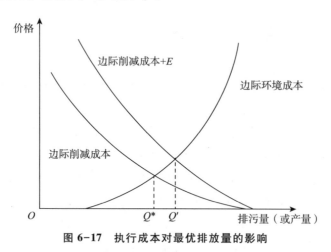

图 6-17　执行成本对最优排放量的影响

6.6.2 惩罚"激励"

除补贴外,大多数的污染削减政策都要按污染者付费原则将环境外部成本内部化,这会加大污染者的成本负担。为了降低成本,污染者可能会不完全遵守政策要求,经过算计后选择违反政策,或者想办法钻漏洞偷偷排放污染。

污染削减政策能靠政府的强制力改变污染者的行为,如果不附加对违规的惩罚,污染者不会削减排放。惩罚有多样化的形式,如罚金、对责任人进行处分或追究刑事责任等。惩罚的力度不足会直接导致环境管制的失败。

以环境标准+罚金为例,如果罚金的标准过低,或罚金的期望值过低,都无法达成预期的环境目标。图6-18有助于理解这一问题:在没有外在约束的情况下,企业会增加排放直至边际净收益为0,即排放16 600吨污染物。为了维持一定的环境质量,政府设定了排放标准,只允许企业排放5 000吨污染物。此时,企业要削减11 600吨污染,对应的边际削减成本为2 020元/吨。与自由排污相比,企业会损失相当于阴影部分面积的利益。在利益驱动下,如果违反排放标准没有惩罚,企业是不会削减排放的。因此为了保证排放标准的实现,需要设立罚金。从理论上讲,将罚金标准设立在2 020元/吨之上,就可以防止企业违规排放,因为多排放带来的收益低于罚金。

但实际上,受监管能力的限制,不是所有的违规排放现象都能被发现并被处罚,所以企业会将被发现并被处罚的概率考虑进来。罚金标准与被处罚的概率相乘得到罚金期望值,企业将按照罚金期望值来调整自己的行为。当管理部门将罚金标准定为 3 000 元/吨时,如果违规者都被 100% 地处罚,这个标准会对污染者产生有效的警告作用,污染者将遵守排放标准,排放 5 000 吨的污染物。而如果被发现并被处罚的概率是 50%,罚金期望值就只有 1 500 元/吨,此时,污染者会选择违规多排放 2 000 吨污染物。

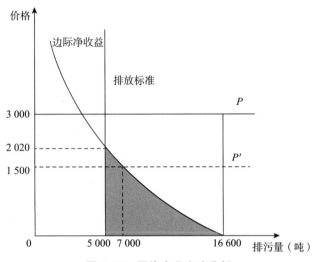

图 6-18　污染企业守法分析

可见,虽然排放标准为企业规定了允许排放量,但污染者是否守法,还取决于违规行为的罚金期望值的大小。有两个因素影响罚金期望值:一是罚金标准,二是对违规者实施处罚的概率。只有制定足够高的罚金标准,并附之以严格的执行,排放标准才能落实。

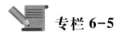 **专栏 6-5**

四川沱江水污染案

沱江干流总长达 600 多公里,经四川省成都市、资阳市、内江市、泸州市后注入长江,流域面积约 2.7 万平方公里,其中仅内江市就有 80 万人靠它提供用水。而在这条大河的上游沿线,大大小小的企业也靠沱江汲水、排污。2004 年,沱江发生严重的污染事件。

2004 年 2 月下旬,位于沱江中下游的四川省资阳市境内的简阳市沿江一带,有人发现一些死鱼在江中漂浮,而后死鱼越来越多,到 3 月初,简阳市一些居民家中的水龙头突然流出有浓烈异味的黑水。3 月 2 日,接到紧急报告的四川省环保局经调查后通知简阳市立即关闭了全市的自来水供应系统,简阳市下游的内江市也立即采取紧急措施,要求市供水单位及全市各县沿江居民停止取水。从 3 月 2 日早晨开始,内江市区及资中县城区和资阳市的简阳三地出现了大面积停水,百万人断水 26 天,上千家宾馆、饭店、茶楼等营业场所被迫关闭,50 万千克鱼类被毒死,经济损失达 2 亿多元。

资阳市环境监测站 3 月 1 日的采样监测显示,沱江氨氮指标严重超标。事故原因是位于长江上游一级支流沱江附近的川化集团有限责任公司(以下简称"川化集团")的控股子公司川化股份有限公司所属第二化肥厂,因违规技改并试生产,设备出现故障,在未上报环保部门的情况下,将 2 000 吨氨氮含量超标数十倍的废水直接外排,导致沱江流域严重污染。

为缓解缺水带来的巨大恐慌,资阳市、内江市以及简阳、资中等受灾严重地区的有关部门使用洒水车等运输工具为群众运水,甚至紧急请求上级出动飞机进行了 20 个小时的人工降雨。因污染事故影响正常生活用水的内江、资中、简阳等地在事发近 1 个月后,才恢复了从沱江取水。

但是,5 月 3 日沱江再次发生污染事故,原因是 2 月以来,位于眉山市仁寿县的肇事企业东方红纸业有限公司违法超标排污。东方红纸业有限公司多年来一直是污染大户,2003 年四川省环保局还对其下达了限期年底治理完毕的通知,但 2003 年 12 月初,这家企业未经批准就擅自调试生产,2003 年年底,经眉山市有关部门批准,该企业获准调试生产后,做出了"保证达标排放、不发生污染"的承诺。但是在时隔不久的 2004 年 1 月初,四川省政府督查组暗访时发现该企业仍在违规偷排造纸废水。两天后,眉山市再次要求仁寿县责令其停产整改。到 2004 年 2 月 27 日,东方红纸业有限公司又声称治污设施已达标,要求调试生产,并一再保证不会偷排、漏排、超标排放,然而就在这次调试过程中,该企业又超标偷排污水。从 4 月 16 日至 30 日,该企业约有 6 000 吨造纸废水未经处理就直接排放,使大量污染物沉积于河道中。2004 年 4 月 23 日至 5 月 2 日,四川省境内出现两次大规模降雨,沉积的污染物被暴涨的河水冲入沱江,致使沱江河水中的溶解氧含量急剧下降,沱江资中县河段出现大面积死鱼,资中县境内的沱江文江段水面呈黑褐色,并散发出刺鼻的气味,污染造成的直接经济损失高达 270 多万元。沱江生态环境遭受严重破坏,据专家估计,需要 5 年时间生态环境才能恢复到事故前水平。

2004 年 7 月 2 日,四川省政府决定投入 5 000 万元加大对沱江污染的治理力度,其中2 000 万元用于解决沱江沿岸内江市群众的饮水困难问题,1 000 万元解决工业污染源问题,2 000 万元用于沱江流域水质的在线监测。

污染事件发生后,有关部门按照国家有关规定,对川化集团处以 100 万元的罚款,而东方红纸业有限公司则被立即实施停产、停电、停排处理,并罚款 15 万元。有关部门除对肇事企业川化集团和东方红纸业有限公司追缴罚款外,还责成川化集团及东方红纸业有限公司分别赔偿渔民及渔业养殖户等经济损失 1 100 万元和 90 万元。与沱江污染造成的巨大损失相比,对污染企业的经济处罚显得过轻,其直接后果就是严重损害了公众利益之后,一些企业的态度依然是麻木不仁的。

资料来源:作者根据公开资料整理。

小　结

　　管理者可通过两大类政策削减工业污染:命令—控制型政策和经济手段。现实中,各国使用的工业污染削减措施是以命令—控制型政策为主,辅之以多种经济手段的综合性政策。政策执行力度对保证减污政策的效果具有重要意义。

进一步阅读

　　1. 费尔德.科斯定理 1-2-3[J].经济社会体制比较,2003,5:72-79.

　　2. 葛察忠,等.中国环境政策改革 40 年[M].北京:中国环境出版集团,2019.

　　3. 王金南,等.中国与 OECD 的环境经济政策[M].北京:中国环境科学出版社,1997.

　　4. Baumol W J. On taxation and the control of externalities[J]. The American Economic Review, 1972, 62(3): 307-322.

　　5. Bromley D W. Environment and economy: Property rights and public policy[M]. Oxford: Blackwell, 1991.

　　6. Buchanan J M, Tullock G. Polluters' profits and political response: Direct control versus taxes[J]. American Economic Review, 1975, 65: 139-147.

　　7. Portney P R, Stavins R N. Public policies for environmental protection[M]. 2nd ed. New York: Routledge, 2000.

　　8. Schmalensee R, Stavins R N. The design of environmental markets: What have we learned from experience with cap and trade? [J]. Oxford Review of Economic Policy, 2017, 33(4): 572-588.

　　9. Stavins R N. What can we learn from the grand policy experiment? Lessons from SO_2 allowance trading[J]. Journal of Economic Perspectives, 1998, 12(3): 69-88.

　　10. Tietenberg T H. Economic instruments for environmental regulation[J]. Oxford Review of Economic Policy, 1990, 6(1): 17-33.

　　11. Weitzman M. Prices vs. quantities[J]. Review of Economic Studies, 1974, 41: 477-491.

思考题

　　1. 命令—控制型政策在管控工业污染源时有什么优缺点?

　　2. 简述庇古税的原理。

　　3. 简述排污权交易的原理。

　　4. 与命令—控制型政策相比,经济手段有什么优点?

　　5. 从惩罚激励的角度分析为何有时污染企业会"知法犯法""屡教不改"。

第7章 削减非点源污染的政策

【学习目标】

- 了解移动源污染的特点
- 掌握削减移动源污染的手段
- 了解面源污染的特点
- 掌握削减面源污染的手段

燃煤电厂、造纸厂、化工厂等排放污染物的企业都固定在一定的地点上,有固定的排放点,因此被称为**点源污染**(point-source pollution),这类污染源容易观测和监控,污染排放量和环境影响间的关系也容易研究。与点源污染相比,许多污染物没有明确、固定的排放地点,如行驶的汽车排放尾气,或农药、化肥等化学物质散布在泥土和水体中,这种污染被称为**非点源污染**(nonpoint-source pollution)。按污染源的空间性质,可进一步将非点源污染分为移动源污染和面源污染。

7.1 移动源污染的削减

移动源污染的位置不确定,难以对其污染排放情况进行监控,因此不能将排污量作为政策作用的目标,可以选择规定技术标准、对产生污染的前体投入物征税等政策削减此类污染。

7.1.1 移动源污染的特点

以汽车、飞机等各类交通工具为代表的移动源污染排放的二氧化碳、一氧化碳、氮氧化物、细颗粒物等污染物,是城市空气污染的重要来源。移动源污染的主要特点有:

① 污染源的位置不确定。移动源污染具有跨区域流动性,污染产生于临时驻留地点,如大城市交通高峰期的空气污染,因此重新安置(如搬迁污染工厂)的办法不适用。如果不同地区的环境标准要求不一样,要求移动污染源达到不同的要求也是不可能的。

② 污染源数量多。2022 年,我国开展排放源统计重点调查的工业企业共 17.65 万家,同年全国民用汽车拥有量为 3.12 亿辆。要监控这样大规模的汽车污染源显然比监控数量少得多的工业污染源更加困难。

③ 排放情况难管控。固定污染源一般规模较大且由专业人员经营,而汽车这样的移动污染源较小且由非专业人员操控,使得移动污染源可能由于缺乏可靠的维修和保养导致排放情况更难控制。

7.1.2　削减移动源污染的手段

由于移动源污染的这些特点,对其进行直接管控在操作上非常困难,替代的方案是对生产商的设计制造环节、使用的燃料等提出标准,同时通过制定区域交通规划、进行交通控制,提高公共交通使用率等减少机动车的使用。

① 相比于四处活动且数量庞大的汽车,汽车生产商的位置固定且数量少得多,要求出厂汽车达到排放标准能从源头上控制污染物排放。同时,辅之以旧排放标准的汽车加速退出的政策,就可以逐步实现对所有汽车的限排。

② 提高燃料标准。机动车排放的尾气中的有毒有害物质的内容和数量与使用的燃料直接相关,例如把铅作为助燃剂加入燃料汽油是造成尾气中铅污染的直接原因。加快石油炼制企业升级改造,提升燃油品质,提高燃油标准在减少移动源污染上可以起到“釜底抽薪”的作用。我国分别在 2014 年、2017 年、2019 年和 2023 年将车用汽油标准提升到国四、国五、国六(第一阶段)和国六(第二阶段),提高车用汽油标准大幅减少了汽车尾气排放的有害物质。

③ 优化交通规划和管理。由于机动车排放造成的空气污染往往在城市的上下班交通高峰期更严重,在短时间内不易扩散,因此可能造成较严重的污染事件。因此,机动车何时开、开往哪里也是移动源控制的要点。这方面可采用的政策措施主要有优化城市功能和布局规划;根据城市发展规划,推广智能交通管理,缓解城市交通拥堵;实施公交优先战略,提高公共交通出行比例;鼓励绿色出行,加强步行、自行车交通系统建设。

④ 鼓励升级对移动源的认证。老旧车辆的尾气排放很难达标,用符合更高环境标准的机动车替代老旧车辆是减少移动源污染的重要思路。根据《大气污染防治行动计划》(简称“大气十条”),可采取的政策手段有:

- 用划定禁行区域、经济补偿等方式,逐步淘汰老旧车辆;
- 加强新生产车辆环保监管,打击生产、销售环保不达标车辆的违法行为;
- 加强在用机动车年度检验,对不达标车辆不发放环保合格标志,禁止上路行驶;
- 缩短公交车、出租车强制报废年限;鼓励出租车每年更换高效尾气净化装置;
- 开展工程机械等非道路移动机械和船舶的污染控制;
- 推进低速汽车升级换代,促进相关产业和产品技术升级换代;
- 推广新能源汽车,对污染排放低的交通工具、发动机、电池等的生产者或消费者,实施补贴、税收减免政策;
- 在公交、环卫等行业和政府机关率先使用新能源汽车,采取直接上牌、财政补贴等措施鼓励个人购买。

⑤ 限制私人交通工具。即使单个机动车的排放达到更高的标准,如果有更多的机动车行驶在路上,仍会产生更严重的污染问题。与对单个车辆的油耗、排放进行管制相比,减少移动源是更根本的治理方法。在实践中可以通过限制上牌、车牌拍卖等手段控制机

动车保有量,通过增加使用成本、单双号限行等措施降低机动车使用强度。但如果没有公共交通的补充,使用这些政策会增加人们的出行困难。

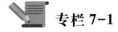 **专栏 7-1**

墨西哥城的机动车限行政策

对私人交通工具的限制措施有时会产生与政策设计初衷相反的结果。例如,为了控制汽车尾气污染,墨西哥首都墨西哥城曾在 1989 年推行"今天不开车"计划,根据车牌尾号将机动车分为五种颜色,每种颜色每周禁驶一天,重污染天还会升级限行令。刚开始这一计划确实减少了上路车辆和污染排放,但人们很快就找到了规避的办法——再买一辆二手车代步。结果上路的机动车数量非但没有减少,反而由于二手车的车况普遍较差,尾气排放更多,使城市的汽车尾气污染更严重了。

为了改变这种局面,墨西哥城政府 1998 年修改了限行政策,从简单地按车牌尾号限行改为根据尾气排放状况来决定限行与否:所有车辆每年必须接受两次尾气检测,检测结果分为"00(新车)""0(符合严格排放标准)""1(符合一般排放标准)"和"2(符合最低排放标准)"四种标识。"00"和"0"标识的车辆不限行;"1"和"2"标识的车辆,工作日每周限行一天,每月还有两个周末日不得上路。据 2006 年的检测结果,当地 200 多万辆获得了"00"或"0"的机动车,每年排放有害气体 5 273 吨,150 万辆获得"2"审核的车辆,则排放了 35 604 吨有害气体。这意味着,一辆被限行的旧车的有害气体的排放量达到新车的 9 倍。新的限行政策更有针对性,因此取得了较好的效果。

资料来源:墨西哥城治理大气污染:按尾气排放限行[EB/OL].(2015-04-13)[2024-10-17]. https://www.chinanews.com/ny/2015/04-13/7202087.shtml.

7.2 面源污染的削减

面源污染的污染源往往规模小且分散,不易确定特定污染源的排污责任,因此也无法将排污量作为政策作用的目标,可以选择集中处置、补贴、管制产生污染的前体投入物等政策削减此类污染。

7.2.1 面源污染的特点

面源污染是指进入自然环境(大气、水、土壤等)中的没有固定源的污染。如农业生产施用的化肥经雨水冲刷流入水体造成的农业污染;城市交通中汽车尾气排放出的重金属物质,随降雨或融雪后的地面径流,经城市排水系统而进入河流,造成的水体污染;生活污水等。随着工业污染逐渐得到控制,面源污染在污染物排放中所占的比重呈上升趋势,统计数据显示,生活污水已占我国污水排放量的一半以上。面源污染的特点主要有:

——起源分散、多样。面源污染源大多规模小而且分散,地理边界和发生的位置难以识别和确定。如农田中的土粒、氮素、磷素、农药重金属、农村禽畜粪便与生活垃圾等有机或无机物质,从非特定的地域,在降水和径流冲刷作用下,会通过农田地表径流、农田排水和地下渗漏,进入受纳水体(河流、湖泊、水库、海湾)引起污染。

——随机性强、成分复杂。面源污染的排放时间、排放物内容、排放数量都有很大的随机性,排放物在水体或空气中混合后往往还会产生复杂的反应,无法追踪排放源的责任。

——扩散面广,潜伏周期长。面源污染经过复杂的迁移过程,会进入大气、地面水系和地下水系,影响面广,难以清除。这使得其危害潜伏周期长,难以认知,潜在危害巨大。

——防治十分困难。点源污染在包括我国在内的许多国家已经得到较好的控制和治理,而面源污染由于涉及范围广、控制难度大,目前已成为影响水体环境质量的重要污染源。

7.2.2　削减面源污染的手段

面源污染源数量多、规模小,监测和追踪污染源的排污量几乎是不可能的,因此与移动源污染一样,也难以根据排污量对面源污染进行管控。所以要削减面源污染不能在污染已经产生后或扩散后再采取措施,而是要在此之前施加政策。在现实中多采用的方法是集中处置、对生产中或使用时会产生污染的产品征税等。

① 集中处置。面源污染,特别是空气污染,一般只有现场治理才有效,扩散后就难以收集处理了。因此对这种类型的污染,需要进行废弃物收集和集中化治理厂的建设,建立大型废弃物集中化治理厂可以产生规模效应,但这些属于基础设施建设领域,需要大量的投资。

② 产品税。对于面源污染,监测和追踪污染源的排污量是不可能的,这时当然就无法征收排污税。可采用的替代方案是对排污最直接负责的产品征税,如对汽油征税,而不是试图监测每辆汽车的排污量;对化肥征税,而不是试图测算每袋化肥对水体造成的污染量。

③ 禁令和标准。在面源污染控制中,由于见效快、易操作,禁令和标准等命令—控制型政策被大量应用。根据"大气十条",政府可以从多个方面发布禁令以对城市扬尘进行综合整治:

● 要求加强施工扬尘监管,在建设工程施工现场设置全封闭围挡墙,严禁敞开式作业,施工现场道路进行地面硬化,渣土运输车辆采取密闭措施并安装卫星定位系统;

● 推行道路机械化清扫等低尘作业方式,要求大型煤堆、料堆实现封闭储存或建设防风抑尘设施;

● 推进城市及周边绿化和防风防沙林建设,扩大城市建成区绿地规模等。

④ 补贴和技术支持。有些面源污染,不仅每个污染者排放的污染量本身难以监测,且征收产品税也不可行。如秸秆焚烧产生的面源污染,每个农户都是潜在的污染者,他们数

量众多且布局分散，是否焚烧、焚烧了多少秸秆都难以监测。由于不是所有的农户都会焚烧秸秆，农产品和污染间没有直接的对应关系，因此对农产品征税的方案也不可行。在这种情况下，可以使用补贴代替税收手段对农户形成激励，引导他们选择不烧秸秆。与对面源污染使用排污税方案面临的困难类似，由于面源污染的排放量和削减量都不易监测，因此补贴也往往不直接与污染削减量挂钩，而是代之以对工艺流程和生产技术提供补贴。

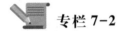 专栏 7-2

秸秆焚烧

秸秆焚烧是指将农作物秸秆用火烧从而销毁的一种行为。秸秆焚烧有很多危害，例如污染空气环境、危害人体健康、影响交通安全、容易引发火灾等。以豫冀鲁三省为代表，秸秆焚烧的着火点分散在广大的农村地区，着火后还容易连成片，覆盖面大，夏季往往形成面状空气污染，多年以来难以管控。

我国大片农村地区夏季焚烧秸秆的主要原因包括：随着生活水平的提高，家用电器、煤气使用日益广泛，农民对柴草的需求下降；秸秆处理的成本高，机械收割留茬较高，影响下一季农作物的播种；农村大批青壮年进城务工经商，农忙时农村劳动力以妇女、老人为主，要想将机械收割后的秸秆捆扎搬运离田心有余而力不足，所以一烧了之；焚烧的秸秆可在一定程度上补充耕地肥力。

除焚烧外，处置秸秆的思路有两种：机械化还田和离田利用。从各地的实践来看，具体处置方式包括：

——机械化秸秆还田。具体方法有两种：一是用机械将秸秆打碎，耕作时深翻严埋，利用土壤中的微生物将秸秆腐化分解；二是将秸秆粉碎后，掺进适量石灰和人畜粪便发酵后再取出肥田使用。

——过腹还田。将秸秆通过青贮、微贮、氨化、热喷等技术处理，有效改变秸秆的组织结构，使其成为易于家畜消化、口感较好的饲料。

——培育食用菌。将秸秆粉碎后，与其他配料科学配比后作为食用菌栽培基料，育菌的基料经处理后，仍可作为家畜饲料或作肥料还田。

——制取沼气。此方法可将种植业、养殖业和沼气池有机结合起来，利用秸秆产生的沼气做饭和照明，沼渣则用来喂猪，猪粪和沼液作为肥料还田。

——用作工业原料。农作物秸秆可用作造纸的原料，还可以用作压制纤维木材。

——用于生物质发电。秸秆是一种很好的清洁可再生能源，秸秆能直接焚烧或同垃圾等混合焚烧发电，还可以汽化发电。

——用于生物降解材料。将秸秆超细粉碎后在反应釜中与添加剂一起进行化学反应，使得秸秆中的纤维具有热塑性，可以应用于薄膜、片材和注塑级的产品制造，这类产品可替代石油基产品（塑料），是一种健康环保材料。

但是,要么受科技水平的限制,缺乏处置技术,科技转化力度不够,要么实施成本太高,例如秸秆饲料处理成本高、难度大,要么就是回收价格太低,现实中的秸秆焚烧问题一直难以解决。

一般各地普遍采用的方式是禁令,且在一定时间段内明确专人检查巡逻。可是往往这边检查巡逻的人刚走,那边农民就开始焚烧起来,禁而不止现象屡屡发生。为了扭转这一局面,一些省区实施了补贴政策。补贴的对象包括实施秸秆打捆离田或机械化还田的农机户、秸秆处置机械的购置户、收购收储秸秆的企业、实施秸秆综合利用的项目、农机服务组织及相关农业企业等。由于农户焚烧秸秆就拿不到补贴,因此补贴就成为焚烧秸秆的机会成本。如果补贴足够高,就可以对转变农民焚烧秸秆的行为起到激励作用。

资料来源:作者根据公开资料整理。

小　结

工业污染源一般规模较大,固定于某个地点,在空间分布上呈点状,所以其造成的污染被称为点源污染,第 6 章介绍了对这类污染的主要削减手段。而移动源污染和面源污染一般规模小、数量多,都属于非点源污染。本章介绍了非点源污染的特点,对非点源污染的管控方法大多不是以污染排放量为中心管理污染源本身,而是采取技术标准、管制上下游产品、集中处置等手段进行。

进一步阅读

1. Cabe R, Herriges J. The regulation of non-point-source pollution under imperfect and asymmetric information[J]. Journal of Environmental Economics and Management, 1992, 22(2): 134-146.

2. Segerson K. Uncertainty and incentives for non-point pollution control[J]. Journal of Environmental Economics and Management, 1988, 15(1): 87-98.

思考题

1. 相对于点源污染,移动源污染有什么特点?
2. 相对于点源污染,面源污染有什么特点?
3. 常用的控制移动源污染的政策工具有哪些?
4. 常用的控制面源污染的政策工具有哪些?

第8章 市场、公众和企业的作用

虽然市场失灵的存在为政府干预提供了理由,但政府也不是万能的,同样面临信息不对称、决策失误等问题,还存在道德风险。所以,仅依靠政府干预来纠正环境领域的市场失灵是不够的。各国环境保护的实践经验显示,随着人们收入水平的提高和环境教育的普及,社会公众对良好的环境质量有了更高的要求,使得市场和公众成为政府机制的重要补充,能够共同促进污染治理和环境改善。

8.1 市场和公众对改善环境的作用

市场、公众与政府是支持污染削减的三大力量(图8-1)。

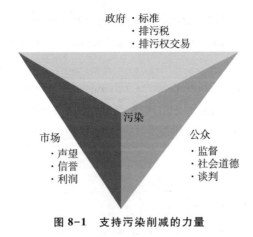

图 8-1 支持污染削减的力量

8.1.1 市场的作用

随着人们环境意识的加强,在产品市场和资本市场都形成了对环境友好产品和企业的偏好,以及对破坏环境的产品及污染企业的压力。这种偏好会给环境友好企业带来新的市场机会,增强他们的竞争优势,而对破坏环境的企业来说,这种压力会让他们面临日益严峻的挑战与市场淘汰风险。

在产品市场上，随着人们对绿色产品的需求增加，绿色产品市场不断扩大，对利润的追求促使企业关注这一新兴市场；绿色贸易壁垒也促使企业关注这一新兴市场。这种市场导向是有利于环境改善的。

为减少信息不对称，促进绿色市场的发展，绿色标志的发展是必要的。**绿色标志**是对达到一定环境标准的产品授予的标识，用来标明产品从生产、使用到回收的整个生命周期内符合特定的环保要求，对生态无害或损害很小，产品设计有利于资源的再利用等。绿色标志具有引导消费和生产的作用，关心环境问题的消费者倾向于购买有环境标志的产品，甚至愿意为此支付更高的价格。厂商为了提高产品的市场竞争力，也会积极改变产品和生产工艺，成为环境保护和管理活动的主动参与者。

在资本市场上，如果企业生产的产品环境危害大、污染严重，或者不能达到环境标准，往往就反映出企业内部的管理效率低下、资源利用率低，企业面临政府处罚的风险大，面临的市场竞争风险也大。有研究发现，股票市场上企业的股价与其达到的环境标准间存在正相关关系。中国人民银行、环境保护部（现生态环境部）和证监会多次发文指导金融机构在贷款审核时考查企业的环境表现，并建立了上市公司环境监管的协调与信息通报机制，拓宽公众参与环境监督的途径。环境保护部定期向证监会通报上市公司环境信息以及未按规定披露环境信息的上市公司名单，相关信息也会向公众公布，以使广大股民对上市公司的环境表现进行有效的甄别和监督。因此，资本的逐利避害特点也促使资本市场支持环境友好的企业。

为了推动资本市场更好地发挥作用，2006 年，联合国环境规划署提出**负责任投资原则**（principles for responsible investment，PRI），倡导将环境、社会和治理（environmental social governance，ESG）因素纳入投资决策和积极所有权①的投资策略和实践。PRI 采取自愿签署的方式，要求签署方承诺贯彻执行负责任投资六项原则，并按照要求定期进行报告。这六项原则是：

① 将 ESG 纳入投资分析和决策过程；
② 使用积极所有权进行 ESG 实践；
③ 要求被投资企业对 ESG 相关问题进行披露；
④ 围绕投资产业链，推动广泛地贯彻和实施 PRI；
⑤ 通过共享和协作的方式提升能力建设，提高 PRI 的实施效果；
⑥ 要求签署方报告责任投资原则的实施情况和进展。

2022 年，PRI 的签署机构达 4 000 多家，代表着逾 120 万亿美元的资产。②

---

① 积极所有权（active ownership）指利用所有权赋予的权利和地位影响被投资企业的活动或行为。积极所有权的应用可因资产类别而异。对于股票，积极所有权包括参与和投票活动。

② UNEP Finance Initiative, UN Global Compact.负责任投资原则［EB/OL］.［2024-10-17］.https://www.unpri.org/download?ac=10968.

 **专栏 8-1**

ESG

ESG 是环境、社会和治理的英文缩写，提倡企业在利润目标之外，要关注环境、社会和治理目标。理想状态下，企业承担 ESG 责任、投资者按 ESG 理念进行投资不仅能促进达成环境目标和实现社会公正，而且可以带来稳健的甚至更高的经济收益。

2006 年，联合国环境规划署提出了负责任投资原则，倡导将 ESG 因素纳入投资决策和积极所有权的投资策略和实践。引导金融企业转向 ESG 投资。随着更多国际组织和投资机构接受 ESG 投资理念并制定相关标准，一些资金体量大的国家主权投资基金、养老基金开始使用 PRI 理念来控制风险。许多企业也在社会责任报告中披露其 ESG 理念与实践进展。据全球可持续投资联盟（Global Sustainable Investment Alliance, GSIA）发布的数据，2022 年全球 ESG 资产管理规模超过 30 万亿美元。[①]

在高质量发展战略指引下，ESG 理念在中国也受到肯定和重视。截至 2022 年年底，国内签署 PRI 的机构累计超过 120 家。据中央财经大学绿色金融国际研究院统计，国内有 624 只 ESG 公募基金，总规模合计约 5 182 亿元。[②] 相关法律法规也提倡 ESG 实践。我国 2024 年实施的《中华人民共和国公司法》第二十条规定："公司从事经营活动，应当充分考虑公司职工、消费者等利益相关者的利益以及生态环境保护等社会公共利益，承担社会责任。国家鼓励公司参与社会公益活动，公布社会责任报告。"在中国证监会的指导下，上海证券交易所、深圳证券交易所和北京证券交易所发布《上市公司可持续发展报告指引》，要求上证 180 指数、科创 50 指数、深证 100 指数、创业板指数样本企业及境内外同时上市的企业最晚在 2026 年首次披露 2025 年度可持续发展报告，鼓励其他企业自愿披露。

与可持续发展类似，ESG 兼顾经济、环境和社会目标，毫无疑问是一个"好词"。但对于这些目标能否真的达成，当前还存在不少质疑。

质疑之一是号称 ESG 的企业是真环保还是"漂绿"（greenwashing）？立法与监管的不足可能导致 ESG 沦为品牌公关工具，企业表现良莠不齐乃至误导消费者。出于对漂绿的担心，欧洲近年来对 ESG 的监管规范更加严格，一些以往被认定是 ESG 投资的项目因不能达成减排目标面临降级的危险。

质疑之二是 ESG 目标能否真的与经济目标实现"双赢"？从 20 世纪 80 年代起学术界与市场实践者就开始研究和讨论，ESG 投资与普通投资比较能否产生超额收益，但他们没有达成一致的意见。特别是 2022 年，传统能源企业股票大涨，而大量带有 ESG 标签的基

---

① GSIA. Global suatainable investment review 2022［EB/OL］.（2023－12－31）［2024－10－17］. https://www.gsi-alliance.org/wp-content/uploads/2023/12/GSIA-Report-2022.pdf.

② 中央财经大学绿色金融国际研究院.2024 年度 ESG 公募基金进展分析报告［EB/OL］.（2024－08－20）［2024－10－17］. https://iigf.cufe.edu.cn/info/1013/9087.htm.

金亏损严重,表现出 ESG 对投资回报无益甚至有害的情况。一些大型资管企业退出相关联盟,例如全球第二大资管企业先锋集团(Vanguard)退出了全球最大的气候投资联盟"净零排放资产管理人倡议"(Net Zero Asset Managers Initiative,NZAM)和格拉斯哥净零排放金融联盟(The Glasgow Financial Alliance for Net Zero,GFANZ)。美国最大石油供应商埃克森·美孚(Exxon Mobil)赢得了对 ESG 投资者的诉讼[①],也引起社会对 ESG 的反思。

　　质疑之三是 ESG 评级体系是否科学? 为了评价 ESG 的实施程度,不少机构构建了 ESG 评级体系。国外主要有明晟(MSCI)、路孚特(Refinitiv)、富时罗素、晨星、标普、穆迪、汤森路透、道琼斯等,国内有华证、中证、万得、中诚信、商道融绿、嘉实、妙盈等。但是这些评级体系使用的指标和权重各异,评级结果差异较大。以对中国石油 2024 年的 ESG 评级为例,明晟、路孚特、中诚信三家机构的评级结果相差甚远:明晟评估中国石油评级(B)处于行业末尾 28%,路孚特评分结果(60.2)处于行业前 24.7%,中诚信的评级结果(A+)居行业前 4.7%。2022 年,标普 ESG 指数剔除了特斯拉,这引起特斯拉总裁马斯克的强烈不满,他指责"ESG 就是一个骗局,成了社会正义伪君子们的武器",他不满的原因是埃克森·美孚是一家传统油气业企业,却被标普评为全球 ESG 最佳前十名,世人公认吸烟有害健康,但从标普全球到伦敦证券交易所,烟草企业在 ESG 评级方面碾压特斯拉,特斯拉在推动绿色能源发展方面发挥了作用,反而被剔除。

资料来源:作者根据公开资料整理。

8.1.2　公众参与的作用

　　环境质量的好坏直接影响普通民众的健康和生活,而普通民众的行为和选择也直接影响环境质量的好坏。在环境保护领域,公众一直是一支重要的力量。为了促进公众在环境保护中更好地发挥作用,政府也会进行一些制度建设,如提供信息、开展环境教育等,来引导公众的偏好和行为。公众既可以个人的形式参与环境保护,也可通过参加环保社团参与环境保护。

　　1. 环保社团

　　20 世纪 60 年代西方群体性的环保运动和大量环保组织的涌现是促进西方各国重视环境保护、出台环保法规、建立环境标准、进行大量环境修复投资的重要推动力。现在世界各国普遍存在由公众结成的环境保护组织,这些组织在环境保护领域发挥着重要的作用:

　　① 在环保意识推广和绿色行为倡导方面发挥着重要的示范和引领作用。

---

　　① 埃克森·美孚的股东里有两家倡导 ESG 理念的投资机构,他们向股东大会提出碳减排提案,要求埃克森·美孚超越当前规划,加快 2030 年前的碳减排步伐。埃克森·美孚认为这个提案试图"限制和微观管理"企业的运营,将这两家机构告上了法庭。

②有助于加强对污染源的监督。作为环保社团成员的公众一般与污染源共处于一个地域,容易发现和掌握污染源的生产和排污情况,有利于加强对污染源的监督。

③有助于减少信息不对称。有组织的公众参与可以在一定程度上解决无法确定边际损害数量的问题。在污染损害的测量中,企业相对公众来说比较集中,因而易于调查和估算由于污染而受到的损害,且这种估算在技术上也相对容易,在损害测定中最难的部分就是测定广大公众遭受的损害。有组织的公众参与方便估算出较为准确的边际损害曲线,进而制定出较为合理的污染税率,从而内化污染产生的外部效应。

④有助于弥补由于政府决策者自身的局限性造成的政策低效,用一句谚语来说就是"三个臭皮匠顶个诸葛亮"。环保社团将分散的公众意见组织起来,能够形成一定的影响力,促进经济发展政策和环境保护政策更加符合客观实际。

⑤有助于形成社会舆论压力,加强对政府的监督,对减少政府机构低效及寻租活动有重要意义。

20世纪90年代以来,中国的环保社团迅速增多,在环境保护领域发挥着越来越积极的作用。其中具有代表性的有:

中华环保联合会(All-China Environment Federation, ACEF),其成立于2005年,是经国务院批准、民政部注册,接受生态环境部和民政部业务指导及监督管理,由热衷于环保事业的人士、企业、事业单位自愿结成的、非营利性的、全国性的社团组织。该组织的宗旨是围绕实施可持续发展战略,围绕达成国家环境与发展的目标,围绕维护公众和社会环境权益,充分体现"大中华、大环境、大联合"的组织优势,发挥政府与社会之间的桥梁和纽带作用,促进中国环境事业发展,推动全人类环境事业的进步。

"自然之友"(Friends of Nature, FoN),其成立于1993年,是中国成立最早的环保社会组织之一,全国志愿者人数超过3万,愿景是在人与自然和谐的社会中,每个人都能分享安全的资源和美好的环境。自成立以来,自然之友积极参与环保法律法规修订和公共政策制定,向有关部门提出建议,推动珍稀动物及其栖息地保护,主导和参与环境公益诉讼,开展群众性环境教育,倡导绿色文明,建立和传播具有中国特色的绿色文化,为促进中国环保事业发展做出贡献。

公众环境研究中心(Institute of Public and Environmental Affairs, IPE),其成立于2006年。IPE致力于收集、整理和分析政府和企业公开的环境信息,收录了31个省、337个地级市政府发布的环境质量、环境排放和污染源监管记录,以及企业基于相关法规和社会责任要求所做的强制或自愿披露。搭建了环境信息数据库和蔚蓝地图网站、蔚蓝地图应用平台。IPE将大量分散的、未成系统的环境信息集中起来,以用户友好的形式展示给公众,整合环境数据服务于绿色采购、绿色金融和政府环境决策。通过与企业、政府、公益组织、研究机构等多方合力,帮助撬动大批企业实现环保转型,促进环境信息公开和环境治理机制的完善。

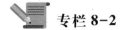 **专栏 8-2**

环境公益诉讼与邻避运动

随着各类环保社团的发展,其在普及环境保护知识、动员民间力量参与环境政策和相关项目决策方面发挥着越来越多的作用。参与环境公益诉讼和抵制环境风险项目是环保社团活动的两个重要内容。

《中华人民共和国民事诉讼法》要求原告必须是与本案有直接利害关系的公民、法人和其他组织。而由于环境污染的影响存在风险和滞后、污染与损害间的因果关系证明和取证专业性强等原因,普通受影响者往往没有能力提起诉讼。但是当环境公共利益遭受侵害时,法律允许其他的法人、自然人或社会团体为维护公共利益而向人民法院提起诉讼,这种特殊的诉讼形式就是**环境公益诉讼**。环境公益诉讼的核心目的在于保护社会公共利益,不要求起诉人与案件有直接的环境利害关系。环境公益诉讼的案件范围包括环境污染责任纠纷案件和生态破坏责任纠纷案件,具体包括废水、废气等物质型污染,以及噪声、振动等能量型污染;非法采矿、乱砍滥伐等不合理开发利用自然资源造成的生态破坏,以及违法引进、释放、丢弃外来物种等造成的生态破坏。在我国,大多数的环境公益诉讼是以人民检察机关为诉讼人提起的,但近年来,环境保护团体也开始成为一些案件的诉讼人。《中华人民共和国环境保护法》第五十八条规定,有资格提起环境公益诉讼的社会组织必须满足一定条件:依法在设区的市级以上人民政府民政部门登记,专门从事环境保护公益活动连续五年以上且无违法记录,以及不得通过诉讼牟取经济利益等。

福建南平生态破坏案是《中华人民共和国环境保护法》2014 年修订生效后的首起环境公益诉讼案件。2008 年 7 月底,被告在未依法取得占用林地许可证及办理采矿权手续的情况下开采石料,并将剥土和废石倾倒至山下,严重破坏了周围的天然林地,被破坏的林地不仅本身完全丧失了生态功能,而且影响周围生态环境功能及整体性,导致生态功能脆弱或丧失。2015 年 1 月 1 日,在新修订的《中华人民共和国环境保护法》生效当天,由环保社团"自然之友"和"福建绿家园"作为共同原告提起环境公益诉讼,请求法院责令被告依法承担相应民事责任,福建省南平市中级人民法院立案受理。该案在福建省南平市中级人民法院一审公开宣判,原告胜诉,这一案件对社会组织提起公益诉讼具有示范意义。

在技术进步推动下环境监测仪器不断向小型化、便携化的方向发展,网络及以网络为依托的新媒体的出现,使信息传播日益快速、多样、国际化,极大地催生和提升了社会公众对环境问题的关注热度,社会舆论的作用和影响越来越大。加之随着人们收入水平提高和对环境问题的认识增加,公众的环境权益观逐渐形成,产生了对环境质量改善的更高诉求和对公共设施建设选址的"邻避"(not in my back yard)心态。这种心态引发了所谓的**"邻避运动"**。邻避运动指居民或当地单位因担心建设项目(如化工项目、核电项目、垃圾焚烧项目等)对身体健康、环境质量和资产价值等带来负面影响,对项目产生嫌恶情绪,采取强烈和坚决的,甚至情绪化的集体反对甚至抗争行为。一些环保社团在此类活动中发挥着领导或骨干作用。在社会现实中，邻避运动有助于纠正行政和技术精英的决策失误或不良偏好，维护公民的合法权利。但公众的邻避心理与认知因素越强烈，越容易产生"污染猜想"，并衍生"环境恐慌"，对经济性补偿方案的各方面要求也会越高。如果对相关问题的处置不当，除可能延误发展项目建设进程、加大建设成本外，还可能引发社会政治问题，成为社会的不稳定因素。近年来，我国一些地方出现了环境邻避运动事件。要减少邻避运动的负面效应，需要完善环境影响评估、监督和审查机制，增加决策过程的透明性，推动环保社会组织参与，加强环境治理监管的规范化、制度化建设。

资料来源：作者根据公开资料整理。

2. 个人道义责任

一般地，讨论污染削减手段是以将污染者作为被管控对象为基础的，但将污染者作为减少污染的主体，用教育和道德教化的方法帮助污染者改变行为也有助于污染削减。在生活污染治理方面，公众既是污染的主要来源，也是解决的关键。通过教育和道德教化，可以将外部约束转化为自觉行动，从而减少污染排放。

随着社会经济的发展和人民生活水平的提高，人们日常消费产生的垃圾不断增加，同时，垃圾成分也变得更加复杂，给垃圾收集和处理带来的压力也越来越大。传统的垃圾处理方式主要是填埋，但填埋不仅占用大量的土地，还会留下生态隐患，而且合适的填埋用地越来越少。现代化的垃圾处理方式是焚烧，但各地焚烧厂的建设往往受到附近居民的抵制，"邻避运动"不时成为社会矛盾的激发点。

发达国家的经验教训表明，解决垃圾问题的根本思路是"减少垃圾的产生——垃圾分类投放——回收再利用垃圾中的有用物质——将无法回收的垃圾分类处理"，其中垃圾分类投放是落实这一思路的重要环节。垃圾分类难以落实的最大原因是普通公众没有在丢弃垃圾时进行分类，混杂的垃圾在后期也无法进行分类处置。

如果每个人的道德水平都有所提高，能将"己所不欲，勿施于人"的原则应用到实际行动中，自觉地从源头上减少垃圾产生量，自觉地不乱丢垃圾，自觉地将垃圾进行分类投放，生活垃圾处置面临的困难将小很多，大家都能享受一个更清洁的环境。

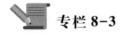 专栏 8-3

垃圾分类

经济活动会产生大量的固体废弃物，其中很大一部分是生活垃圾。较富裕国家人均产生的废弃物至少是中、低收入国家的两倍。这些废弃物中的大部分，特别是塑料废弃物，最终进入海洋，对海洋生物构成重大威胁。

为了从源头上解决生活垃圾问题，2017 年，我国发布了《生活垃圾分类制度实施方案》《关于加快推进部分重点城市生活垃圾分类工作的通知》《关于开展第一批农村生活垃圾分类和资源化利用示范工作的通知》等文件,要求各地加快建立分类投放、分类收集、分类运输、分类处理的垃圾处理系统,形成以法治为基础、政府推动、全民参与、城乡统筹、因地制宜的垃圾分类制度。随后福建、河北、山东等 20 个省(自治区、直辖市),上海、广州等 173 个城市出台了地方性法规、政府规章。2019 年住建部要求全国地级及以上城市全面启动生活垃圾分类工作。计划到 2025 年年底前基本实现地级及以上城市居民小区生活垃圾分类全覆盖。

但是,垃圾分类处置是一个系统工程,分类投放、收运、处理等环节环环相扣,其中任何一个环节出现问题,都会导致分类的失败。例如,即使小区居民养成了垃圾分类投放习惯,但是如果运输时进行混装,处理时又一同处理,垃圾分类工作也是形同虚设。以武汉市为例,该市从 1996 年开始探索垃圾分类回收,政府、学校、社区加大了相关宣传和教育力度,居民小区按"四分类"(可回收物、有害垃圾、厨余垃圾、其他垃圾)标准、公共区域按"两分类"(可回收物、其他垃圾)标准设置垃圾分类容器,一些社区还安装了智能分类垃圾桶。到 2024 年,市民的垃圾分类意识、垃圾资源化利用水平有了较大提升。但受习惯影响,还是有不少市民对垃圾分类没有责任和义务意识,不少人只顾自己方便,将生活垃圾一袋装,随手丢,认为垃圾被拖走后,由政府想办法解决就行了。尽管一些试点社区举办了多种形式的活动指导居民进行垃圾分类,但缺乏持续性。一些居民不主动学习甚至抵触垃圾分类,社区对他们也缺乏有力的约束和惩罚手段。虽然部分居民严格进行了分类,但他们所占的比例小,对后期的分类收集运输处置没有意义。加上环卫部门后期垃圾分类处置能力不足,到 2024 年武汉市的垃圾分类工作与达成预期目标间还存在较大差距。

资料来源:作者根据公开资料整理。

从生产角度来看,消费是社会生产的终点,从再生产角度来看,消费又是再生产的先导。在市场经济中,组织工业品生产的企业为了降低成本,追求利润,需要不断提高生产效率,因此会形成庞大的生产能力。而要顺利地出售产品,实现产品到商品的"惊险的一跃",则要依靠消费者不断"弃旧迎新"的消费模式。因此,在某种意义上,市场经济模式与高消费、过度资源消耗已经融为一体。消费是整个经济活动的核心,正是不断增长的消费欲望和消费能力支持着经济的增长。但是从资源环境保护的角度看,消费增长也是造成资源消耗和环境破坏的最终原因,倡导"适度消费"对减轻环境压力意义重大。公众的消费意识和消费方式的改变也依赖于环境教育。

专栏 8-4

消费社会

虽然人口增长与高消费都是生态恶化的推手,但至少全球许多政府和民众已经把人口增长视为一个问题;与之相反,消费增长却几乎一直被当作好事。实际上,消费增长已成为一些国家经济政策的核心目标。过去几十年显示的消费水平代表了人类历史文明取得的较高成就,体现了一种盛行的人类社会新形式——消费社会。

这种新的生活方式产生于第二次世界大战后开始富裕的美国,其精神实质正如销售分析家维克特·勒博所宣称的:"我们庞大而多产的经济……要求我们使消费成为我们的生活方式,要求我们把购买和使用货物变成宗教仪式,要求我们从中寻找我们的精神满足和自我满足……我们需要消费东西,用前所未有的速度去烧掉、穿坏、更换或扔掉这些东西。"大多数西方国家的民众已经对勒博的号召做出了反应,并且世界上的其他民众也表现出了追随的兴趣。

为了满足人们的消费需求,我们从地球的表面开采矿物,从森林获取木材,从农场获取谷物和肉类,从海洋获取鱼类,从河流、湖泊和地下蓄水层获取新鲜的水。工业化国家的居民对水的平均消费量是发展中国家的居民平均消费量的 3 倍,能源是 10 倍,铝是 19 倍。我们消费的生态影响甚至深入到了贫困人口所处的环境中。例如,我们对木材和矿产的偏爱,促使道路修筑者和贫穷的移居者们开发热带雨林,结果导致了刀耕火种般的森林清理,使无数物种灭绝。

高消费转化成了巨大的环境影响。在工业化国家,燃料燃烧释放出了大约 3/4 的导致酸雨的硫化物和氮氧化物。世界上绝大多数的有害化学废气都是由工业化国家的工厂生产的。他们的军用设备已经制造了世界上 99% 以上的核弹头;他们的核工厂已经产生了世界上 96% 以上的放射性废料,并且他们的空调、烟雾辐射和工厂释放了几乎 90% 的破坏臭氧层的氟氯烃,而臭氧层是可以保护地球的。

如果这颗星球上支持生命的生态系统将继续支持未来后代的生存,消费社会将不得不大幅度地削减它所使用的资源,一部分转移到高质量、低产出的耐用品上,另一部分通过闲暇、人际关系和其他非物质途径来得到满足。科学的进步、法律的健全、重新组织的工业、新的协议、环境税和群众运动——都有助于达到这一目的。但最终,维持使人类持续的环境将要求我们改变自己的价值观。

资料来源:杜宁.多少算够:消费社会与地球的未来[M].毕聿,译. 长春:吉林人民出版社,1997.

---

3. 环境信息公开

虽然社会公众可能在削减污染上发挥较大作用,但没有政府的支持,这一作用的发挥会受到很大的限制。一般来说,公众获取污染物和环境质量信息的能力有限,这种能力与公众的受教育水平、收入水平、污染物是否为本地的以及是否可见、污染是否对人体健康产生直接而明显的伤害有关。政府在管辖区域内具有强制执行力,在提供这些信息方面具有优势。要充分发挥公众参与对环境保护的积极作用,避免因不了解情况引发过激的环境冲突,由政府提供或督促相关企业公开环境信息是十分必要和重要的,例如公开新建项目环境影响评价、企业污染物排放情况、治污设施运行情况等环境信息。对重污染行业,还应实行企业环境信息强制公开制度。

——公开信息能通过影响消费者而使环境友好的企业增加收益,增强他们的竞争优势。消费者获取了企业及其产品信息,也会对破坏环境的产品及污染企业形成压力。

——公开信息能减少无知的个人行为,既避免因不了解实际情况而受到的环境损害,也减少因不了解情况而发生的环境恐慌。

——公开信息有助于公众对环境管理部门的监督,促进环境管理政策和环境标准的改革和改良。有研究表明,环境管理者受市民申诉的影响,申诉率与有效的污染税税率正相关,与实际的污染强度负相关,申诉作为一种市民反馈的形式对环境改善是一个有力的促进因素。①

近年来,我国密集出台了一系列促进环境信息公开的制度规定。2008 年,我国实施了《政府信息公开条例》《环境信息公开办法(试行)》,开始为规范和落实政府环保部门及相关企业披露本地区或企业的环境信息提供法律法规依据。2013 年发布了《国家重点监控企业自行监测及信息公开办法(试行)》,2014 年公布了《企业事业单位环境信息公开办法》,在修订的《中华人民共和国环境保护法》中以专章强调环境信息公开与公众参与。2016 年,中国人民银行等 7 部门联合印发《关于构建绿色金融体系的指导意见》,明确提出逐步建立和完善上市公司和发债企业强制性环境信息披露制度。2018 年,证监会发布新版《上市公司治理准则》,明确上市公司应当按照要求披露环境信息以及履行扶贫等社会责任相关情况。2021 年,生态环境部印发了《企业环境信息依法披露管理办法》。不断完善的相关制度和法规对社会公众参与和监督环境治理形成了有力支撑。

2008 年,IPE 和国际公益环保组织自然资源保护协会(Natural Resources Defense Council, NRDC)合作构建了评价城市环境信息公开程度的综合指标——城市污染源监管信息公开指数(PITI),定期向社会发布评估报告。据 2020 年发布的报告,自《环境信息公开办法(试行)》实施以来,伴随环境立法的完善、监管执法的加强、环境信息化建设的推进,在社会各界的共同关注与推动下,中国污染源监管信息公开在系统、及时、完整、用户友好等维度,均有大幅度的提高。环境信息以"公开为常态、不公开为例外"逐渐成为政府和社会公众公认的原则。环境信息公开在多个方面取得了积极效果:让绿色供应链建设事半功倍,助力实现企业环境信用动态评价,促进公众监督迈向规模化和长效化。信息的逐步透明公开,在提高政府环境治理力度、加强公众对政府的信任度、解决社会矛盾冲突等方面都起到了积极的促进作用。与此同步发生的,还有环境状况的逐步改善。②有研究检验了环境状况改善与环境信息公开间的因果关系,发现环境信息公开评价会增加当地人大和政协有关环境问题的提案数、社会公众关于环保问题的来信数以及环境行政处罚案件数;

---

① Dasgupta S, et al. Surviving success: Policy reform and the future of industrial pollution in China[EB/OL]. [2024-10-17]. https://documents1.worldbank.org/curated/en/303981468771865274/106506322_20041117172013/additional/multi-page.pdf.

② 公众环境研究中心,自然资源保护协会. 十年有成:2018—2019 年度 120 城市污染源监管信息公开指数(PITI)报告[EB/OL]. (2020-01-09)[2024-10-17]. https://wwwoa.ipe.org.cn/Upload/202001091245122846.pdf.

通过提高政府环境执法力度和公众环保参与度促进城市污染减排。① 有研究发现上市公司环境污染事件会影响公司市值，而且在污染事件曝光后，更容易受到政府的环保监管和处罚，且更难获得银行债务融资。②

专栏8-5

生态环境部发布《环境保护综合名录（2021年版）》

自2012年起，中国环境保护部（现生态环境部）定期发布《环境保护综合名录》（以下简称《名录》），通过列出"高污染、高环境风险"产品（简称"双高"产品）、重污染工艺、环境友好工艺等，引导企业和行业进行绿色生产和转型升级。2021年，生态环境部基于三大原则对《名录》进行了修订。

原则一：坚持问题导向，服务环境治理。重点关注石化等重点行业，选择具有污染排放总量大、毒性强、风险高，对蓝天、碧水、净土保卫战重点任务有直接促进作用的产品。

原则二：坚持优化调整，推动源头减排。对新增产品的工艺环保特性进行评估区分，筛选提出污染物排放少、环境风险低、应用稳定成熟的除外工艺③，并鼓励企业优先使用，推动污染物源头减排。

原则三：坚持预防优先，降低环境风险。优先选择生产过程中多次发生环境污染事故、发生过重大环境污染事故，以及含有或生产过程中排放有毒有害物质的产品，引导企业减少生产和使用高环境风险产品。

新版《名录》包括两个部分：一是"双高"产品名录，包含932项"双高"产品（具有"高污染"特性产品326项，具有"高环境风险"特性产品223项，具有"高污染"和"高环境风险"双重特性产品383项）和159项"双高"产品的除外工艺。二是环境保护重点设备名录，包括79项设备。

《名录》有助于有关部门制定经济政策和市场监管政策，在金融、财税、贸易等领域得到广泛的应用，国家发展改革委将其作为调整《产业结构调整指导目录》等相关产业政策的重要依据，银行将其作为判断是否授信的重要指标，财政部、商务部已对"双高"产品采取取消出口退税、禁止加工贸易等措施进行调控。这些组合政策从源头上阻断了"双高"产品大量生产和出口，引导资金流向更清洁的项目和企业，有效促进了技术转型升级，减轻了环境污染排放。

资料来源：作者根据公开资料整理。

---

① 刘满凤，陈梁.环境信息公开评价的污染减排效应[J].中国人口·资源与环境，2020，30（10）：53-63.
② 唐松，施文，孙安其.环境污染曝光与公司价值：理论机制与实证检验[J].金融研究，2019，8：133-150.
③ 除外工艺是指那些被特别提出的环境友好生产工艺，这些工艺相较于传统的重污染工艺，能够显著减少污染物的排放，从而对环境影响较小。

8.2　企业"自愿"承担环境责任

至少有以下几个原因会促使污染企业"自愿"承担环境责任：

① 企业认识到污染的产生是由于自身利用资源的低效率，减少污染排放可以减少企业内部的低效率，降低生产成本；

② 破坏环境是一种坏名声，"自愿"承担环境责任可以带来好的社会影响，有利于树立良好的企业形象；

③ 消费者更偏好环境友好的产品和企业，变得更环保有助于增加市场份额和开辟新市场，使企业获得更多利益；

④ 资本市场鼓励企业承担环境责任，与对照类企业相比，承担了环境责任的企业更容易获得贷款、股价也有溢价；

⑤ 承担环境责任能使企业突破国际贸易中的绿色壁垒。

8.2.1　企业社会责任

企业社会责任（corporate social responsibility，CSR）要求企业在创造利润、对股东承担法律责任的同时，还要承担对员工、消费者、社区和环境的责任。CSR 要求企业承担的这些责任与 ESG 的要求类似，这一理念自 20 世纪 80 年代开始在欧美发达国家形成并得到越来越多企业的认同，在联合国、OECD、国际劳工组织、国际标准化组织、国际雇主组织（International Organisation of Employers，IOE），以及绿色和平（Green peace）等组织的宣传和提倡下，企业是否承担 CSR 成为影响消费偏好和贸易机会的重要因素。很多企业将 CSR 纳入经营决策，编制发布 CSR 报告，并且寻求通过环境、职业健康、社会责任认证应对不同利益相关者的需要。

按照 CSR 要求，企业必须履行一些最基本的经济责任、环境责任和社会责任，这也被称为**"三重底线"**（triple bottom line）。这一理念的另一种说法是企业应该同时关注人（people）、地球（planet）、利润（profit）三个目标。对大型跨国企业来说，则不仅要求其有良好的环境表现，还要求它们利用自身的影响力，对商业合作方，如原料供应商、代工厂商等的行为进行约束，要求它们都达成一定的社会和环境目标，进行所谓的供应链管理，这是对 CSR 的延伸。

但是，对于 CSR 的多重要求，也有经济学家不赞同。如米尔顿·弗里德曼（Milton Friedman）等人就认为企业的目标是在遵守法律的基础上为股东创造最大化的投资回报，额外的社会和环境责任不应是企业的任务。[1]

---

① Friedman M. The social responsibility of business is to increase its profits[J]. The New York Times Magazine, 1970, 33：122-126.

8.2.2 自愿环境协议

自愿环境协议（voluntary environmental agreements，VEAs）是污染企业或工业企业为改进环境管理主动做出的一种承诺，目前在节能领域发挥着重要的作用，美国、加拿大、英国、德国、法国等都采用了这种政策措施来激励企业自觉节能。自愿环境协议的具体内容因国家及实施情境而异，主要包含整个工业部门或单个企业承诺在一定时间内达成某一节能目标和政府给予部门或单个企业以某种激励两个方面。

自愿环境协议的主要思路是在政府的引导下更多地利用企业的积极性来促进节能环保。它是政府和工业部门在各自利益的驱动下自愿签订的。也可以看作在法律规定之外，企业"自愿"承担的节能环保义务。自愿环境协议的出现反映了企业对环境问题认识的深入，根据自愿环境协议参与者的参与程度和协商内容，可以把各国实施的自愿环境协议分为以下几种：

① 经磋商达成的协议型自愿环境协议。此类型的自愿环境协议是指工业界与政府部门就特定的目标达成的协议。这种谈判一般设有约束条件，即如果协议没有达成，政府将会实施某种带有惩罚性的政策措施。

② 自愿参与型自愿环境协议。在此类型的自愿环境协议中，政府部门规定了一系列需要企业完全满足的条件，企业根据自身条件选择参加或不参加。

③ 单方面承诺的协议。此类型的自愿环境协议指的是仅由工业部门制定的，没有政府机构参加的单方契约。此类型并不常见。

与命令—控制型政策和排污税等经济手段比较起来，自愿环境协议的优点在于：

——灵活性高。工业部门参与自愿环境协议的动机通常是规避政府更严厉的政策法规。相对于政策法规的"硬"约束，工业部门更愿意自主、灵活地选择项目和技术进行减排。当企业承诺达成一定的环境目标时，政府会给企业提供较宽松的政策环境。自愿环境协议的灵活性还体现在各国可以根据本国及每个行业的具体情况，灵活选择自愿环境协议的实施形式，包括协议内容、配套的支持政策等。

——成本低。与法律法规相比，自愿环境协议可以用更低的费用更快地达成国家的节能和环保目标。

——有利于发展政府与工业部门的关系。通过自愿环境协议，政府与工业部门实现了双赢，加深了合作关系，增强了相互信任。

自从 1964 年日本实施自愿环境协议以来，美国、欧洲、加拿大和澳大利亚等国家和地区相继采用了这一模式。目前国际上比较成熟的自愿环境协议主要有：ISO 14001 环境管理体系标准、清洁生产、环境标志、化工行业的"责任关爱行动"、石化行业的"职业健康安全与环境管理体系"（HSE）等。其中 ISO 14001 是近年来发展最快、规范最清楚、以 ISO 国际标准方式发布的自愿性环境管理标准。

自愿环境协议虽然发展很快，但是这一手段能否取得预期效果，很大程度上取决于企业的诚信意识，要求整个社会的信用机制健全。由于自愿环境协议的"自愿"性质，不能强制所有企业都参与,一些企业宁愿"搭便车",也不愿参与这种自我约束的体系。同时,对不能达到行业环境标准的企业,行业协会也不具备执法的依据。自愿性环境管理手段只有与其他手段结合才能充分发挥作用。此外,一些自愿环境协议因行业、技术的差异,例如清洁生产和环境标志在各行业标准不同,导致企业边际成本差异很大,为推广增加了难度。从各国实施自愿环境协议的效果看,没有设立明确目标和惩罚条款的完全"自愿"的协议往往执行效果不佳。

在有关政府部门的组织下,中国也开发了一些企业自愿环境协议。例如,为了促进节能减排,引导用能单位自主节能、提高能效,国家发展改革委于 2017 年组织开展节能自愿承诺活动。参与单位由省级节能主管部门、行业协会组织推荐。参与单位需要提出申请,做出承诺,经遴选批准后签订《节能自愿承诺书》。承诺单位可使用统一设计的节能自愿承诺活动标识。国家发展改革委组织开展节能增效专家会诊、能源管理培训等活动,并组织对节能自愿承诺履行情况进行评价考核,对考核优秀的承诺单位进行表彰。

8.2.3　企业环境经营

环境经营是将对环境问题的应对作为企业的重要战略,将环境友好理念和技术渗透在企业的生产经营活动和社会活动中,通过以环境友好为中心的创新活动,承担社会责任、提高企业的竞争力。

在具体的经营活动中,环境经营表现在以下方面:[①]

① 把环境经营作为企业战略的重要组成部分,有明确的环境理念、环境方针、环境行动计划;

② 有专门的环境经营运营管理体制,通过 ISO 14001 认证,将节能减排等措施贯穿于企业生产性及非生产性活动过程中;

③ 实施员工环境教育,并与社区进行环境沟通,公开环境信息;

④ 环境经营与企业人事管理和业绩评价相关联;

⑤ 实施环境会计,建立企业环境经营数据库和环境评价体系。

促使企业进行环境经营的原因主要有四个:

——减少经营风险。环境问题受到人们越来越多的关注,可以预期未来的环境标准将更加严格,社会监督也将加强,与环境有关的政策风险、经营风险也是企业经营过程中需要管控的重要风险。

——促进企业创新。迈克尔·波特(Michael Porter)等学者认为在环境管制压力下,企业可以通过内部的技术和管理创新,提高企业的生产力、抵消由环境保护带来的成本并且提升企业在市场上的盈利能力。因此,企业有动力将环境目标融入自身的经营规划中,从被动应付环境政策的要求向主动进行环境经营转变。

---

① 金原达夫,金子慎治.环境经营分析[M].葛建华,译. 北京:中国政法大学出版社,2011:21.

——提升企业声誉。在公众对企业环境表现的关注不断增加的趋势下,环境友好成为企业声誉的一个重要方面,有利于吸引好的合作伙伴和雇员、建立品牌形象、在环境友好市场中建立顾客和投资者的忠诚度,因此进行环境经营成为企业经营者必须考虑的问题。

——争取成为规则制定者。随着环境友好产品的市场不断扩大,许多企业注意到,透过积极主动的前瞻性策略,它们能参与塑造未来市场及政策环境,为未来的竞争定下规则,从而增加获得长远成功的机会。①

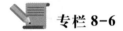

专栏 8-6

油气生产企业的环境经营

长期以来,油气生产企业常与生态环境破坏联系在一起。由于在开采环节破坏生态系统,运输环节带来原油泄漏,冶炼环节排放废水废气,油气生产企业在水资源保护、生物多样性保护、污染物排放等方面一直承载着较大的压力。在气候变化成为最受关注的全球性环境问题时,大型油气生产企业又被认为应对气候变化负有重要责任,不时被环境保护组织起诉和抗议。

埃克森·美孚是全球最大的油气生产企业之一,长期以来是环保组织批评的对象。为了应对利益相关者的要求,该企业制定了 2030 年的减排计划和 2050 年的净零排放目标,积极研究开发碳捕获和储存、低排放燃料、氢能和锂电池技术,升级设备,开展电气化运营,增加使用低碳电力,推广使用降低甲烷排放强度的最佳实践,并且还积极帮助其他企业减少排放。②

中国石油、中国石化和中国海油是中国油气行业的支柱,俗称"三桶油"。这三家企业既面临着与国外大型油气企业一样的环境压力,也要响应国家高质量发展的要求进行节能减排,它们都选择将环境议题纳入企业发展战略,积极开展环境经营。三家企业的主要做法包括:

① 在企业层面组建"可持续发展委员会",负责识别、评估对企业可持续发展的重大风险及影响,加强包括环境、社会及企业治理方面的风险管理,统领相关制度和能力建设;

② 在为社会提供可持续的能源供应的同时,积极开展清洁生产、发展新能源、开发研制绿色环保产品;

③ 加强与利益相关者的交流合作、参与碳交易、发展林业碳汇、参与全球气候治理、开展国际能源合作;

④ 督促下属企业申请通过 ISO 14001 认证、组织对员工进行环境知识培训,建立内部可持续发展管理和考核机制;

① 千年生态系统评估.生态系统与人类福祉:工商业面临的机遇与挑战[EB/OL].[2024-10-17]. http://mail.millenniumassessment.org/zh/Synthesis.html.

② Exxon Mobil. 2024 Advancing climate solutions report[EB/OL].[2024-10-17]. https://corporate.exxonmobil.com/sustainability-and-reports/advancing-climate-solutions#Aboutthereport.

⑤ 编制发布年度《企业社会责任报告》,向社会宣传自己的可持续发展理念、规划目标和工作成绩。

资料来源:作者根据公开资料整理。

小　结

由于污染的外部性特征,在没有外部压力的情况下,污染者不会主动进行污染削减。除政府外,市场和社区也能充当非正式的环境管理者的角色,为企业削减污染提供压力和激励。在各方压力下,许多企业认识到自觉进行污染防治有助于减少企业经营风险、塑造良好的企业形象、创造新的市场机会,因此自愿进行环境管理,开展环境经营。

进一步阅读

1. 世界银行.绿色工业:社区、市场和政府的新职能[M].北京:中国财政经济出版社,2001:68.

2. 斯威德罗,亚当斯.可持续投资:通过 ESG、SRI 和影响力投资实现价值和财务目标[M].北京:中信出版社,2023.

3. 新浪财经 ESG 课题组.ESG 全球行动:协同路径与绿色转型[M].北京:中信出版社,2024.

4. Porter M E, Linder C V D. Toward a new conception of the environment-competitiveness relationship[J]. Journal of Economic Perspective, 1995, 9(4): 97-118.

思考题

1. 市场在促进企业削减污染方面能起到什么作用?

2. 公众可以通过哪些渠道参与环境保护?

3. 企业为什么会"自愿"进行环境经营?

宏观分析部分

第9章 经济系统的扩张——环境问题产生的原因之二

【学习目标】
- 掌握人口增长对环境的影响
- 掌握经济增长对环境的影响
- 掌握经济全球化对环境的影响

环境问题是人类经济活动的结果,它受多种因素的影响。联合国环境规划署在《全球环境展望》中指出,迅速增长的人口和蓬勃发展的经济正在动摇着生态系统的稳定性。

9.1 人口增长对环境的影响

在人均生态足迹一定的情况下,更多的人口意味着更大的环境压力。在人口快速增长时,不少学者忧虑人口规模扩张可能带来环境灾难。但人口只是造成环境压力的因素之一,并非决定性因素。

9.1.1 人口增长

据估计,公元 1 年,世界人口约为 2.5 亿人,在漫长的历史时期,人口缓慢增长,年均增长率约为 0.04%,到 1650 年,世界人口约为 5.5 亿人。自工业革命以来,人口开始迅速增长,到 2023 年,已突破 80 亿人,预计到 2080 年,全球人口将达到约 103 亿人的峰值,之后开始下降,到 2100 年逐渐下降到 102 亿人(图 9-1)。

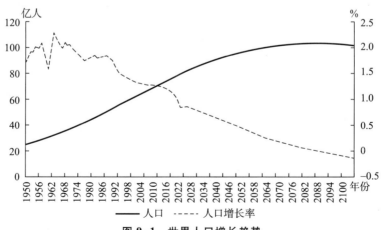

图 9-1 世界人口增长趋势

资料来源:作者根据联合国公布的数据和文件整理。

通过研究近代以来的人口加速增长态势，英国人口学家马尔萨斯于 1798 年出版了《人口原理》一书，提出"两个级数"的思想，认为人口增长有超过生活资料增长的趋势，当二者的关系失衡时，只有通过战争、瘟疫等灾难消灭部分人口才能使其重新平衡。为了预防这种灾难性后果的出现，马尔萨斯建议通过降低生育率控制人口增长。马尔萨斯还断言由于人口压力的存在，人类无法摆脱贫困的陷阱。

第二次世界大战后许多曾是殖民地的国家获得独立，这些国家人口增长迅速，世界人口的增长趋势再一次引起人们的担忧。20 世纪的 60 年代末 70 年代初，一些学者认为世界人口规模已超过环境的承载水平，美国学者保罗·R. 艾里奇（Paul R. Ehrlich）把这种状态比喻为"人口爆炸"，他认为这会对经济、环境、社会带来灾难性的压力。联合国等国际组织也开始支持在一些发展中国家实施人口控制政策，努力降低这些地区的妇女生育水平。

在不考虑人口迁移的情况下，一个地区的人口规模变动取决于出生人口和死亡人口的数量对比。因此，出生率和死亡率的变动决定了人口增长率。学者们研究了世界各国的人口出生率、死亡率和人口增长率的变动历史，发现在经济发展过程中存在所谓的"**人口转变**"现象，即人口从高出生率、高死亡率、低增长率阶段，经过高出生率、低死亡率、高增长率阶段，过渡到低出生率、低死亡率、低增长率阶段（参考图 9-2）。

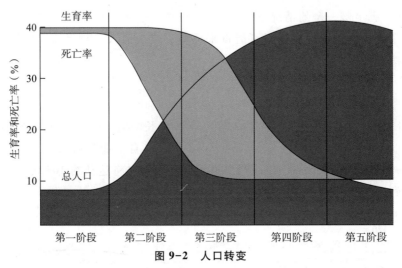

图 9-2　人口转变

注：图中的总人口代表人口数量，但对于不同的人口群体，单位可能是数万到数亿，此处省略了单位。读者可以重点关注人口转变过程中总人口的变化趋势：停滞缓慢增长——快速增长——慢速增长——停滞减少。

目前大多数国家已完成或正在经历这种人口转变过程。死亡率下降促成了从第一阶段向第二阶段的过渡。医疗卫生、营养条件的改善是促成死亡率下降的主要原因。出生率的下降则促成了从第二阶段向第三阶段的过渡，一般认为经济增长、妇女受教育水平提高、社会进步等多种因素改变了人们的生育观念和生育行为，共同促进了出生率的下降。

从图 9-1 可以看出，20 世纪六七十年代是世界人口增长最快的时期，从那以后，世界人口增长率开始下降，2020 年前后世界人口的年均增长率已下降到 1% 左右。未来世界人口总量虽然仍会增长,但增速将进一步放缓,不会出现爆炸式增长。不过,由于人口基数很大,人口的绝对增长数量仍比较大,再加上人均寿命延长、人口流动增加、人口消费水平提高等因素,仍然可能加大环境压力。

人口与经济的关系非常复杂,在多数发展中国家,较缓慢的人口增长有利于经济的发展,但要对这种影响进行严格的定量评估却十分困难。面对 20 世纪 70 年代以来发展中国家人口增长放缓的趋势,美国政府曾组织了"人口增长与经济发展"课题组进行研究,从多个角度探讨了人口增长变缓的经济和环境后果,这项研究的结论主要有:

① 人口增长放缓不会因增加人均可耗竭资源占用量而提高人均收入增长率。国际市场上可耗竭资源的价格反映了这些资源的开采成本和稀缺性。人口增长可能使这些资源的稀缺性增加,驱使价格上涨,提高这些资源的利用效率和加快替代品的开发。人口增长放缓使资源消耗和价格上涨放慢。但是人均可耗竭资源占用量与人均收入的增长间并没有明确的相关关系。

② 人口增长放缓会因增加人均可更新资源占用量而提高人均收入增长率。耕地是最重要的可更新资源,各地的历史经验显示农业人口规模与农业劳动生产率成反比,人口增长速度变快时,农业劳动生产率的增速变慢。人口增长会增加可更新资源的稀缺性、提高资源的价值,激励人们更好地保护资源。

③ 人口增长放缓可能会减轻污染和生态退化。一般地,水环境和空气环境是公共资源,对不发达国家来说,相对于其他问题,环境问题不是最重要的。人们急于促进经济增长,而经济增长是这些国家污染和生态退化问题的主要根源,与经济增长相比,人口增长的影响不是最重要的。

④ 人口增长放缓可能会增加劳均资本占有量,并因此提高工资水平和消费水平。在储蓄率和投资率不变时,劳均资本占有量上升会带来更高的收入水平。在储蓄率不变的情况下,劳均资本占有量经过增长后会稳定在较高的水平,工资水平不会一直上升。如果储蓄率和投资率是变动的,在人口增长放缓时,家庭、企业和政府的互动会使工资水平的变动复杂化。例如,由于人口增长放缓,家庭的当前消费需求下降,可能增加储蓄,但由于消费需求减少,投资收益下降,企业会削减投资,而政府对基础设施和学校的投资也会下降。这些变化同时发生,对工资水平和消费水平的综合影响方向并不确定。

⑤ 人口增长放缓使人口密度下降,可能会因此降低技术创新的激励,并使人均收入下降。但这种影响更多出现在农业上,对于发展中国家的制造业,这种影响不成立。

⑥ 人口增长放缓有助于改善教育和医疗条件。在家庭水平上,孩子的减少可以使每个孩子得到更多的经济资源,教育和医疗条件会因此改善。在社会水平上,人们也发现了类似的情况,统计数据显示在发展中国家,人口增长过快会使教育质量下降,学龄儿童的增长率与学龄儿童入学率成反比。

⑦ 人口增长放缓可能会减轻收入分配的不平等。人口增长放缓有助于提高工资形式的劳动收入,改善劳动相对于资本和土地的收益对比。由于穷人一般更依靠工资性收入,所以人口增长放缓会改善收入分配情况。

⑧ 人口增长放缓与二元经济的现代化、城市化、城市失业率等没有明显的联系。城市化过程更多地受到经济增长驱动，与人口增长关系不大。

如今世界不同地区的人口增长率变化情况有明显的差异，尽管一些低收入国家的人口增长仍然较快，许多高收入国家的人口增长已经很缓慢甚至出现萎缩。据联合国的人口统计，2024年全球有1/4的人生活在人口规模已经达到顶峰的国家，占世界人口2.28%的63个国家和地区在2024年之前达到人口规模顶峰，占世界人口10%的48个国家和地区将在2025年至2054年之间达到人口规模峰值，剩下国家和地区的人口很可能会持续增长到2054年，有可能在21世纪晚些时候或2100年以后达到人口规模峰值。可见，将来会有越来越多的国家和地区面临人口萎缩。对于这种新的人口形势的经济和环境后果，不少学者和组织进行了研究。一般认为人口萎缩会带来人口结构老化、劳动力供给减少、社会储蓄率下降，可能会减缓技术进步，增加政府财政负担，因此不利于经济增长。因此，人口发展的这些变化将通过影响经济增长对环境产生影响。同时，人口萎缩也会减少对资源环境的压力，有利于生态恢复。

中国的人口基数庞大，为了防止人口过快增长给就业、资源、环境带来巨大压力，国家长期实施控制型生育政策，迅速完成了人口转变，并过渡到老年型人口结构①，2021年人口达到峰值后开始下降。人口结构的变化意味着养老负担的增加。为了适应人口形势的新变化，我国已调整了人口生育政策。但各国的经历显示，降低的生育率几乎无法反弹，人口萎缩将是长期趋势。

9.1.2 IPAT 模型

从各地的发展历史中可以清楚地看到几个关系：

——要供养更多的人口就需要更多的粮食、土地、水及各种资源，人口增长带来对物质资源和能源的需求增长；

——人口增长要求更多的物质能量的流通量，使环境压力超过环境承载力的可能性加大；

——人口增长加大生态压力，促使农业耕作方式改变，使生物多样性减少；

——人口增长率提高使实际人均收入水平下降，加大环境压力。

因此，人口增长一直被看作导致环境退化的重要原因，而这也成为实施人口控制政策的一大理由。

在以农牧业为主导产业的传统经济体里，人口增长对环境的压力可以明显地看出来：为更多的人口提供粮食和燃料，会使更多的树木被砍伐，更多的草原和湿地被开发，许多边缘土地被开垦为农田，其中大部分容易被侵蚀，造成水土流失、土壤肥力下降、土地荒漠化等问题。

但是，考虑到技术进步和经济结构的变化，人口增长和环境压力间的关系就不能简单

---

① 按照国际标准，当65岁及以上的人口比重超过7%，或60岁及以上的人口比重超过10%时，该人口结构为老年型。

地归结为正相关关系。1971 年,艾里奇和霍尔登提出 IPAT 模型,认为人类对生态环境的压力是人口数量和人口消费力的合力,这两个因素的增长都会加大人口对生态环境的压力。[①]

$$I = P \times A \times T \qquad\qquad (\text{式 } 9\text{-}1)$$

其中,I(Impact)为人类对环境的压力,P(Population)为人口,A(Affluence)为人均产出,T(Technology)为单位产出的环境压力。IPAT 模型提供了一个有用的研究思路,它表明人口增长对环境的作用不是线性的:如果人均产出水平提高,相同规模的人口可能造成更大的环境压力;而如果人口增长加剧了资源稀缺性,资源的市场价格会随之变化,人们会调整技术进步方向和相关政策,减缓人口增长带来的环境压力。

 **专栏 9-1**

对中国碳排放量增长的影响因素的分解

在 IPAT 模型的基础上,可以将影响二氧化碳排放量的因素分解为以下形式:

$$C = \left(\frac{C}{\text{FEC}}\right) \cdot \left(\frac{\text{FEC}}{\text{TEC}}\right) \cdot \left(\frac{\text{TEC}}{\text{GDP}}\right) \cdot \left(\frac{\text{GDP}}{\text{POP}}\right) \cdot \text{POP} \qquad (\text{式 } 9\text{-}2)$$

其中,C 是二氧化碳排放量,FEC 是含碳化石能源的总消费量,TEC 是生产用能源消费总量,GDP 是国内生产总值,POP 是人口数量。中国消费的能源的二氧化碳排放系数见表 9-2。

表 9-2　中国能源的二氧化碳排放系数

能源	排放系数(tC/tce)
煤	0.651
石油	0.543
天然气	0.404
水力、核能、可更新能源	0.000

将式 9-2 变为对数形式,则年度间的变化量可以表示为:

$$\Delta\log C = \Delta\log(C/\text{FEC}) + \Delta\log(\text{FEC}/\text{TEC}) + \Delta\log(\text{TEC}/\text{GDP}) +$$
$$\Delta\log(\text{GDP}/\text{POP}) + \Delta\log(\text{POP}) \qquad (\text{式 } 9\text{-}3)$$

这个式子是一个完全分解式,等号左右两边完全相等。将等式左右相减,可以通过以下推导进行验证:

$$\Delta\log C - [\Delta\log(C/\text{FEC}) + \Delta\log(\text{FEC}/\text{TEC}) + \Delta\log(\text{TEC}/\text{GDP}) +$$
$$\Delta\log(\text{GDP}/\text{POP}) + \Delta\log(\text{POP})]$$
$$= \Delta\log C - (\Delta\log C - \Delta\log\text{FEC} + \Delta\log\text{FEC} - \Delta\log\text{TEC} +$$
$$\Delta\log\text{TEC} - \Delta\log\text{GDP} + \Delta\log\text{GDP} - \Delta\log\text{POP} + \Delta\log\text{POP})$$
$$= \Delta\log C - \Delta\log C = 0$$

[①] Ehrlich P R, Holdren J P. Impact of population growth[J]. Science, 1971, 171: 1212-1217.

在式 9-3 右侧有五个部分，其中第一部分 $\Delta\log(C/\text{FEC})$ 显示含碳化石能源的结构变化引起的二氧化碳排放量的变化；第二部分 $\Delta\log(\text{FEC}/\text{TEC})$ 显示能源消费中化石能源所占的比重变化引起的二氧化碳排放量的变化；第三部分 $\Delta\log(\text{TEC}/\text{GDP})$ 显示 GDP 单位产值能耗变化引起的二氧化碳排放量的变化；第四部分 $\Delta\log(\text{GDP}/\text{POP})$ 显示人均 GDP 变化引起的二氧化碳排放量的变化；第五部分 $\Delta\log(\text{POP})$ 显示人口数量变化引起的二氧化碳排放量的变化。经过计算，得到表 9-3 和图 9-3。[①]

表 9-3　中国碳排放量增长影响因素的分解（1980—1997 年）　（单位：百万吨碳）

含碳化石能源消费结构变化	不含碳的清洁能源的发展	能源强度变化	经济增长	人口增长	碳排放变化总量
+3.93	−10.48	−432.32	+799.13	+128.39	+488.65

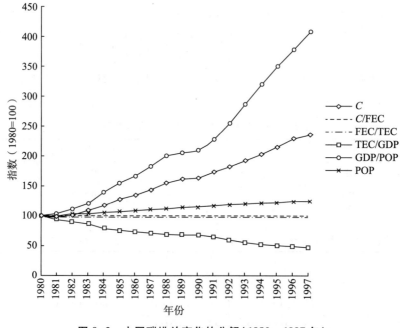

图 9-3　中国碳排放变化的分解（1980—1997 年）

可以看出 1980—1997 年间，对中国碳排放量增长贡献最大的是经济增长，其次是人口增长，而经济结构变化则减轻了中国碳排放压力，向清洁能源转型也对减轻中国碳排放压力起到了一定的积极作用。

资料来源：Zhang Z X. Decoupling China's carbon emissions increase from economic growth：An economic analysis and policy implications[J]. World Development, 2000, 28(4)：739−752.

---

① 具体计算步骤参见 Ang B W, et al. Factorizing changes in energy and environmental indicators through decomposition[J]. Energy, 1998, 23(6)：489−495.

IPAT 模型对理解人口和环境的关系提供了有益的思路,但这个模型简单地将人口视为一个总的集合体,没有考虑到不同人群对环境的压力的差异。同时,模型将环境影响与各个驱动力之间的关系处理为同比例的线性关系,不能反映出驱动力变化时环境影响的变化程度。2002 年,有学者提出了基于 IPAT 模型改进的 STIRPAT 模型。[①] 该模型的基本形式是:

$$I = a\,P^b\,A^c\,T^d e \tag{式 9-4}$$

式中,I、P、A、T 的含义同 IPAT 公式,a 是模型的常数项,b、c、d 分别是 P 项、A 项和 T 项的指数,指数越高,表示该因素对环境的影响程度越大,e 是误差项,代表模型中未包含的所有变量。

STIRPAT 模型不是一个完全分解式,但与 IPAT 模型相比,STIRPAT 模型不仅能分析人口总量的影响,还可以将更多的变量纳入分析框架中。例如,与大家庭户相比,小型家庭户的人均资源、能源消耗量更多。与农村相比,城市人口的人均资源、能源消耗量更多,STIRPAT 模型可以将家庭结构、城乡结构等人口结构因素纳入分析。

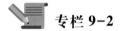
专栏 9-2

使用 STIRPAT 模型的分析案例

有学者应用 STIRPAT 模型,使用 1975—2005 年间 99 个国家的面板数据,分析了人口、技术、收入、城市化等因素对能源消费和二氧化碳排放的影响。研究使用的计量模型是:

$$\ln\text{Energy}_{it} = a_0 + a_1\ln(P_{it}) + a_2\ln(A_{it}) + a_3\ln(\text{IND}_{it}) +$$
$$a_4\ln(\text{SV})_{it} + a_5\ln(\text{URB}_{it}) + Y_t + C_i + u_{1it} \tag{式 9-5}$$
$$\ln\text{CO}_{2it} = b_0 + b_1\ln(P_{it}) + b_2\ln(A_{it}) + b_3\ln(\text{IND})_{it} +$$
$$b_4\ln(\text{SV})_{it} + b_5\ln(\text{URB}_{it}) + b_6\ln(\text{EI}_{it}) + Y_t + C_i + u_{2it} \tag{式 9-6}$$

在式 9-5 和式 9-6 中,P 是人口规模,A 是人均 GDP;在式 9-5 中,技术因素 T 由两个变量表示,一个是工业部门占 GDP 的比重 IND,另一个是服务业占 GDP 的比重 SV;在式 9-6 中,反映技术因素的变量除 IND 和 SV 外,还加上了单位 GDP 的能源消费量,即能源强度 EI。URB 是城市化率,Y 是年度虚拟变量,C 是国别虚拟变量,u 是误差项。对不同收入水平的国家的碳排放量的分解结果见图 9-4。

① Yorker R, Rosae E A, Dietz T. Bridging environmental science with environmental policy: Plasticity of population, affluence, and technology[J]. Social Science Quarterly, 2002, 83(1): 18-34.

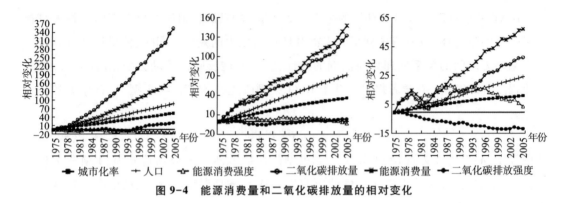

图9-4 能源消费量和二氧化碳排放量的相对变化

分析的结果见表9-4和表9-5。从中可以看出能源消费量和二氧化碳排放量对各影响因素变化的弹性。

表9-4 能源消费量的影响因素分析结果

变量	OLS(1)	FE(2)	PW(3)	FD(4)
常数项	-12.363^{***}	—	—	—
	(-51.68)			
$\ln P$	0.964^{***}	1.735^{***}	1.459^{***}	1.235^{***}
	(148.77)	(52.88)	(20.20)	(9.18)
$\ln A$	0.870^{***}	0.644^{***}	0.411^{***}	0.316^{***}
	(63.02)	(35.24)	(13.89)	(5.44)
$\ln IND$	0.121^{***}	-0.015	0.060^{***}	0.069^{**}
	(3.45)	(0.67)	(3.12)	(2.51)
$\ln SV$	-0.542^{***}	0.096^{***}	0.077^{***}	0.049^{**}
	(-10.12)	(3.76)	(3.00)	(2.00)
$\ln URB$	0.070^{**}	-0.198^{***}	-0.130^{**}	0.003
	(2.06)	(-5.46)	(-2.07)	(0.03)
国别虚拟变量 C	—	控制	控制	—
年度虚拟变量 Y	控制	控制	控制	控制
R^2	0.990	0.801	0.990	0.180
自相关性检验		$F = 90.05^{***}$		
异方差检验		$\chi^2(99) = 5.3e+04^{***}$		
样本数	3 069	3 069	3 069	2 970

注:OLS是混合最小二乘估计,FE是固定效应估计,PW是Prais-Winsten估计,FD是一阶差分模型。
**指$p<0.05$,***指$p<0.01$。

表 9-5 二氧化碳排放量的影响因素分析结果

变量	OLS(17)	FE(18)	PW(19)	FD(20)
常数项	-11.770***	—	—	—
	(-37.64)			
$\ln P$	1.066***	1.273***	1.235***	1.125***
	(195.74)	(37.27)	(26.84)	(11.12)
$\ln A$	1.117***	1.144***	1.116***	1.078***
	(84.61)	(61.20)	(40.01)	(21.10)
$\ln IND$	0.692***	0.371***	0.131***	0.052
	(18.35)	(16.53)	(3.87)	(0.89)
$\ln SV$	0.604***	0.288***	0.092***	0.029
	(10.28)	(11.70)	(2.80)	(0.61)
$\ln URB$	0.506***	0.350***	0.454***	0.447***
	(17.23)	(9.97)	(5.41)	(2.45)
$\ln EI$	0.770***	0.880***	0.897***	0.919***
	(50.70)	(49.60)	(39.12)	(21.58)
国别虚拟变量 C	—	控 制	控 制	—
年度虚拟变量 Y	控 制	控 制	控 制	控 制
R^2	0.954	0.864	0.990	0.417
自相关性检验		$F = 32.81$***		
异方差检验		$\chi^2(99) = 1.2e{+}05$***		
样本数	3 069	3 069	3 069	2 970

将样本国家按收入分为高、中、低三组,可以对不同收入阶段各影响因素的作用方向和作用大小进行比较。分析结果显示,在低收入国家,城市化水平提高对能源消费产生负面作用,而在中等收入和高收入国家,城市化水平提高对能源消费产生正面作用。城市化水平提高对各收入水平国家的二氧化碳排放均产生正面作用,并且在中等收入国家的正面作用更明显。

资料来源:Poumanyvong P, Kaneko S. Does urbanization lead to less energy use and lower CO_2 emissions: A cross-country analysis[J]. Ecological Economics, 2010, 70: 434-444.

9.2 经济增长对环境的影响

大多数环境问题源于人类的经济活动。作为经济增长的结果,经济规模不断扩大,其对环境的影响也随之扩大。但同时,经济增长也为修复环境损害和治理污染提供了资金和技术支持。

9.2.1 经济增长

经济增长指一个国家或地区生产的物质产品和服务的持续增加,它意味着经济规模和生产能力的扩大,可以反映经济实力的增强。经济增长率的高低体现了一定时期内经济总量的增长速度,也是衡量总体经济实力增长速度的标志。经济增长会使财富增加并且增加就业机会,是各国和各地区普遍追求的发展目标。从历史上看,自公元 1 年到 1998 年,世界经济规模已增长了 300 多倍,其中西欧地区增长了 600 多倍,增长最快的日本则增长超过 2 000 倍(参考表 9-6)。

表 9-6　世界的经济规模增长情况(公元 1—1998 年)

(单位:10 亿 1990 年国际元)

地区	公元 1 年	1000	1500	1600	1700	1820	1870	1913	1950	1973	1998
西欧	11	10	44	66	83	164	370	906	1 402	4 134	6 961
东欧	2	3	6	9	11	23	45	122	185	551	661
美国	0	0	1	1	1	13	98	517	1 456	3 537	7 395
拉丁美洲	2	5	7	4	6	14	28	122	424	1 398	2 942
日本	1	3	8	10	15	21	25	72	161	1 243	2 582
中国	27	27	62	96	83	229	190	241	240	740	3 873
印度	34	34	61	74	91	111	135	204	222	495	1 703
非洲	7	14	18	22	24	31	40	73	195	529	1 039
世界	103	117	247	329	371	694	1101	2 705	5 336	16 059	33 726

资料来源:作者根据 OECD 官方数据整理。

近年来,全球经济以年均约 3.3% 的速度增长,从 1960 年到 2022 年,全球经济规模扩张到初始规模的 8.17 倍。与经济增长伴随的是人口规模扩张到 2.62 倍,粮食产量扩张到 4.34 倍(参考图 9-5)。

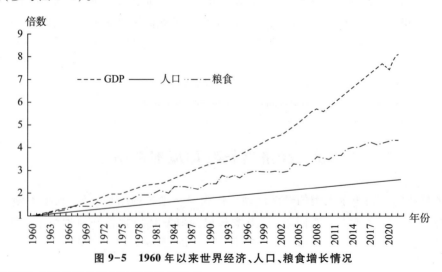

图 9-5　1960 年以来世界经济、人口、粮食增长情况

资料来源:作者根据世界银行相关数据整理。

投资、出口和消费是拉动国民经济增长的三要素,而资源、技术、体制是约束经济增长的三个重要因素。柯布-道格拉斯生产函数是用来分析经济增长的常用经济模型,其基本形式为:

$$Y = A(t)\, L^{\alpha}\, K^{\beta}\mu \qquad (式9\text{-}7)$$

式 9-7 中,Y 是产值,$A(t)$ 是综合技术水平,L 是劳动投入,K 是资本投入,α 是劳动力产出的弹性系数,β 是资本产出的弹性系数,μ 表示随机干扰的影响,$\mu \leqslant 1$。根据 α 和 β 的组合情况,生产函数可分为三种类型:

① $\alpha+\beta>1$,称为规模报酬递增型,表明扩大生产规模来增加产出是有利的;

② $\alpha+\beta<1$,称为规模报酬递减型,表明用扩大生产规模来增加产出是得不偿失的;

③ $\alpha+\beta=1$,称为规模报酬不变型,表明生产效率并不会随着生产规模的扩大而提高,只有提高技术水平,才会提高经济效益。

根据 α 和 β 的计算,可将一个时期的经济增长率分解为由生产要素投入量增加导致的部分和由要素生产率提高导致的部分。如果由生产要素投入量增加引起的经济增长比重较大,则为粗放型增长方式;如果由要素生产率提高引起的经济增长比重较大,则为集约型增长方式。

经济增长使经济规模扩张,这往往意味着更多的物质投入,以及对自然资源更大规模的开发,可能产生更多的污染物排放。但同时,经济增长也意味着技术进步和更强的投资能力,这些能力可能用于环境修复和改善。总之,经济增长使人类对环境的影响能力增加了。

9.2.2　EKC 假说

从各国的发展实践可以看出,以工业化和城市化为特征的现代经济增长往往伴随着污染的增加和对生态环境破坏的加大,而富裕经济体普遍走的是"先污染后治理"的道路,通过严格的环境管制和进行大量环境修复投资,国内环境都有明显好转,因此有人提出环境质量在经济增长过程中的变化规律是"先恶化后改善"。

1. EKC 假说的基本内容

20 世纪八九十年代以来,由于环境监测手段的进步,人们能够获得大量的实证数据,学者们开始利用这些数据分析经济增长对环境质量的影响,发现经济增长与一些环境质量指标之间的关系不是单纯的负相关或正相关,而是呈现倒 U 形曲线的关系,即环境质量随经济增长先恶化后改善。当经济发展处于低水平时,环境退化的程度也处于较低水平;当经济增长加速时,产生的废弃物数量和有毒物质迅速增长,环境呈现恶化趋势;但当经济发展到更高水平时,环境再度出现改善趋势。类比于库兹涅茨曲线假说,这种关系被称为**环境库兹涅茨曲线**(environmental Kuznets curve, EKC)假说(参见图 9-6)[①]。

① Grossman G, Krueger A. Environmental impacts of the North American free trade agreement. In Garber P. (eds.) The U.S.-Mexico Free Trade Agreement [M]. Cambridge: MIT Press, 1993: 13-56.

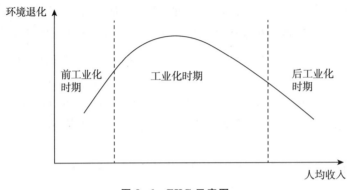

图 9-6　EKC 示意图

　　经济增长过程中环境质量变化的不同路径的政策意义是不同的：如果在经济增长过程中环境质量单调下降，则说明经济增长对环境质量有害，为了保持环境质量应将经济增长限制在某一水平之下；如果在经济增长过程中环境质量单调上升，说明经济增长对环境质量有利，可以通过经济增长改善环境质量；如果在经济增长过程中环境质量呈现先下降后上升的趋势，说明在经济增长过程中环境质量在一定阶段出现下降是必要的代价。那么，如果 EKC 假说成立，是否意味着人们可以先忍耐环境破坏，再等待环境质量回到上升趋势呢？

　　答案是否定的。因为在一定程度上，被破坏的环境具有自我净化和自我恢复的能力，但是污染和生态退化超过一定限度，自然生态系统将崩溃，受破坏的环境不能再恢复到原来的状态，这一限度被称为**生态门槛**（eco threshold）。生态门槛对 EKC 假说的意义在于：如果在经济增长过程中环境严重退化，超过了生态门槛，则环境质量在更高的收入水平上也无法好转。市场失灵和公共政策失误是引起环境退化的主要原因，清晰界定自然资源产权、取消对环境有害的补贴、通过环境管制措施将环境外部性内部化等有助于纠正市场失灵和政府失灵，降低经济增长的环境成本，使 EKC 曲线的峰值降低到生态门槛以下的水平（见图 9-7）。

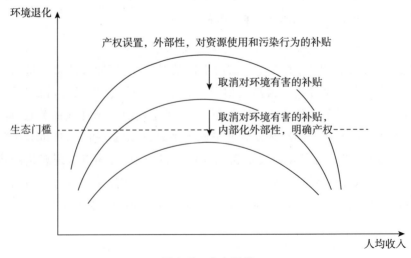

图 9-7　生态门槛

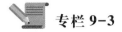 **专栏 9-3**

太湖水质的先恶化后改善

太湖流域地跨江苏省、浙江省和上海市,是长三角的核心区域,也是我国人口密集的经济发达地区。太湖在历史上以水美著称,但在工业化压力下,太湖的水质逐渐恶化,湖水富营养化严重,特别是 2007 年 5 月太湖畔无锡市城区的自来水水质恶化,无法饮用,引起媒体关注。面对严峻的水污染形势,我国启动了太湖水污染治理工程。

从 2007 年到 2015 年,江苏省全面实施太湖流域水环境综合治理,关闭化工企业 4 300 多家,关停不达标企业 1 000 余家。治理畜禽养殖场 2 000 多处,拆除网围养殖 36 万亩。城市污水处理率达 94% 以上,建成氮磷生态拦截系统 1 200 万平方米,保护和恢复湿地 9 万亩。湖体水质由 2007 年 V 类改善为 2015 年 IV 类,综合营养状态指数由中度改善为轻度;高锰酸盐指数、氨氮、总磷、总氮指标分别降低 11.1%、83.6%、41.6%、35.5%。流域 15 条主要入湖河流年平均水质由 2007 年的 9 条劣 V 类改善为全部达到 IV 类以上。①

2016—2020 年,江苏省实施了《江苏省"十三五"太湖流域水环境综合治理行动方案》,太湖流域水环境综合治理取得明显成效。太湖流域在 GDP 增长 75.5%、城镇常住人口增长 32% 的背景下,六大传统行业(化工、电镀、印染、造纸、食品、钢铁)废水排放量及化学需氧量、氨氮、总氮、总磷排放量分别下降了 69.4%、74.2%、69.8%、68.4%、67.5%。

"十四五"期间,江苏省出台《推进新一轮太湖综合治理行动方案》,太湖的水质继续稳定改善。2024 年上半年,湖体总磷浓度同比下降 10%,蓝藻同比下降 26.9%,平均水质为 III 类。

如今,太湖流域 16 个市县建成国家级生态市县,成为全国最大的生态城市群。太湖不仅是江苏省重要的生态资源,更是长三角地区重要的生态支撑,每年为江浙沪"两省一市"提供超过 21 亿立方米的优质自来水水源。

太湖水质不断改善与一系列相关规划和法规的出台与落实密不可分。在国家层面,国家发展改革委联合其他部门于 2013 年和 2022 年编制了《太湖流域水环境综合治理总体方案》,提出了水环境综合治理的目标、管理机制和责任机制。在省级层面上,江苏省多次修订和修正《太湖水污染防治条例》,2024 年制定了《江苏省太湖流域禁止和限制的产业产品目录》。在县市级层面,环湖流域的县市纷纷制定了本区域的水环境治理方案。在这些规划和法规推动下,各地加大工业污染防治工作力度、减轻入湖污染负荷、加强环境准入管理、全面系统开展污染企业专项排查整治、支持战略性新兴产业发展、持续深化重点传统产业升级改造、稳妥推进废水分类收集处理、着力提高水资源利用效率、强化生态环境执法监督,全力推进太湖综合治理,这才实现了太湖流域水生态环境根本好转。

资料来源:作者根据公开资料整理。

那么经济增长过程中环境质量的变化趋势究竟是怎样的呢? 这不是一个有唯一答案

① 江苏省"十三五"太湖流域水环境综合治理行动方案[EB/OL].(2017-01-18)[2024-10-17].http://www.jian-gsu.gov.cn/art/2017/1/18/art_46144_2545505.html.

的问题。实际上,环境质量是多方面因素的集合,包含大量不同性质的指标:如饮用水质量、城市空气质量、生物多样性、温室气体排放量等,这些不同性质的环境指标在收入增长时的变动方向可能不一致。世界银行曾对这种情况进行了总结,认为在收入增长时,环境质量至少有三种变化形式:随收入增长而改善;随收入增长先恶化后改善;随收入增长持续恶化(见图9-8)。①

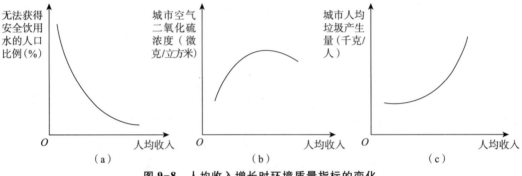

图9-8 人均收入增长时环境质量指标的变化

可以用图9-9对这些曲线的形成做简单的解释。环境质量是**正常品**,人们对此类物品的需求会随着收入的增长而增加,表现为需求曲线向上移动。AB 是环境质量的初始需求曲线,$A'B'$、$A''B''$是收入提高后的环境需求曲线,CD 是环境质量的供给曲线,也是环境质量的边际成本曲线。引起收入增长的因素也很可能改变环境质量的供给条件,使其边际成本上升,表现为供给曲线 CD 向上移动到 $C'D'$(更富有的经济体会有更大更多的工业园区,会使获得一定水平的环境质量的机会成本加大、边际成本上升)。环境质量的初始有效水平点是 E,随着收入的上升和环境质量需求曲线的上升,有效水平点变化到较低的点 F,或较高的点 H 或 G。这里如果随着收入的进一步上升,环境质量沿 $E \rightarrow H$ 的路径演变或 $E \rightarrow G$ 的路径演变,则出现图9-8(a)中演示的情景;沿 $E \rightarrow F \rightarrow G$ 的路径演变,则出现图9-8(b)中演示的情景;沿 $E \rightarrow F$ 的路径演变,则出现图9-8(c)中演示的情景。

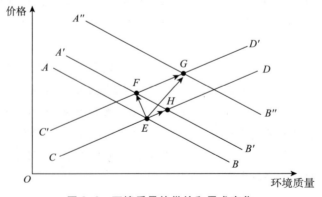

图9-9 环境质量的供给和需求变化

---

① World Bank. World development report 1992: Development and the environment[EB/OL]. (2013-02-26)[2024-10-17]. https://documents.worldbank.org/en/publication/documents-reports/documentdetail/995041468323374213/world-development-report-1992-development-and-the-environment.

可见,从实际和理论上看,由于环境质量包含大量的不同性质的具体指标,有复杂的变化路径,环境质量随经济增长呈现先恶化后改善的变化只是可能的变化路径之一。

2. 对 EKC 假说的检验

检验 EKC 假说的基本模型是:

$$E = \beta_0 + \beta_1 Y_{it} + \beta_2 Y_{it}^2 + (\beta_3 Y_{it}^3 + \beta_4 Z_{it}) + \varepsilon \qquad (式9-8)$$

这里 E 是环境质量变量,较常被选用的环境质量因素有大气中的二氧化硫、悬浮颗粒物、烟尘、氮氧化物、一氧化碳、二氧化碳,水体中的化学需氧量、致病菌、重金属等。使用的指标可以选用污染物排放量或污染物浓度。Y 是经济发展水平变量,一般选用人均收入水平。Z 是其他可能影响环境质量的因素。在回归方程的具体形式选取上,一般选用二次方程,但如果散点图显示变量间有更复杂的变化,也可选用三次方程,以考察是否存在二次拐点使曲线形式呈 N 形。有的研究对各变量取对数形式。

当 $\beta_1 > 0, \beta_2 < 0, \beta_3 = 0$ 时,曲线呈倒 U 形,转折点位于 $Y^* = \dfrac{-\beta_1}{2\beta_2}$。

当 $\beta_1 > 0, \beta_2 < 0, \beta_3 > 0$ 时,曲线呈 N 形,有两个转折点。

当 $\beta_1 > 0, \beta_2 = \beta_3 = 0$ 时,曲线单调递增。

当 $\beta_1 < 0, \beta_2 = \beta_3 = 0$ 时,曲线单调递减。

20 世纪 90 年代以来,基于监测数据,大量学者对经济增长过程中环境质量的变化进行了实证分析,他们选用一些环境质量指标,用回归分析法研究这些指标随人均收入增长的变动情况。研究模型多使用减量形式,将环境质量的影响因素抽象成收入,忽略了其他影响因素。环境质量有人用排放量、集中度、环境退化指数来衡量。收入水平有人用购买力平价指标衡量,有人用市场汇价衡量。由于使用的数据集不同,EKC 假说的实证研究得出的结论差异很大,一些实证研究的结果见表 9-7。

表 9-7　有关人均收入和环境质量关系的研究

环境指标	研究者	曲线形式	第一峰值点(美元)	第二峰值点(美元)
二氧化硫	Grossman 和 Krueger	N 形	4 100	14 000
	Shafik	倒 U 形	3 700	
	Grossman	三次方程	4 100	
	Grossman 和 Krueger	N 形	13 400	14 000
	Selden 和 Song	倒 U 形	8 900	
	Panayotou	倒 U 形	10 700	
悬浮颗粒物	Grossman 和 Krueger	线性方程,向下倾斜	—	
	Sharfik	倒 U 形	3 300	
	Grossman	倒 U 形	16 000	
	Grossman 和 Krueger	线性方程,向下倾斜	—	
	Selden 和 Song	倒 U 形	9 800	
	Panayotou	倒 U 形	9 600	

（续表）

环境 指标	研究者	曲线形式	第一峰值点 （美元）	第二峰值点 （美元）
烟尘	Grossman 和 Krueger	N 形	5 000	10 000
	Grossman	N 形	4 700	10 000
	Grossman 和 Krueger	N 形	6 200	10 000
氮氧化物	Grossman	倒 U 形	18 500	
	Selden 和 Song	倒 U 形	12 000	
	Panayotou	倒 U 形	5 500	
一氧化碳	Grossman	倒 U 形	22 800	
	Selden 和 Song	倒 U 形	6 200	
二氧化碳	Shafik	线性方程，向上倾斜	—	
	Holtz-Eakin 和 Selden			
	（人均排放水平）	倒 U 形	35 400	
	（每单位资本排放量）	倒 U 形	800 万	
水体中的 溶解氧	Shafik	线性方程，向上倾斜	—	
	Grossman	倒 U 形	8 500	
	Grossman 和 Krueger	倒 U 形	2 703	
水体中的 致病菌 含量	Shafik	N 形	1 400	11 400
	Grossman	倒 U 形	8 500	
	Grossman 和 Krueger	倒 U 形	8 000	
水体中的 菌类总含量	Grossman	三次方程		
	Grossman 和 Krueger	N 形	3 034	8 000

资料来源：Panayotou T. Economic growth and the environment[C]. CID Working Paper No. 56, 2000.

 专栏 9-4

中国的二氧化碳排放是否存在拐点？

为了应对气候变化，包括中国在内的许多国家设立了碳减排目标。中国的二氧化碳排放和经济增长之间的关系是否符合 EKC 假说？可以用下式对其进行检验。

$$E = \beta_0 + \beta_1 Y + \beta_2 Y^2 + \varepsilon \qquad （式 9-9）$$

式中 E 是人均二氧化碳排放量，该指标来自世界银行的数据库，指农业、能源、废弃物和工业部门（不包括土地利用、土地利用的变化和林业）的人均二氧化碳排放量。Y 是按 2000 年不变价计算的人均 GDP，计算该指标使用的历年人口数、GDP、GDP 指数来自国家统计局的数据库。使用 1970—2023 年的数据进行模拟，得到的结果为：

$$E = \underset{(0.067)}{0.886} + \underset{(0.108)}{3.522Y} - \underset{(0.027)}{0.383 Y^2} \qquad （式 9-10）$$

从式 9-10 可以看出，人均 GDP 的一次项系数显著为正，二次项系数显著为负。这说明拟合曲线具有倒 U 形特征，曲线的转折点位于

$$Y^* = \frac{-\beta_1}{2\beta_2} = \frac{-3.522}{2 \times (-0.383)} = 4.5979$$

可见,中国二氧化碳排放和经济增长之间的关系符合环境库兹涅茨曲线假说,人均GDP 4.5979 万元是中国人均二氧化碳排放的理论拐点(见图 9-10)。

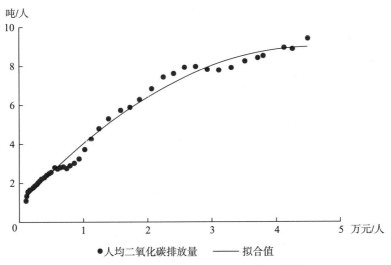

图 9-10　中国二氧化碳排放的库兹涅茨曲线

资料来源:作者根据相关数据整理。

从 EKC 曲线的形态看,在经济增长的前期,经济增长与环境退化指标好像"勾连"在一起,呈现正相关关系。在经济增长的后期,二者关系出现所谓的**脱钩**(decoupling),经济增长不再伴随环境的同步退化。按照环境是否仍在退化,可以将脱钩分为绝对脱钩和相对脱钩。如果经济增长的同时,环境损害虽然增长但增长率较低,可称为**相对脱钩**;如果经济增长的同时环境损害稳定或下降,可称为**绝对脱钩**;当绝对脱钩达到符合预定的环境安全目标时,称为**充分脱钩**(见图 9-11)。

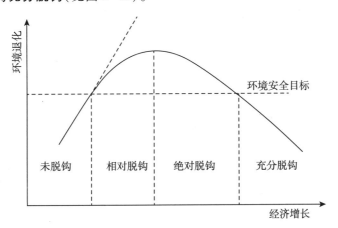

图 9-11　经济增长与环境退化的脱钩

在实证检验中,常以单位 GDP 的资源消耗或环境影响指标(也称为强度指标,如碳排放强度=碳排放量/万元 GDP)的变化来衡量脱钩情况。以经济增长与碳排放量的变化间的脱钩情况为例：如果碳排放强度下降速度慢于 GDP 增长，称相对脱钩；碳排放强度下降的速度快于 GDP 增长称为绝对脱钩。在相对脱钩阶段，碳排放强度下降但不"足够快"，排放量仍然有所增加。到了绝对脱钩阶段，碳排放量开始下降，这相当于到达 EKC 曲线拐点的右侧。但只有碳排放量下降到满足《巴黎协定》的 1.5 ℃控温目标时，才可称为充分脱钩。

3. 对 EKC 曲线的分解

EKC 假说提出之后受到广泛关注，许多学者对这一假说提出异议。其中一个主要的批评是 EKC 假说没有解释曲线的形状为何形成。EKC 模型是一个减量模型，排除了许多可能影响环境变化的因素，这使影响环境变化的因素成为"黑箱"，不能反映经济增长是通过什么机制来影响环境质量的。

通过对 EKC 曲线进行分解可以部分回应这个异议。下式反映经济增长通过三个渠道影响环境质量：

$$环境 = 经济（规模，结构，减排／技术）$$

因此，可以将 EKC 曲线分解为规模效应、结构效应、减排/技术效应[①]。图 9-12 形象地展示了这三种效应。

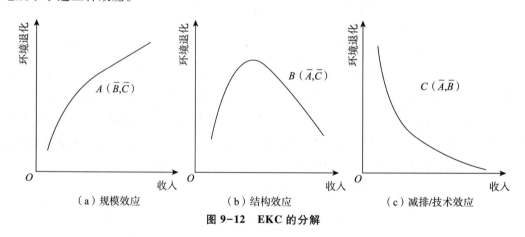

图 9-12　EKC 的分解

① 规模效应。如果其他两个因素不变，经济增长带来的经济规模扩大会使污染排放量增加，对环境的影响增大。

② 结构效应。在经济增长过程中，产业结构会发生变化。一般地，以三次产业结构的变动为例，会出现"一二三"向"二一三"或"二三一"转变，最后转变为"三二一"的结构。在这种变化过程中，第二产业占国民经济的比重出现先上升后下降的规律。而第二产业是许多污染物的主要排放来源。这样，如果其他两个因素不变，由于产业结构的变动，会使环境压力呈现先增大后减小的变化。

③ 减排/技术效应。伴随经济增长的技术进步和环境管制会提高自然资源的利用效

① Panayotou T. Demystifying the environmental Kuznets curve：Turning a black box into a policy tool[J]. Environment and Development Economics, 1997, 2(4)：465-484.

率、降低污染物排放强度,如果其他两个因素不变,由于技术进步和环境管制加强,会使环境压力减轻,出现减排/技术效应。

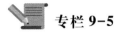 **专栏 9-5**

对污染排放变化的分解

考虑了规模效应、结构效应、技术效应,可将污染排放表示为:

$$E_t = \sum_{j=1}^{n} Y_t I_{j,t} S_{j,t} \qquad (式9-11)$$

这里 E 是污染排放,t 是年份,$j=1,2,\cdots,n$,表示经济中各生产部门,Y_t 是 t 年的 GDP,等于各部门产出的加总,即 $Y_t = \sum Y_{j,t}$,$I_{j,t}$ 是 t 年 j 部门的排放强度,$S_{j,t}$ 是 t 年 j 部门产出占 GDP 的比重。在式中:

$$I_{j,t} = E_{j,t} / Y_{j,t}, \quad S_{j,t} = Y_{j,t} / Y_t$$

对式 9-11 求导,有:

$$\widehat{E} = \widehat{Y} + \sum_j e_j \widehat{S}_j + \sum_j e_j \widehat{I}_j \qquad (式9-12)$$

式 9-12 中,e_j 是 j 部门的排放占总排放的比重,即 $e_j = E_j/E$,求导是指:

$$\widehat{x} = \frac{\mathrm{d}x/\mathrm{d}t}{X_t}, \quad x \in \{E, I, S, Y\}$$

式 9-12 右侧的三个部分分别代表规模效应、结构效应、技术效应。为了求出这三种效应的大小,需要使用分解技术。将式 9-12 两边同除以 Y_i,可以得到排放强度:

$$U'_i = \sum_j S_{j,t} I_{j,t} + \sum_j I_{j,t} S'_{j,t}$$

使用 Ang 的 Divisia 指数[①]方法,可以将某国初始年和 T 年间由技术效应和结构效应引起的排放强度变化用下式计算:

$$U_T - U_0 = \sum_j 0.5(S_{j,0} + S_{j,T})(I_{j,T} - I_{j,0}) + \sum_j 0.5(I_{j,0} + I_{j,T})(S_{j,T} - S_{j,0}) \qquad (式9-13)$$

式 9-13 右侧的第一项是各部门排放强度变化引起的污染排放变化量,反映的是技术效应;第二项是各部门产值占总产值的比重变化引起的污染排放变化量,反映的是结构效应。

尽管经济规模在扩大,但自 20 世纪 70 年代以来,荷兰和联邦德国的二氧化硫排放量不断下降,特别是 80 年代下降速度加快。从式 9-12 来看,这表明这两个国家的结构效应超过规模效应。使用式 9-13 对这两个国家 1980—1990 年的二氧化硫排放强度变化进行分解,可以得到表 9-8。

---

① Ang B W. Decomposition of industrial energy consumption:The energy intensity approach [J]. Energy Economics,1994,16:163-174.

表 9-8　1980—1990 年联邦德国和荷兰二氧化硫排放强度变化的分解

指标	联邦德国(1)	荷兰	联邦德国(2)
排放量	−73.60%	−58.70%	−73.60%
GDP	26.10%	28.20%	26.10%
排放强度	−79.00%	−67.70%	−79.00%
技术变化	−74.50%	−73.50%	−74.90%
结构变化	−4.50%	5.70%	−4.10%
部门数量	59	19	19

说明：联邦德国(1)按德国统计局的部门分类计算,联邦德国(2)按荷兰统计局的部门分类计算。从计算结果可以看出,技术变化在减少联邦德国和荷兰的二氧化硫排放上起了最重要的作用,结构变化的作用较小而且在两国间存在差异,联邦德国的结构变化减少了污染排放,而荷兰的结构变化则加重了污染负担。

资料来源：de Bruyn S M. Explaining the environmental Kuznets curve：Structural change and international agreements in reducing sulphur emissions[J]. Environment and Development Economics, 1997, 2(4)：485-503.

4. 对 EKC 假说的理论解释

一般认为 EKC 的形成原因主要有以下几种：

① 环境质量是一种正常物品,只有当人们的收入增长到一定程度之后,才会对环境质量形成有效需求。随着人们收入的上升,人们对与食物有关的物品的需求收入弹性小且不断下降,而对环境质量的需求收入弹性大且不断上升。

② 收入增长会提高民众的教育水平和环境意识,从而推动相关法规出台,以及商业激励,有利于环境改善的投资。

③ 在经济增长的初期,社会的投资能力有限,企业不得不选择投资门槛低、落后、污染高的技术和设备进行生产,只有积累了一定的经济实力,才有可能采用投资门槛高的清洁生产技术和设备,而且经济增长使得社会有更大的投资能力可以投资于环境修复。

④ 经济结构向污染减轻的方向发展是经济增长的自然后果。

⑤ 政府政策是对组织化的利益集团的压力的反应。发展中国家的产业部门比环境利益集团的组织程度高,因此在发展初期,政府对环境需求的反应少,只有当经济增长到一定水平,环境利益集团被较好地组织起来之后,政府才会对环境需求做出积极的反应,例如出台环境政策、加大对环境保护的投入等。

许多研究就是从这些可能促成 EKC 曲线形成的角度设计经济模型来解释 EKC 曲线的形成。例如,1992 年世界银行建立了一个模型说明倒 U 形曲线的形成。设某种污染物的排放量为 e,人均收入为 y,有：

$$e = ay + e_0 \qquad\qquad （式 9-14）$$

这里 e_0 是误差项，a 是在增长和污染排放间起干涉作用的因素，如环境政策、环境保护投资、技术发展水平等。这些因素也是内生性的，受到经济发展水平的影响，因此可以将 a 视为 y 的函数，如果 a 与 y 间是线性函数，则有：

$$a = b_0 - b_1 y \qquad (\text{式 9-15})$$

将式 9-15 代入式 9-14，有：

$$e = b_0 y - b_1 y^2 + e_0 \qquad (\text{式 9-16})$$

这时 e 和 y 的关系就是倒 U 形曲线，在这种关系下，在第一阶段经济增长意味着更多的污染物排放，直到人均收入达到某一点后，污染物排放量才开始下降。

5. 对 EKC 假说的评论

EKC 假说提出后在学术界引起了热烈的反响，一些学者将其作为经济增长与环境质量间的通用关系，认为经济增长引起的环境污染是暂时现象，经济增长自身就是减轻环境污染的药方。同时，也有许多学者对这一假说提出异议。实际上，从表 9-7 列举的对 EKC 的实证研究来看，各种研究的结果并不一致，其科学性还有待进一步证实。EKC 假说的问题主要集中在以下几个方面：

——呈现倒 U 形曲线的污染物多为地方性污染物，这些污染与当地人口的健康福利有直接关系，因而也较容易得到重视和治理，如地方性空气污染和水污染。对于全球性的环境问题或者污染方和受害方在时空上相距较远的环境问题，经济增长起到的改善作用不大，如温室气体排放、流域上游水土流失增加下游的洪水威胁、当代人破坏自然资源危害后代的可持续发展等。

——EKC 本身没有理论支撑。减量模型分析使影响环境变化的因素成为"黑箱"，许多可能影响环境变化的因素被抽象掉了，单纯分析 EKC 模型也无法得知经济增长是通过什么途径影响环境质量的，加上实证检验不能排除自变量的同时期偏差和内生性，使该模型对政策缺乏指导意义。

——环境的承载能力是有限的，随着环境中积累的污染物增加，环境对污染物的吸收能力下降，最终有可能使生态系统崩溃，再也没有机会改善。因此，在经济增长过程中必须实施一定的环境政策，使环境质量保持在生态门槛以内，而 EKC 假说中没有显示环境政策的作用。

——检验 EKC 假说的实证研究多是针对单一的污染物指标，对环境质量的整体状况则没有考察。由于在经济发展过程中，经济活动的物质基础会变化，即使某些污染物随着收入的增加而减少，工业社会也会不断产生新的、不受监管的、潜在有毒的污染物。这导致环境问题从一种具体形式转向其他形式，这样虽然有的污染指标下降了，但总体环境质量可能并没有改善。

——一些地区的环境指标出现改善可能只是当地环境问题转移到其他地区。例如在现实中，发达国家产生的有毒固体废物经常被出口到发展中国家进行处置，从发达国家的角度看环境问题解决了，但发展中国家的环境管制水平低、废弃物处置技术落后，可能造成更严重的环境后果和健康风险。

总之，虽然一些地方性的污染问题在经济增长过程中会出现先恶化后改善的趋势，但不能将这一趋势扩大作为经济增长过程中环境质量变化的一般规律。在经济增长过程中，污染问题不会自动消失，环境退化也不会自动改善，积极的环境政策、技术进步、经济结构转变在减轻环境压力上起着非常重要的作用。

在其他条件相同时，经济增长和环境质量间关系的变化方向是图 9-12 中三个图像的叠加，取决于规模效应与结构效应、减排/技术效应间强度的对比。经济增长与环境质量之间的关系具有很大的不确定性。对发展中国家而言，经济增长是发展的基础，是人们摆脱贫困和增进福利的根本手段，简单地通过限制经济增长来保护环境不可行，也是难以让人接受的。问题不在于是否增长，而是怎样增长。合理的经济政策和环境政策、有利于提高资源利用效率和减少污染物排放的技术进步都有助于减轻经济增长的环境压力。

尽管有各种质疑，但大量研究证明，EKC 假说的基本结论是成立的。另外，在更有效的环境管制、经济自由化、社区力量，市场压力等因素的共同作用下，环境库兹涅茨曲线的峰值点正趋于下降并向左移动①。这意味着发展中国家可能拥有后发优势，其经济增长带来的环境损害更小。

9.3 经济全球化对环境的影响

经济全球化（economic globalization）是指跨国商品与服务贸易及资本流动规模和形式的增加，以及技术的广泛迅速传播使世界各国经济的相互依赖性增强的过程。在这个过程中，不仅劳动、资本、技术等生产要素跨国跨地区流动，各地的自然资源也依其比较优势进入国际分工体系，自然资源开发利用的强度和方式受到国际市场的影响。相应地，各地的环境质量也在全球化过程中受到深远的影响。从整体上看，世界环境因经济全球化承受了更大的压力，但不同地区受到的环境影响有差异。经济全球化主要通过国际贸易和跨国投资对环境产生影响。

9.3.1 国际贸易的环境影响

国际贸易是引致全球化的主要渠道。20 世纪 50 年代以来，世界贸易量比产出量增长得更快，世界经济的贸易依存度不断提高。1950—1994 年，世界总产出年均增长 4%，而同期国际贸易量年均增长 6%。在这段时期里，产出增长了 5.5 倍，而贸易增长了 14 倍。进入 21 世纪以来，世界经济的贸易强度进一步提高。按照经济学理论，贸易有利于资源的有效利用，如果自然资源的定价合理，价格中包括了所有的相关成本，则贸易会降低环境成本，实现社会福利的最大化。但由于市场失灵和政府失灵的存在，在贸易中自然资源的价格往往偏低，这使资源被错误配置，也不能实现社会福利的最大化。此时贸易对环境既产生正面影响，也产生负面影响，其对社会福利的最终影响情况取决于正负影

---

① Dasgupta S, Laplante B, et al. Confronting the environmental kuznets curve [J]. Journal of Economic Perspectives, 2002, 16(1): 147-168.

响的比较。

对于贸易产生的正负影响哪个居主导地位,人们的看法很不相同,一些研究尝试将正面影响论和负面影响论统一在一个分析框架中,如 OECD 将贸易对环境的影响总结为六个方面:

① 规模效应。贸易的规模效应具有两面性:其负面影响是在没有相应的产品、技术或政策进步时,贸易量增加会导致污染增加。如果存在市场失灵和政策失灵,这种负面影响会更明显。规模效应的正面影响是贸易带来经济增长,同时会鼓励生产结构转型,刺激降低污染强度的技术进步,促进环境保护水平的提高。

② 结构效应。贸易会引起微观经济生产、消费、投资、生产布局等方面的变化,这些变化的环境影响可能是正面的,也可能是负面的。贸易使工业结构向有利于发挥各国相对竞争力的方向转变,在没有市场失灵和政策失灵的情况下,贸易形成的产出结构符合一国的资源环境禀赋。在存在规模经济的情况下,贸易有助于降低经济的污染强度。但是贸易有利于环境保护是有条件的,它要求自然资源和环境资产被正确地估价,否则,贸易会加剧环境退化。

③ 收入效应。贸易带来国民收入的增加,这从几个方面影响环境:第一,收入增加促进消费,并相应地增加环境外部性;第二,收入增加提高人们对环境改善的支付意愿,促进公共环境投资的增加,并提高环境保护在政府决策中的优先度。

贸易引致经济增长,如果社会各阶层普遍享有增长的利益,贫困对环境的压力会降低;但如果在增长过程中穷人被边缘化,穷人在生存压力下以不可持续的方法使用自然资源,环境退化将加剧。当自然资源属于公共产权物品时,环境退化会更严重。在封闭状态下,穷人开发自然资源是为了生存;在贸易影响下,人们开始为了出口开发资源,资源的开发强度会大大增加,公地悲剧将难以避免。

④ 产品效应。产品效应取决于参与贸易产品的性质,如果参与贸易的产品是有害于环境的,如有毒化学品、危险废弃物、濒危物种等,则产品效应为负;如果参与贸易的产品有利于环境,如各种"绿色产品"、有利于提高资源使用效率的机器设备等,则产品效应为正。

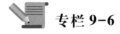 **专栏 9-6**

电子垃圾贸易

电子垃圾(e-waste)指被废弃不再使用的电器或电子设备。从其中可以回收金、铜等多种金属和有用材料,但电子垃圾也含有铅、镉、铬、多氯联苯(PCBs)等多种污染物,处理不当会造成严重的环境污染。

快速的技术更新换代产生了越来越多的电子垃圾。许多发达国家由于环境管制严格,处理电子垃圾的成本高,而选择把电子垃圾出口到中国、印度和非洲的一些发展中家。较低的环境和劳工标准、低工资、再生材料的高价格等因素刺激了发展中国家进口电子垃圾。

有100多个国家加入的《控制危险废物越境转移及其处置的巴塞尔公约》及其修正案,禁止富国向穷国出口包括电子垃圾在内的各种有害垃圾。而美国没有参加该公约,据非营利组织巴塞尔行动网络(Basel Action Network)估计,美国约80%的电子垃圾被运出国。[1]

中国于1990年加入该公约,2000年出台规定,禁止包括废旧电脑在内的电子垃圾进口。但是非法进口电子垃圾的贸易仍然存在。2008年,绿色和平组织在中国香港地区拦截了一艘装载电子垃圾的货船,该船来自美国奥克兰港,目的地是广东佛山。[2] 广东、广西、浙江、天津、湖南、福建、山东等省区都有拆解回收进口电子垃圾的产业链存在。其中,广东的贵屿镇是民间电子垃圾回收分解最为集中的地区。手工拆解回收电子垃圾的多是外来务工人员,当地人由此获得丰厚收益的同时也面临极为严重的污染威胁。中国科学院等机构的调查研究显示,贵屿镇土壤中的金属含量是正常地区的100~1 000倍。2013年,央视新闻曾报道贵屿镇当地铅中毒的儿童高达600名,体检结果也显示90%以上的孩子血铅超标。

为了应对包括电子垃圾在内的各类固体废弃物进口,2017年我国制定了《禁止洋垃圾入境推进固体废物进口管理制度改革实施方案》,计划逐步停止进口国内资源可以替代的固体废物。分批分类调整进口固体废物管理目录,逐步有序减少固体废物进口种类和数量,提高固体废物进口门槛,进一步严格环境保护控制标准。2020年修订了《中华人民共和国固体废物污染环境防治法》,并发布了《关于全面禁止进口固体废物有关事项的公告》,明确禁止以任何方式进口固体废物,禁止我国境外的固体废物进境倾倒、堆放、处置。

资料来源:作者根据公开资料整理。

---

⑤ 技术效应。贸易为参与企业提供了知识共享的机会,促进了领先技术的传播扩散,提高了资源利用效率,因而有利于环境保护。

⑥ 规则效应。政府可能由于经济增长而加强环境管制,或由于签订国际环境协议使本国的环境标准提高,也可能由于贸易压力而放松已有的环境标准。这使得贸易的规则效应可能为正面也可能为负面。

图9-13显示了这几种效应。虽然国际贸易会对环境产生种种影响,但国际贸易却不是影响环境质量变化的主要因素,只是在有些情况下会加剧市场失灵和政府失灵对环境

① UNEP. Waste crime-waste risks gaps in meeting the global waste challenge: A rapid response assessment [EB/OL]. (2015-08-19) [2024-10-17]. https://www.unep.org/resources/report/waste-crime-waste-risks-gaps-meeting-global-waste-challenge-rapid-response.

② 15 Results for "Illegal e-waste exposed" [EB/OL]. [2024-10-17]. https://www.greenpeace.org/international/?s=Illegal+e-waste+exposed&orderby=_score.

的影响。在研究 EKC 时,有学者提出,高收入国家或地区通过国际贸易将环境压力向外转移,是其环境改善的重要原因之一,这也被称为污染转移或污染出口。在对"脱钩"进行检验时,也有学者发现如果只考虑国内环境影响,欧盟的一些国家处于绝对脱钩阶段,而考虑国际贸易因素时却只处于相对脱钩甚至未脱钩阶段。[①]

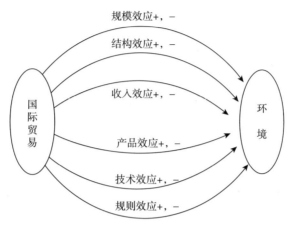

图 9-13 国际贸易对环境的影响

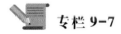

国际贸易对中国环境的影响

改革开放以来中国的国际贸易额不断扩大,从 1990 年到 2023 年,出口额增长了 53 倍,进口额增长了 47 倍(图 9-14)。

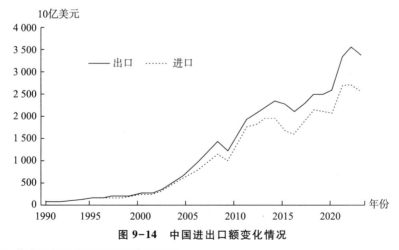

图 9-14 中国进出口额变化情况

资料来源:作者根据世贸组织相关资料整理。

---

① Sanyé-Mengual E, et al. Assessing the decoupling of economic growth from environmental impacts in the European Union: A consumption-based approach [J]. Journal of Cleaner Production, 2019, 236: 117535.

国际贸易对中国的生态环境既产生积极影响,也产生消极影响。从积极的方面看:

① 贸易促进了经济增长,增加了人均收入,改善了环境投资的基础,提高了社会对环境问题的关注度。

② 贸易扩大了资源的配置范围,缓解了资源短缺对中国经济发展的制约。

③ 贸易促进了国外先进技术和设备的引进,提高了国内资源利用效率和环境治理水平。

④ 贸易促使中国向更高的环境标准看齐。随着关税减让的扩大,国际贸易中出现了许多非关税的绿色壁垒。这些绿色壁垒对产品的生产工艺、原材料、技术规范的排污标准有了更严格的限制。绿色产品、绿色消费倾向的兴起也使企业要想打开国际市场就必须遵守更严格的环境标准。在对外开放过程中,国内企业逐渐与国际市场接轨,为了增强市场竞争力,国内企业主动或被动地实施清洁生产,开发绿色产品。为了提供公平的国内竞争环境,中国的环境管理也在不断向较高的国际标准靠近。从这个角度看,对外开放是有利于环境保护的。

从消极的方面看:贸易既承载着一定的经济价值,又承载着一定的资源消耗与环境污染。货物贸易的大量出口,特别是一些高耗能、高污染、资源密集型产品的出口,加速了一些地区不可再生资源的消耗和生态环境退化。由于国内资源税和资源补偿费偏低,以及环境污染没有完全计入企业成本,我国的资源性产品供给过度,刺激了下游重化工业的过度投资,导致资源密集型产品过多出口。这相当于把污染留在国内,用中国的资源和原材料去补贴国外的消费者,造成中国国民福利的净损失。

资料来源:作者根据公开资料整理。

可以通过计算为生产出口产品而产生的污染物排放量,来研究国际贸易对环境的影响,计算公式如下:

$$Q = \sum_{i=1}^{n} M_i \times \theta_i \qquad (式 9-17)$$

其中,Q 是出口贸易带来的污染排放,M_i 是海关统计的第 i 种商品的价值量,θ_i 是生产第 i 种商品的污染排放强度(即每单位产值排放的污染物)。

用式 9-17 计算的污染物含量只是生产出口商品过程中的排放量,但是要生产这些商品还需要其他行业的产品作为中间投入,这些产品的生产也会排放污染物。要完全测算贸易产品引起的污染物排放量,需要借助投入—产出表。投入—产出表以矩阵形式显示某部门的产出需要其他部门投入的数量,基本形式是:

$$X = (I - A)^{-1} Y \qquad (式 9-18)$$

其中,X 是各部门总产出的列向量,Y 是各部门最终使用的列向量,I 是单位矩阵,A 是直接消耗系数矩阵。按中间投入是否为国内产品,可将 A 分为 A_D 和 A_M 两个部分:

$$A = A_D + A_M \qquad (式 9-19)$$

其中,A_D 是国内投入的直接消耗系数矩阵,A_M 是使用国外投入的直接消耗系数矩阵。各部

门的污染排放强度 θ_i 是一个行向量,记作 E。包括各部门产品上游加工、制造、运输等全过程所排放的污染物的完全排放系数 F 也是一个行向量,计算方法是:

$$F = E(I - A)^{-1} \qquad (\text{式 }9\text{-}20)$$

要计算出口的污染排放,需要剔除生产中使用的国外产品,因此将式 9-20 中的 A 替换为 A_D,即有:

$$F' = E(I - A_D)^{-1} \qquad (\text{式 }9\text{-}21)$$

则出口中隐含的污染排放量为:

$$C = F'M = E(I - A_D)^{-1}M \qquad (\text{式 }9\text{-}22)$$

这里 M 是各部门出口商品价值量的列向量 $\begin{bmatrix} M_1 \\ M_2 \\ \vdots \\ M_n \end{bmatrix}$。

9.3.2 外国直接投资的环境影响

从全球来看,资本流动的规模大于贸易流动的规模,而外国直接投资(foreign direct investment, FDI)在跨国资本流动中占主导地位,是全球化影响环境的重要渠道。对于发展中国家来说,引进 FDI 是促进经济增长的主要动力之一,引进 FDI 至少有以下几个方面的好处:

① 弥补投资缺口。根据美国经济学家霍利斯·钱纳里的分析,发展中国家在储蓄、外汇吸收能力等方面的国内有效供给与达成经济发展目标的需求量之间存在缺口。利用外资既能解决国内资源不足的问题,促进经济增长,又能减轻因加紧动员国内资源以满足投资需求和冲销进口出现的压力。

② 学习先进技术。伴随外资的引入,发展中国家可以学习先进的技术、管理经验以及市场经济中的经营理念等。

③ 扩大出口。引进外资对打破国际市场的进入壁垒、促进出口也起到很大的作用。

④ 增加就业和财政收入。FDI 不仅直接雇用劳动力,还通过前后向的产业联系间接地创造就业机会,有助于缓解就业压力。

⑤ 增加财政收入。FDI 扩大了社会资本规模,也促进了财政收入的增加。

通过 FDI 进入本国的许多行业,如制造、采矿、供水、卫生等都与自然环境和资源开发有关。因此,FDI 与资金流入国的可持续发展及环境变化联系密切。与国际贸易产生的影响类似,FDI 也会通过规模效应、结构效应、收入效应、产品效应、技术效应、规则效应等影响资金流入国的环境。在各类效应中,人们比较关注结构效应。

对于 FDI 产生的结构效应,有一个重要的假说——**"污染避难所"假说**(pollution haven hypothesis)。该假说认为,由于各国环境管制力度不同,环境管理较宽松的国家易成为发达国家污染行业和企业的落脚点,使得这些国家引进的 FDI 更多投资于污染密集行业。与发达国家相比,发展中国家的环境管制力度较小,易成为"污染避难所"。

如果"污染避难所"假说成立，它应该在国际贸易的格局中体现出来：发展中国家的重污染产业产品的出口量增长应快于进口量的增长，导致这些产品的进口/出口比例下降，而发达国家同类产品的进口/出口比例上升。有学者考察了国际贸易数据，发现在钢铁、非金属、工业化学产品、纸浆及纸张、非金属矿物产品等五个严重污染部门，污染避难所曾经出现过。20世纪70年代初期以后，日本这些行业的进口/出口比例迅速上升，而新兴工业经济体的这些工业部门的进口/出口比例却有极大的下降。10年后同样的情形又出现在中国及其他东亚发展中国家。但在每个地区，这种现象并不长久。到1995年，亚洲新兴工业经济体和东亚发展中国家[①]的污染部门的进口/出口比例都大于1，都是对发达国家高污染产品的净进口国（见图9-15）。[②]

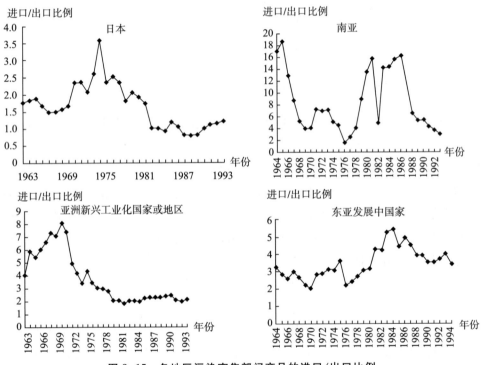

图9-15　各地区污染密集部门产品的进口/出口比例

为了检验污染避难所假说，许多学者还进行了访谈和调查。这些研究的结果显示：在选择向哪里投资时，企业会考虑包括环境管理在内的许多因素，如当地市场规模、劳动效率、基础设施可得性、利润汇回国内的方便性、政治稳定性、财产被收缴的风险等。环境管理的宽严不是影响企业选址的决定性因素（见表9-9）。

---

①　亚洲新兴工业化国家或地区包括中国香港、中国台湾、新加坡、韩国；东亚发展中国家包括马来西亚、印度尼西亚、泰国、菲律宾和中国；南亚包括印度、巴基斯坦、孟加拉国、斯里兰卡。

②　Mani M, et al. In search of pollution havens? Dirty industry in the world economy, 1960 to 1995 [J]. The Journal of Environmental and Development, 1998, 7(3): 215-247.

表 9-9 环境规则与企业选址的相关研究

研究	样本	结果
Epping	1958—1977 年对制造业的调查	在 54 个影响布局的因素排序中,污染规则排在第 43—47 位
Fortune	1977 年对 1 000 家美国最大的企业的调查	有 11% 的企业将环境规则排在前五位
Schmenner	Dun 和 Backstreet 对 500 个 1972—1978 年设立的分厂的抽样调查	环境规则不在前 6 名
Wintner	Conference Board 对 68 个城市制造厂商的调查	在选址因素中,43% 的厂商提到环境规则
Stafford	对 20 世纪 70 年代末和 80 年代初设立的 162 家分厂的问卷调查	环境规则不是重要因素,自我定位"不清洁"的工厂将环境规则作为中等重要因素
Alexander Grant	对工业联合会的调查	环境成本的比重不足 4%,但随时间略有上升
Lyne	*Site Selection* 杂志 1990 年对企业选址的调查	在被要求选择 3—12 个影响选址的因素时,有 42% 的被调查者选择了"清洁空气立法的州"

资料来源:Panayotou T. Globalization and environment[EB/OL]. [2024-10-18]. https://www.hks.harvard.edu/centers/cid/publications/faculty-working-papers/globalization-and-environment.

触底竞赛、环境倾销、环境关税是基于污染避难所假说的三个概念。**触底竞赛**(race to the bottom)是指为了吸引外资、增强出口产品竞争力,各国可能竞相降低环境标准,使自己成为污染避难所。**环境倾销**(environment dumping)是指低环境标准的国家在贸易中获得竞争优势,以国内环境破坏为代价向高环境标准的国家过多出口产品。为防止环境倾销,进口国需要对有嫌疑的进口品征收补偿性或惩罚性关税,称为**环境关税**(environment tariffs)。

如果触底竞赛真实存在,某国通过降低环境标准引进更多外资,那么该国的环境指标应该下降。但统计数据显示外资增加伴随污染的下降(见图 9-16)。因此触底竞赛可能并不存在,而以环境倾销为理由实施的环境关税也往往成为限制进口、保护国内产业的工具。

跨国企业是 FDI 的主要载体。它们有两个核心特征:一是巨大的规模;二是由母公司集中控制的全球范围的经营活动。跨国企业是贸易全球化的主力军,它控制了超过 70% 的国际贸易量,并主宰着来自发展中国家的许多商品的生产、分配和销售。几乎 1/4 的国际交换是跨国企业的内部销售,许多跨国企业的年销售额超过它们进入的发展中国家的 GDP。对跨国企业的环境影响的讨论集中在两个方面:跨国企业是不是发达国家向发展中国家进行污染转移的实施者;与本地企业相比,跨国企业的环境表现是更好还是更差。

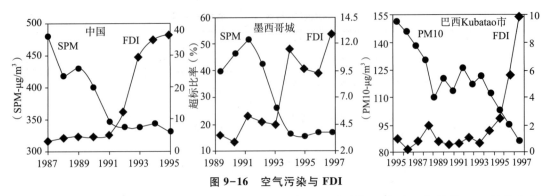

图 9-16 空气污染与 FDI

说明：SPM 是悬浮颗粒物，PM10 是直径小于 10 微米的悬浮颗粒；右侧的坐标轴是 FDI，其单位是 1998 年 10 亿美元。

资料来源：Wheeler D. Racing to the bottom? Foreign investment and air pollution in developing countries [J]. Journal of Environment and Development, 2001,10(3)：225-245.

① 跨国企业是污染转移的实施者吗？在"污染避难所"假说的基础上，人们怀疑跨国企业是发达国家向发展中国家进行污染转移的实施者。前面的分析已经表明，环境成本对企业选址的影响并不大。但在现实中，的确有许多跨国企业在发展中国家进行污染密集型行业的投资。应如何看待这一现象呢？

按照工业化发展的规律，产业结构的演进有一些特征。如前所述，从三次产业分类上看，在发展的初期，第二产业尤其是工业迅速发展，第一产业比重下降，产业结构由"一二三"型转变为"二一三"或"二三一"型；到发展的后期，第三产业得到快速发展，其在经济中所占的比重迅速上升，产业结构变为"三二一"型。工业内部结构的变化也有阶段性的特点。在发展的初期，由于受技术、资本等条件约束，发展中国家一般选择从劳动密集型产业或自然资源密集型产业起步，然后是重化工业等资本技术密集型产业的迅速发展，最后才是电子、生物技术等高技术含量产业的迅速发展。第二产业的污染强度比第一、第三产业大，而在工业内部，自然资源密集型产业和重化工业的发展也会产生较多的污染。因此在发展中国家的增长过程中产业结构向污染密集型转变是不足为奇的，而跨国企业投资于发展中国家的污染密集型产业也有其合理性。跨国企业在发展中国家进行投资更多的是为了利用这些国家投入品价格的相对优势和占领市场，环境管理对跨国企业的产业结构不构成明显的影响。

从规模效应的角度看，跨国企业增大了经济规模，有可能加剧环境破坏。从结构效应的角度看，跨国企业投资于污染密集型产业也可能增加污染排放量。似乎跨国企业投资对环境是不利的，但发展中国家不是在引进跨国企业的投资、破坏环境和不引进投资、不破坏环境间进行选择，而是在引进投资、破坏环境和完全靠内资发展、经济增长缓慢造成更大的环境破坏间进行选择。从这个角度看，跨国企业的投资还是有利于所在国的环境保护的。

② 跨国企业比国内企业带来的污染更多吗？有几个因素使得与本地企业相比，跨国

企业的环境表现有可能相对较好：由于是客人，跨国企业在投资国的行为更谨慎，更关注环境表现；跨国企业更易于接触国外的先进技术，是先进生产技术和环境友好技术的"通道"，在环境保护方面可起到示范和领导作用；跨国企业的规模较大，能够更好地分摊环境管理成本；跨国企业在金融、管理技术资源上占有优势，能更好地解决由于管理漏洞造成的资源浪费和污染现象；由于工资相对较高，跨国企业的管理者更专业，工人的技术水平更高，有助于提高资源的利用效率，减少废弃物排放。

实际上，跨国企业的环境表现与所在国的环境管制严格程度直接相关，与本地企业相比，跨国企业的环境表现不一定更优。这是因为在许多发展中国家，环境监管力量不足，而且急于发展地方经济，可能为了吸引投资降低自己的环境标准。而跨国企业由于实力强大，谈判能力强，可能争取到更优惠的投资政策，造成更严重的环境退化。博帕尔事件是发达国家将高污染高危害企业向发展中国家转移的一个典型恶果。[①]

 **专栏 9-8**

FDI 与中国环境

引进外资是中国对外开放的一个重要方面，图 9-17 显示了 1990 年以来中国净流入的 FDI 的增长情况。大量研究显示，外资在提升生产效率、提供就业机会、促进经济增长等方面发挥了重要的作用。

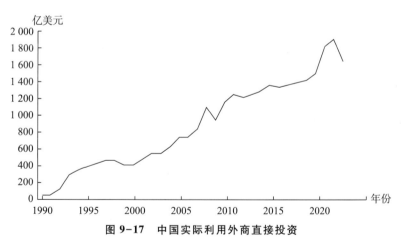

图 9-17　中国实际利用外商直接投资

资料来源：作者根据《中国统计年鉴》中的数据整理。

FDI 对中国环境质量产生积极和消极的双面影响：

在积极影响方面，随着中国利用 FDI 规模的扩大和结构的不断改善，FDI 成为促进市

[①]　1984 年 12 月 3 日凌晨，印度中部博帕尔市北郊的美国联合碳化物公司下属的农药厂发生严重的毒气泄漏事故。事故造成 2 万多人死亡，20 万人受到波及，附近的 3 000 头牲畜也未能幸免于难。在侥幸逃生的受害者中，孕妇大多流产或产下死婴，有 5 万人可能永久失明或终身残疾。

场机制形成和改革深化的一支重要力量。FDI 的进入加剧了产业内部的竞争,工业部门尤其是制造业 FDI 作为非国有经济的重要组成部分,有助于形成竞争性市场。这些工业部门由于大量外资企业的进入,从 20 世纪 80 年代中期以来大多数产业内部的竞争越来越激烈,竞争机制促进了产业的技术进步和生产率提高。竞争还迫使国有企业和集体企业进行体制改革,提高企业运行效率,促进了中国的技术进步和产业结构升级,提高了资源利用效率和污染治理能力。

与国内企业相比,大型跨国企业掌握更先进的清洁生产工艺技术和管理经验,出于切身利益的考虑,也能更好地遵守环境规则。许多大型跨国企业注重环境保护等方面的社会责任,对中国投资的同时也带来了先进的污染防治技术、环境管理思想和方法,积极开展清洁生产,在中国环境保护领域起到了一定的示范作用,这些企业的技术转移和示范作用有力地促进了清洁生产技术的扩散。

在消极影响方面,FDI 所选用的技术虽然高于国内一般水平,但往往不是国际先进水平,资源效率和环境绩效低于跨国企业在母国使用的技术。由于技术投入的锁定效应,可能推迟所在国的技术升级和创新。FDI 投资于一些高污染产业也加剧了国内资源环境的压力。

总之,综合考虑 FDI 对中国发展与环境的影响,既应认识其提高资源配置效率的积极作用,也不能忽视其负面的环境影响。

资料来源:作者根据公开资料整理。

小 结

在经济和人口增长的影响下,环境问题不会消失,但会转变,旧的问题解决了,新的问题又会出现。从宏观角度看,人口增长和经济增长是带来环境压力的重要原因,但不应过分强调这些压力,积极的应对政策、技术进步和结构转变都有助于缓解这些压力。在经济全球化的形势下,各国的环境质量不仅受本国经济和人口增长的影响,还通过参与国际经济体系影响他国并受他国影响。

进一步阅读

1. "人口增长与经济发展"课题组人口委员会.人口增长与经济发展:对若干政策问题的思考[M].北京:商务印书馆,1995.

2. 世界银行.1992 年世界发展报告:发展与环境[M].北京:中国财政经济出版社,1992.

3. Antweiler W, Copeland B R, Taylor M S. Is free trade good for the environment? [J]. American Economic Review, 2001, 91: 877-908.

4. Arrow K, et al. Economic growth, carrying capacity, and the environment[J]. Ecological

Economics，1995，15(2)：91-95.

5. Copeland B，Taylor M. Trade and transboundary pollution[J]. American Economic Review，1995，85：716-737.

6. Grossman G，Kreuger A. Economic growth and the environment[J]. Quarterly Journal of Economics，1995，110：352-377.

7. Lopez R. The Environment as a factor of production：The effects of growth and trade liberalization[J]. Journal of Environmental Economics and Management，1994，27：163-184.

8. Selden T，Song D. Environmental quality and development：Is there a Kuznets curve for air pollution emissions？[J]. Journal of Environmental Economics and Management，1994，27：147-162.

9. Stern D I . The rise and fall of the environmental Kuznets curve[J]. World Development，2004，32(8)：1419-1439.

思考题

1. 人口增长对环境质量退化有什么影响？

2. 经济增长和环境之间一定是冲突关系吗？试举例证明你的观点。

3. 在经济增长中环境质量先恶化后改善是普遍规律吗？为什么？

4. 经济全球化是否加剧了生态环境的退化？为什么？

5. 判断中、美、日、印四国的二氧化碳排放和经济增长间的脱钩状态（建议：可从世界银行、联合国世界发展指标数据库、国际能源机构的网站查找相关数据）。

第 10 章　生态经济学概要

【学习目标】

- 了解生态经济学的基本观点
- 了解"增长的极限"世界模型及相关争论
- 了解"稳态经济"的主要思想

生态经济学与环境经济学的内涵有很大的重合,它们都关注生态环境的变化及其对人类社会的影响,但二者在对一些概念内涵的认知和政策建议等方面也有明显的差异。生态经济学认同环境的存在价值,特别强调生态系统的完整性,认为生态环境是一个承载力有限的系统,人类社会经济系统是生态环境系统的子系统,因此不可能无限扩张。生态系统的稳定和安全是维护人类社会经济系统的基础。生态系统具有公共物品性质,要维护其稳定和安全需要对现有的政策进行大的改革。

10.1　生态经济学的基本观点

生态经济学从经济学、物理学、生物学等领域借鉴概念和分析方法,其基本观点主要有:

——生态经济系统遵循热力学定律。如果把环境定义为地球,则它除从太阳获得太阳能外,基本上是一个封闭系统①,其运行符合热力学定律。**热力学定律**认为物质和能量不能创造或减少(除了核反应),但可转移和转换,所有的物理过程会导致能量降级,不可利用的"废热"——熵(entropy)增加。例如,汽车的生产和消费活动是将自然资源和能源转换为废弃物和不可再利用的废热的过程,在这种过程中质量和能量守恒。美国经济学家尼古拉斯·乔治斯库-罗根借用热力学定律分析生态经济系统,认为一般的经济分析将资源能源投入与其他投入同等处理,将废热和废弃物作为外部性。如果经济规模小,这种分析没有问题。但如果经济规模扩张到很大,就需要用熵增过程来分析。

——自然资本具有不可替代性。生态经济学认同强可持续性的定义,认为自然资本和人造资本都是增进社会福利的基础,二者之间是互补而非替代关系。自然资源消耗、环境退化、生态系统的稳定性下降都是自然资本的不可逆损失。

——用支付意愿评估自然资本的价值有局限性。生态经济学家认为自然的价值超出

---

① 封闭系统是指不与外界有输入输出关系的系统。

了任何货币估计。一些类型的自然资本,如生态系统和物种,具有内在价值——无论人类是否愿意为此付费,这些价值都已经存在。每个物种都有固有的存在权利。如果一个项目会造成物种灭绝,那么无论其潜在的经济利益如何,都是不合理的。更广泛地说,复杂生态系统的功能对于维持地球上的生命至关重要,这些关键的生态系统功能不太可能被一个衡量支付意愿的指标所衡量。生态经济学家倾向于主张维持重要生态功能或满足某些伦理标准的政策,如提供基本需求和减少不平等。

——宏观经济的规模不是越大越好。生态系统的稳定性和不可再生资源是有限的,这种限制意味着对经济增长的限制。经济活动需要去物质化,使经济活动与资源消耗脱钩。

——用谨慎原则指导经济决策。生态系统具有复杂性,人类还不能完全认知和掌握这一系统,现在行动的后果存在不确定性和风险,一些活动的负面后果可能是不可逆的。因此,在经济活动中应采取预防措施,以避免或减轻潜在的损害。

——强调代际公平。需要用强可持续性原则指导经济活动,当经济活动产生长期滞后影响时,建议使用低贴现率分析活动的成本和收益。

10.2　增长的极限

人口和经济增长扩大了人类利用自然资源的规模,增强了人类对环境的影响力,而经济全球化则促进了全球经济增长,并使各地经济活动的环境影响扩展到遥远的地方。由于地球是一个有限系统,从整体上看,其物质资源供给能力和环境承载能力都是有限的,那么如果人口和经济持续增长,是否会突破自然生态系统的承载能力,带来灾难性的后果呢?

对这一问题的讨论可以追溯到马尔萨斯,他认为人口规模受制于土地为人类提供的生活资料,人口的增殖力无限大于土地为人类提供生活资料的能力,依靠饥荒、瘟疫和战争的抑制,才能使人口与生活资料保持平衡。

马尔萨斯对资源约束的认知为后人继承和发展,这些后继者都认同人类活动面临生态系统承载力的限制。其中最有代表性的成果是 1972 年出版的《增长的极限》,该书是罗马俱乐部的学者编写的研究报告。学者们建立了一个大型计算机模型,用系统动力学方法分析并预测了未来的世界状况[①]。模型考察了五个可能限制经济增长的基本因素:人口、粮食、自然资源、工业生产和污染。在模型中,他们假定各种主要资源的供给数量不变,如可利用的土地和可耗竭的资源存量,而对这些资源的需求则呈现指数型增长。各种相关要素通过正负反馈环相互作用,经过计算机模拟,世界未来发展的前景如图 10-1 所示:

---

① 系统动力学用反馈环来解释行为。反馈环是一种封闭路径,这种路径将一个行为与它对环境的影响联系起来,由此而影响它以后的行为。反馈环分为两种:对初始行为有加强作用的是正反馈,对初始行为有限制和减弱作用的是负反馈。

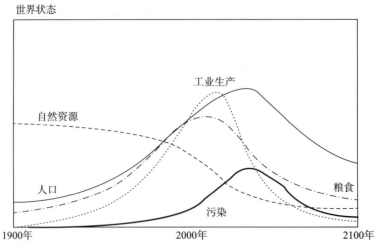

图 10-1　罗马俱乐部模拟的世界模型

① 过度消耗和突然崩溃。由于人口增长和经济增长，在一段时间内，人类社会将耗竭赖以生存的不可再生资源，使人口和工业生产力有突然的不可控的衰退。

② 单个解决方案的无效性。在标准模型的基础上，研究者在不同的假设条件下对未来进行了模拟：资源储量加倍、技术进步、实行控制污染的政策等。但模拟的结果显示这些新假设并不能改变模型的基本结论。单个方案只能解决一个限制性因素的问题，但少了这个限制又会形成新的限制，世界模型最终都无法逃脱崩溃的结果。

③ 以零增长避免崩溃。研究者认为世界发展的结果只有两个：一是通过政策限制人口膨胀、减少污染、暂停经济增长来避免社会崩溃；二是通过争夺有限自然资源的冲突引起社会崩溃，在这两种结果中经济增长最终都会停止。为避免社会崩溃，人口和经济规模都应停止增长（见图 10-2）。《增长的极限》与《人口原理》类似，都对人类前景做出了悲观的预期，因此又被称为"带着计算机的马尔萨斯"。

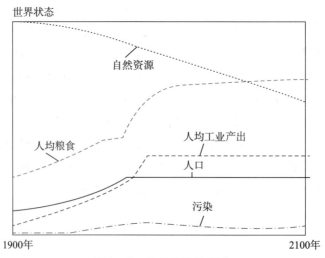

图 10-2　稳定的世界模型

  《增长的极限》引起了学者们的热烈讨论，一部分学者同意书中提出的观点，认为经济增长和环境质量之间的取舍是一个两难问题。经济增长意味着更多的产出，而要得到更多的产出就要求更多的投入，这必然会加大对环境资源的开发力度，同时产生更多的污染。经济增长和改善环境质量是无法兼得的两个目标。人类社会要实现可持续的发展，唯一的办法是降低经济增长速度甚至停止增长。持这种观点的代表学者有肯尼思·艾瓦特·博尔丁、尼古拉斯·乔治斯库-罗根、赫尔曼·戴利等人。

  ——博尔丁的观点：博尔丁曾于 20 世纪 60 年代提出宇宙飞船理论，他认为地球就像一艘孤立的宇宙飞船，飞船的生产能力和净化污染的能力是有限的，量度经济成功与否的标准不是产品和消费，而是资本存量的性质和自然资本的维持。

  ——乔治斯库-罗根的观点：乔治斯库-罗根使用热力学的两个定律分析经济系统，他认为经济系统扎根于物质基础并受其制约，这些约束使经济活动的演化成为单方向的、不可逆的过程（类似沙漏）。经济活动的核心是消耗环境中的低熵，而低熵值是一种稀缺的资源，最终会被消耗完。

  ——戴利的观点：戴利认为目前人类以日益增长的速度消耗资源和损坏自然资本，这种增长不仅缺乏效率，也是不可持续的，人类应当走向稳态经济。

  但是，也有不少学者对《增长的极限》持反对态度。批评者们认为世界模型低估了市场价格机制和技术进步的作用，夸大了人口和经济增长带来的资源环境压力。持这种观点的代表学者有朱利安·西蒙、威尔弗雷德·贝克曼、比约恩·隆伯格等人。

  ——西蒙的观点：从历史上看，人们生活标准的提高都伴随着世界人口的增长。随着收入增加，人类很少遇到严重的物质短缺，可用资源的数量也在增长，更多的人享用到了更清洁的环境。没有充分的理由证明，这种生活变好的趋势，以及原材料（包括食物和能源）价格降低的趋势不会持续。价格机制将解决资源的稀缺问题。资源接近稀缺就会促使价格上涨，而价格上涨会刺激供给商寻找更多资源，同时刺激用户尽量少用这种资源、积极寻找替代品。对于污染问题，收入增长使得人们对于环境的质量要求更高，同时也有能力负担得起治理环境的费用，因此收入增长会伴随着污染减少。人类最终依靠的资源是基于想象力和创造力的人力资本，而这一资源是不会枯竭的。西蒙认为《增长的极限》的最大缺陷是"短视"，没有充分考虑到人类想象力的作用，才将有限的资源限制视为导致过度消耗和社会崩溃的主要原因。

  ——贝克曼的观点：良好的环境质量是一种奢侈性物品，随着经济增长带来的人均收入增加，环境产品的有效需求将扩大，人们会消费更多的环境产品，从而会拉动环境产品的供给，促进环境的保护和改善。经济增长带来社会财富的增加，也将使更多的资本投入环境治理保护成为可能。尽管在经济发展的初始阶段经济增长常常导致环境退化，但最后在大多数国家，保护环境最好的甚至唯一的办法就是变得富裕起来。

  ——隆伯格的观点：在过去 400 年里人类文明经历了持续发展，总体上看没有理由认为这一发展将不会继续下去。在全球变暖、人口增长、物种灭绝、资源枯竭等问题上，环境危机被严重夸大了。在环境问题上，人类不能漠不关心和无所作为，但夸大其词和悲观论调只会带来不必要的恐慌，并浪费有限的资源和精力，而忽略真正亟待解决的问题。

可见，对于增长与环境的关系、增长是否有极限等问题，人们的认识存在很大的差异。戴维·皮尔斯（David Pearce）按照对经济增长的态度不同，将这些主张分为四种：完全支持、有条件支持、温和反对和激烈反对，并将可持续性定义为极弱可持续性、弱可持续性、强可持续性和极强可持续性（见表 10-1）。

表 10-1　关于经济增长对环境质量影响的四种观点

对经济增长的态度	可持续性的类别	经济增长对环境质量影响的观点	政策建议
完全支持	极弱可持续性	经济增长和环境质量间存在直接正相关关系。经济增长刺激有利于环境的技术进步；环境质量是一种奢侈品，经济增长使人们对环境质量的有效需求增加，它对环境质量是有利的	促进经济增长，保证自由市场机制的正常运转
有条件支持	弱可持续性	尽管产出增长会对环境质量造成潜在的威胁，但经济增长为环境保护提供资金，是环境政策实施的前提，经济增长和环境质量间是正相关关系	在促进经济增长的同时，鼓励环境政策的实施
温和反对	强可持续性	经济增长带来物质产出的增加，它对环境质量是有害的，环境政策虽有助于减缓环境退化，但在增长的经济体中，环境政策的作用是有限的	采用降低污染密集型产业增长速度的环境政策
激烈反对	极强可持续性	经济增长带来物质产出的增加，从长期看，经济增长对环境是有害的，环境政策的实施对环境质量有暂时的正面作用，但如果不停止增长，环境质量不会有根本性的好转	降低经济增长速度甚至停止经济增长

从《增长的极限》出版到现在，已过去了五十多年，许多国家已相继完成了人口转变，世界人口总数虽然还在增长，但增长速度已放缓，世界经济规模虽然扩大了，但许多国家的环境指标有所好转，各种自然资源也没有变得更稀缺。

在这期间，《增长的极限》的作者对原书进行了两次修订，1992 年出版了《超越极限》，2004 年出版了《增长的极限：30 年修订版》，其基本研究结论与 1972 年版本大致相同，都认为物质消费和人口数量的无限增长是不可行的，人类需要大幅提高资源和能源的利用效率，强调生活的充裕、公平和质量，而不是产出量，但对人类采取应对政策的作用给出了更积极的评价。

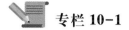 **专栏 10-1**

十年赌局——不可再生资源是否会被消耗完

正方:美国斯坦福大学的艾里奇,其认为由于人口爆炸、食物短缺、不可再生资源的消耗、环境污染等问题,人类前途不妙。随着不可再生资源的消耗,其价格将大幅上升。

反方:美国马里兰州立大学的西蒙,其认为人类社会的技术进步和价格机制会解决人类发展中出现的各种问题,人类前途光明。不可再生资源绝不会枯竭,所以价格不但不会大幅上升,反而还会下降。

赌局:两人选定了 5 种金属——铬、铜、镍、锡、钨,各自以假想的方式买入 1 000 美元的等量金属,每种金属各 200 美元。以 1980 年 9 月 29 日的各种金属价格为准,假如到 1990 年 9 月 29 日,这 5 种金属的价格在剔除通货膨胀的因素后上升了,西蒙就要付给艾里奇这些金属的总差价;反之,假如这 5 种金属的价格下降了,艾里奇将把总差价支付给西蒙。

结果:这场赌局耗时 10 年。到 1990 年,这 5 种金属无一例外地跌了价。艾里奇输了,他很守信用,把自己输的 576.07 美元交给了西蒙。

单纯从这一赌局的结果看,人们应该对世界发展前景持乐观态度。但也有人认为这一赌局的时间跨度太短,不能证明不可再生资源长期是否会被消耗完。

资料来源:作者根据公开资料整理。

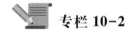 **专栏 10-2**

技术对环境的影响

在各种反对《增长的极限》的理由中,最重要的一个是该报告低估了人类通过技术进步解决资源环境约束的潜力。那么技术在环境问题上扮演什么角色,是不是解决环境约束的最终方案呢? 回顾历史上的技术进步,可以发现有的技术进步可以开辟新的产业,有的技术进步是在旧产业内部进行改造,使更多的原料转化为产品,提高能源的利用效率,它们都可能使经济系统耗费更少的投入、产生更多的产出。但是,各国的实践表明,技术进步不一定有益于环境:对环境保护来说,技术进步是一把双刃剑。

一方面,技术进步增加了环境压力:

——技术增强了人类开发利用自然资源的能力,扩大了经济规模,增加了对环境的影响。

——技术改变了能源基础,化石能源的消耗带来全球气候变化,可能造成不可逆转的生态破坏。

——技术产生了新的有毒物质,带来了各类污染问题。许多新物质的环境毒性要经过很长时间的滞后才会显现出。来。例如,塑料是应用最广泛的人造化合物,但因其难以降解，曾被英国《卫报》评为 20 世纪最糟糕的发明。联合国环境规划署在《全球环境展望6》中警告，淡水系统中抗生素耐药性问题可能在 2050 年成为人类的主要死因，而内分泌干扰物会影响男性和女性的生育能力以及儿童的神经发育。这些有毒物质都是由技术发明带来的。

另一方面，技术的发展也为解决环境问题提供了方案：

——提高资源利用效率的技术，有助于降低单位经济活动的环境损害。

——清洁生产技术、污染削减和治理技术为减轻环境损害提供了解决方案。例如，在应对气候变化上，新能源技术的发展减少了经济活动对化石能源的依赖。

在市场机制作用下，技术进步具有非对称性。现实中的许多技术进步源于资源开发，主要考虑如何降低开采或收获成本、增加资源利用率以获取更多收益、开发新资源等问题。这些技术进步在客观上可能会促进自然资源的开发利用，但不利于环境保护。资源开发利用技术进步多是市场机制作用的结果，这类技术反应快、开发周期短、投入产出比高。而削减污染和修复环境方面的科技发展则往往反应慢、开发周期长、市场收益率低甚至为负。在市场机制作用下的技术进步往往倾向于资源的开发利用，忽视环境保护和发展的持续性问题。后者具有巨大的环境正效应，但在市场中往往供应不足。因此，促进这类科技的发展需要政府的干预。政府可以直接投资支持环境友好技术的研发，也可以通过实施补贴、税收优惠、政府采购等支持性政策鼓励企业研发和采用环境友好技术。

资料来源：作者根据公开资料整理。

10.3 稳态经济

生态经济学认为，当人类的经济规模相对于既定的、非增长的、封闭的生态系统来说很小的时候（如农业社会），人类处于"空"的世界中，此时资源流量增长是主要的，而资源效率改进居于次要地位。当人类的经济规模相对于生态系统来说很大的时候，经济规模已经超越了由环境再生能力和吸收能力决定的生态系统承载能力，继续维持资源流量增长就不再是合理的选择，此时，人类必须停止物质资源流量的继续增长，用质量性改进（发展）的经济范式来代替数量性扩张（增长）。生态经济学家戴利定义了一种新的经济模式——稳态经济，并就如何实现经济模式的转变提出了较为系统的建议。**稳态经济**（steady-state economy）的特征是人口和物质财富的存量不变，维持在适宜的水平。由资源和能源流量形成的生产量提供了直接的消费收益和投资，并能有效弥补资本存量的贬值。

在稳态经济中，伴随经济结构转变和技术进步，即使能量和物质的流量不增加，来自这些流量的价值也可以增加。因此，稳态经济能够发展，却不能增长。稳态经济强调对流量的高效利用及自然资本的维持，并不等同于《增长的极限》中提倡的零增长。

10.3.1 "空的世界"和"满的世界"

经济系统是有限环境系统的子系统,在工业经济社会的初期,经济系统的规模小,经济增长是在"空的世界"中进行的,人造资本是稀缺的限制性因素,而自然资源是丰裕的,因此,追求经济子系统的数量型增长是合理的。但是随着经济子系统的不断增长,生态系统从一个"空的世界"转变为"满的世界",这时候自然资本代替人造资本成为稀缺要素(见图 10-3)。

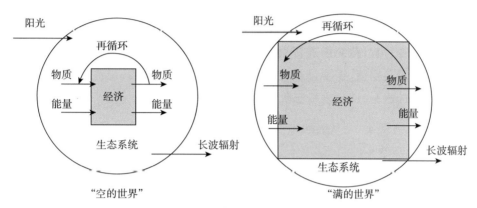

图 10-3 "空的世界"与"满的世界"

目前,世界已经从一个相对充满自然资本而缺乏人造资本(及人)的世界转变为相对充满人造资本(及人)而自然资本短缺的世界:捕鱼生产是受剩余鱼量的限制而不是受渔船数量的限制,木材生产是受剩余森林面积的限制而不是受锯木厂多少的限制,原油生产是受石油储量的限制而不是受采油能力的限制,农产品的生产经常是受供水量或土地的限制而不是受拖拉机、收割者的限制。

这样,随着经济子系统的不断扩张,稀缺性和限制性要素发生了改变,尽管经济学的逻辑仍然保持不变,过去的经济行为今天就可能变成非经济行为。随着世界从一个经济系统的输入输出没有限制的世界,逐渐转变为输入输出日益受到限制的世界,经济学的理论范式也将进行转换,即从"空的世界"的经济学走向"满的世界"的经济学。在新的理论范式下,人类的经济行为也必须改变。例如,当鱼类总数成为限制性因素时,更多的渔船有什么用呢?这里自然资本和人造资本是互补而不是替代关系。在一个"满的世界",自然资本极度稀缺,更多的人造资本并不能增加产出,相反,倒会使自然资本更加稀缺,结果使产出下降。符合经济逻辑的做法是投资于自然资本,增加海洋里鱼类的数量。

10.3.2 向稳态经济转变

在主流的宏观经济学中,经济系统只是一个交换价值的封闭循环体系,并未指出环境、自然资源、污染和耗费之间有任何联系。在这个只有抽象的交换价值流动的孤立流通系统中,没有任何东西是依赖于周围环境的,当然也就不会有自然资源耗费、环境污染等问题,不会有依靠自然服务体系的宏观经济学,或者说根本不会依靠除经济系统本身之外的任何东西。因此,主流经济学对于环境问题的解释有一种只见树木、不见森林的意味,缺乏从社会整体角度来观察问题的视角。

经济学家们已经意识到高效配置和公平分配是两个独立的目标,同时他们也大体上认同最好用价格来反映效率,而用收入分配政策来反映公平。但是经济系统还存在第三个目标——最优规模。这里,"规模"是人口乘以人均资源使用量而得出的生态系统中人类生存的物理规模或尺寸。经济系统作为生态系统的子系统,必然受到环境再生和吸收能力的约束。经济系统不是越大越好,它相对于生态系统存在一个最佳规模:既不超越生态系统的承载能力,同时又能够为人类生存带来持久的、最大化的福利。图10-4显示了向稳态经济的转变过程:传统的经济增长属于增长阶段,此时经济规模的扩张,超过了环境承载力。为了避免崩溃,需要降低经济规模,进入去增长阶段,最终使经济规模稳定在低于环境承载力的水平,即进入稳态阶段。

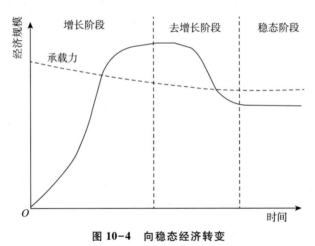

图10-4　向稳态经济转变

资料来源:O'Neill D W. Measuring progress in the degrowth transition to a steady state economy[J]. Ecological Economics, 2012, 84: 221-231.

在稳态经济中,人们的福利水平可以继续提高,但其源泉不是增长,而是技术、信息、公平和智慧等的持续改善。此外,不涉及资源消耗、环境中立或环境友好的活动,如艺术、传播和教育等行业,可以继续增长。

稳态经济有三个特征:稳定的物理资源存量,稳定的人口,使用最小化的物质和能量流(throughput)维持稳定的物理资源存量和人口。

为了实现稳态经济,戴利提出了几个原则:

① 所有可再生资源的开采利用水平不应超过再生能力;

② 污染物的排放水平应当低于自然界的净化能力;

③ 将开发利用不可再生资源获得的收益区分为收入部分和资本保留部分,将资本保留部分投资于可再生的替代性资源,以便在不可再生资源耗尽时有足够的资源替代使用,从而维持人类的持久生存。

④ 需要考虑生态门槛。一些关键生态系统提供的环境服务是不可替代的,一些物种具有重要的非使用价值,需要加以保护或保留。

向稳态经济过渡,需要在这些原则的指导下建立相应的制度保障。这些制度能够保证稳定人口数量、稳定物质财富存量并将流量保持在生态系统的限制之内。操作性的政策建议包括消除无效率的补贴,减少外部性,支持绿色投资,改变衡量福利水平的指标,鼓励将经济活动从资源密集型商品转向教育和艺术等"非物质化"服务,改变消费主义文化等。

稳态经济与当前的经济模式有很大的不同。在稳态经济中,富足不是用金钱来衡量的,成就也不是由物质财富的持续积累驱动,从个人到国家到社会追求的目标不是更多,而是更好。考虑到稳态经济中没有增长,在技术进步的推动下社会总工作时间会减少,可能引发失业和社会不稳定,生态经济学者建议分享工作、减少工时。这能减少以前失业没工资的人和以前通过长工时赚高工资的人之间的收入差距,使社会收入更平均,也使以前工时长的人有更多的闲暇,能够享受工作之外的一些繁荣和幸福,而这些繁荣和幸福是不能用钱买来的,譬如增加人际交往的亲情、减轻工作压力的心理平衡。[1][2] 在全球化和人工智能(AI)技术迅速发展的背景下向稳态经济转型,还要特别限制资本存量的分配不公平程度,可以考虑为所有人提供无条件的"基本收入"。[3] 但是这些建议落实起来有比较大的困难。批评者们认为这些政策建议会大大增加政府的权力、扰乱现行经济体制,也可能带来新的不公平。

小　结

生态经济学虽然也以人类经济—环境复合系统为研究对象,但在一些基本观点上与环境经济学有差别。特别地,二者对经济系统扩张的环境后果的判断存在很大不同。生态经济学认为经济系统是生态环境的子系统,不应该也不可能持续扩张。以《增长的极限》为代表,许多学者从宏观角度探讨了经济和人口增长带来的环境后果,对人类发展的前景进行过预测。生态经济学强调支撑人类社会经济系统的生态系统的有限性,认为经济规模不是越来越好,建议向稳态经济转变。

进一步阅读

1. 戴利. 超越增长:可持续发展经济学[M]. 诸大建,胡圣,等,译. 上海:上海译文出版社,2001.

① 杰克逊.无增长的繁荣[M].丁进锋,诸大建,译. 北京:中译出版社,2023.
② 杰克逊. 后增长:人类社会未来发展的新模式[M]. 张美霞,等,译. 北京:中译出版社, 2022.
③ 在全球化和人工智能技术发展的背景下,社会收入分配向两极化发展,在现行分配体制下,大多数人难以获得技术进步的红利,工作机会会减少、收入和生活水平会下降。因此有人提出了分享工作和为所有人提供基本收入的政策建议,但这类建议要依靠政府实施累进税和配额管理支持。

2. 杰克逊. 后增长：人类社会未来发展的新模式[M]. 张美霞,等,译. 北京：中译出版社，2022.

3. 杰克逊.无增长的繁荣[M]. 丁进锋,诸大建,译. 北京：中译出版社,2023.

4. 梅多斯,等. 增长的极限[M]. 李涛，王智勇，译. 北京：机械工业出版社,2013.

5. 米都斯,等. 增长的极限：罗马俱乐部关于人类困境的报告[M]. 李宝恒,译. 长春：吉林人民出版社,1997.

思考题

1. 增长是否有极限？是否应该有极限？为什么？

2. 你认同世界应转向稳态经济的观点吗？为什么？

第 11 章　环境管制对经济的影响

【学习目标】

- 掌握环境管制对经济增长的影响路径及分析方法
- 掌握环境管制对创新、竞争力和生产效率的影响路径及分析方法
- 掌握环境管制对贸易和投资的影响路径及分析方法
- 了解将环境因素纳入投入—产出表进行分析的方法

环境管制政策要求在污染防治、生态修复领域进行大量投资,也意味着对市场机制和企业经营的干扰和扭曲,这些都会对经济增长造成影响,对这种影响进行分析是评估和选择环境管制政策的基础。

11.1　环境管制对增长和就业的影响

自 20 世纪 60 年代末以来,随着环境运动的兴起,各国政府面临公众要求加强环境管制的压力。西方发达国家也开始建立日益严格的环境管制体系,加强对生态退化与环境污染的管控。

管制是指政府为控制企业的价格、销售和生产决策而采取的各种行为和措施,包括政府为改变或控制企业的经营活动而颁布的规章与法律,政府进行这种干预的目的是制止不充分重视社会利益的私人决策。

环境管制是管制的一种,其管制的对象是破坏生态和环境的行为。一般而言,环境管制可以分为广义和狭义两种。狭义的环境管制包括政府对企业产生污染的行为进行的各种管理,而广义的环境管制不仅包含狭义的环境管制,还包括政府对自然资源的价格形成机制进行管理、对自然环境产权进行界定和对城市环境基础设施进行建设等行为和措施。

从微观角度看,环境管制会扭曲生产者的行为;从宏观角度看,环境管制可能影响投资、就业和经济增长。当前,世界上绝大多数国家都把保持一定的经济增长速度和就业水平作为主要经济目标,那么,如果环境管制要以减少 GDP 为代价,就需要考虑这种代价是否值得,环境保护是否太贵? 严格的环境管制是否会抑制经济增长,提高失业率? 如果有影响,影响的幅度又有多大?

11.1.1　环境管制对增长和就业的负面影响

按照污染者付费原则,环境管制的对象是污染者,政府通过各种环境政策将外部成本

内部化,但这并不意味着受管制企业真正承担所有成本。由于经济是相互联系的,成本会以提高价格的形式传递给消费者,或以减少就业、降低工资的形式传递给员工,或以降低资本投资回报率的形式传递给投资方,或是这三种方式的组合。

可以借助图 11-1 说明污染控制成本的影响。图 11-1 模拟了一个完全竞争性行业受到环境管制的情景。在没有实施污染控制政策时,均衡价格为 p^0,企业产量是 q^0,行业总产量是 Q^0。价格 p^0 等于产量为 q^0 时的平均成本 AC^0,利润为 0,企业没有激励进入或退出这个行业,市场处于均衡状态。

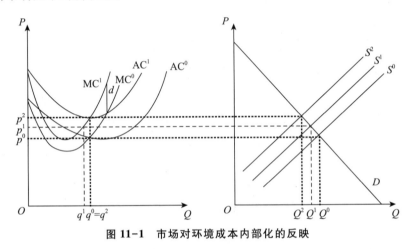

图 11-1   市场对环境成本内部化的反映

环境管制将环境成本内部化,会加大企业成本,使企业的边际成本曲线和平均成本曲线都向上移动 d。由于市场供给曲线是所有企业的边际成本曲线之和,所以供给曲线也向上移动 d。相应地,市场价格从 p^0 上升到 p^1。在短期均衡下,价格增加的幅度小于 d。

如果以一家企业为分析对象,可以看出,在成本提高后企业会减少产量到 q^1,行业总产量减少到 Q^1。而在这个产量水平下,价格 p^1 低于平均成本 AC^1,企业的利润为负。因此企业会选择退出市场。

由于有企业退出市场,供给曲线向左移动,移动的幅度取决于退出企业的数量。企业退出促使价格与平均成本重新达到平衡,在价格变为 p^2 时,市场重新恢复均衡。此时 p^2 与 p^0 的差为 d,市场总产量减小到 Q^2。市场产量的减少是通过部分企业退出实现的,留下企业的产量和管制之前一样。

可见,实行环境管制的短期后果和长期后果是不同的:短期内,由于每家企业的边际成本都增加了 d,价格提高幅度小于 d,所有企业都将减少产量,行业利润为负。长期内,部分企业会退出行业,使留下企业的利润恢复到 0。留下的每家企业的产量和管制前一样,但总产量下降了。产品价格增加的幅度等于内部化的环境成本。这样,环境管制对经济的效应体现在三个方面:产品的产出水平下降;消费者为产品支付更高的价格;劳动力需求减少,就业率降低。

所以,政府加强环境管制会迫使企业减少污染排放,以达到新的环境标准。这固然可以让外部成本内部化,提高社会福利,但环保不是"免费的午餐",它会对经济增长造成一定的负面影响。加强环境管制会增加企业成本，或迫使企业把资金从生产性活动转移到非生产性活动，增加经营的不确定性，使失业率提高，最终影响一个国家或地区的经济增长。

此外，环境监管部门的运行也需要成本，这笔开支不能带来利润和产出。环境基础设施的建设、环境公共物品的提供都需要投资，在资本有限的情况下，可能会挤出其他更具潜在效率的投资或创新，影响地区经济增长。而政府不断提高环境标准、修改环境政策也会带来不确定性，影响生产性投资决策，可能妨碍经济增长和就业。

按照这种逻辑推理：在各国环境管制标准不一致的情况下，如果某个国家或地区的政府加强环境管制，实施了比其贸易伙伴更严格的环境标准，这个国家或地区的相关产业会相应地增加生产成本，若没有相应的保护措施和机制，这个国家或地区的相关产业可能在国际市场上因产品的价格相对较高而失去原有的竞争优势。

在生产要素流动日益自由化的时代，如果每个国家都担心其他国家或地区采取比本国更低的环境管制标准而使本国产业处于不利的竞争地位，为了避免本国产业的竞争力受到损害，国家或地区间会竞相采取比他国更低的环境管制标准，形成向环境管制标准"触底竞赛"的现象，出现类似于"囚徒困境"的集体非理性行为。也正是受这种理论观点的影响，产业界人士对政府加强环境管制也有抵触，许多国家在加强环境管制、提高环境标准时常常犹豫不决。

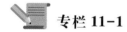 专栏 11-1

碳税

为了促进碳减排、应对气候变化，一些国家对碳排放征收庇古税，这就是所谓的**碳税**。1989 年荷兰和芬兰就开始征收碳税。碳税或者对更普遍的环境破坏征收的环境税，会对一国的税收结构产生较大影响，在不同阶层和部门间引起收入的再分配。一些学者提倡在征收碳税的同时相应降低所得税，他们认为将税收结构向环境税转移有助于降低所得税税率，刺激经济发展，同时可以获得环境改善的收益，这是一种可以产生"双赢"（win-win）效果的改革。

但在现实中，这种理想的"双赢"效果却不容易获得，特别是涉及国际税收负担比较时，许多国家担心征收碳税会影响本国经济增长和就业，在实施碳税时犹豫不决。澳大利亚是发达经济体中人均排放温室气体最多的国家之一。为了促进温室气体减排，2011 年11 月 8 日，澳大利亚通过碳税立法，从 2012 年 7 月 1 日起开始正式征收碳税。碳税收入将用于发展清洁能源，补助因碳税引发物价上涨而受到冲击的家庭。由碳税引起的涨价压力虽可为政府补助所抵消，但人们对碳税可能对经济和就业等产生的影响普遍感到焦虑，担心碳税会引起价格上升，使国家的支柱产业——采矿业、农业和能源产业的国际竞争力下降、就业机会减少。在碳税开征的当天，悉尼和墨尔本等城市就举行了反对碳税的抗议示威活动。在抗议和反对的压力下,澳大利亚政府决定,从 2014 年 7 月 1 日起废止固定碳税,转而按每吨 6～10 澳元的浮动价格实施碳交易计划,以缓解民众家庭生活费高涨的压力,并协助提振除采矿业以外的产业经济。澳大利亚工商会经济学和产业政策主任、首席经济学家克雷格·埃文斯发表声明称:"实施碳交易计划仍然是一个耗资数十亿澳元的单边行动,我们的大多数竞争对手并没有付出这么大的代价,澳大利亚这么做不利于经济发展和就业。"

资料来源:作者根据公开资料整理。

11.1.2　环境管制对增长和就业的正面影响

环境管制至少可能在如下领域对经济产生正面影响:

① 污染造成的经济损失和健康损失是巨大的,环境管制的主要收益在于改善了环境质量,减少了损失。

② 环境管制有利于提高资源的利用效率,促进技术进步。技术进步是经济增长的内生变量,环境管制可以起到类似市场竞争压力的作用,有助于刺激环境革新和清洁技术的产生。这些技术进步通过提高投入品的使用效率产生经济效益,因此可能促进经济增长。[1]

③ 环境管制会促生新企业、促进环保产业的发展。新企业会带来新产出和新岗位,环保产业的发展是可以计入 GDP 的,从而减轻环境管制对经济增长的负面影响。例如欧盟的研究认为,其成员国在 1995—2005 年间将其新增经济能力的 2%～3%投资于环境保护,对 GDP 增长率的负面影响不会超过 0.1%,也就是说这种影响很小,可以忽略不计。[2]

④ 在经济低迷时期,环境投资有拉动需求、促进经济增长的作用。日本环境省认为高强度投资会给日本带来经济高速增长期,20 世纪 70 年代中期恰逢石油危机后的经济低迷时期,高强度的污染防治投资在一定程度上刺激了社会需求,支持了投资和就业。[3]

征收环境税会加大企业的成本负担,为了消除这个负担,有学者建议进行税收中性化改革——在征收环境税的同时降低所得税的税率。这种改革方案鼓励投资和就业,因此环境税能达成保护环境和促进增长的双重目标,产生"双重红利"(double dividend)。[4]

中国正在开展的生态文明建设明确要求推进绿色发展,并把"壮大节能环保产业"作为推进绿色发展的重要抓手。据统计,中国环保产业已发展到较大的规模。2020 年全国生态环保产业(环境治理)营业收入约 1.95 万亿元,环境治理营业收入总额与 GDP 的比值

① Carraro C, Galeotti M. Economic growth, international competitiveness and environmental protection: R&D and innovation strategies with the WARM model[J]. Energy Economics, 1997, 19(1): 2-28.

② Kageson P. Growth versus the environment: Is there a trade off? [M]. Norwell: Kluwer Academic Publishes, 1998: 248.

③ 任勇.日本环境管理及产业污染防治[M].北京:中国环境科学出版社,2000: 315.

④ Bovenberg A. Environmental taxes and the double dividend[J]. Empirca, 1998, 25(1): 15-35.

为 1.9%,对国民经济的直接贡献率为 4.5%,生态环保产业从业人员约 320 万人,占全国就业人员总数的 0.43%(见图 11-2)①。

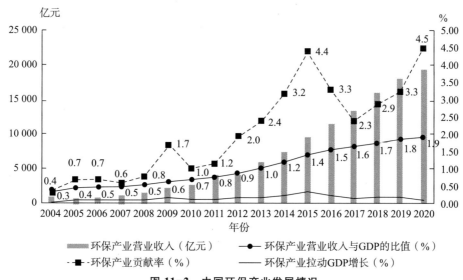

图 11-2　中国环保产业发展情况

资料来源:作者根据《2021 中国环保产业发展状况报告》整理。

11.1.3　环境管制对经济影响的综合分析

在短期内,环境管制对经济的影响是通过改变产量、价格表现出来的。在不同的市场结构下,管制对经济产值的影响不同。例如,1999 年美国国家环保局要求汽车降低 NO_x 的排放量,这导致小汽车的生产成本增加了 100 美元,轻型卡车的生产成本增加了 200 美元,消费者可能因为价格提高而减少汽车的购买量,但汽车产业的产值如何变化还要取决于人们买了多少汽车。经测算,当时汽车的需求弹性为-1,也就是汽车的价格提高 10% 时,汽车的销量会下降 10%。如果销量下降 10%,而价格上升 10%,那么汽车行业的产值会保持不变。②

环境管制不仅影响受管制的商品,而且其替代品和互补品的价格和产量也会受到影响。受管制产业产品价格提高也可能促使消费者购买其他的替代品,如汽车价格提高后,消费者可能将本计划用于购买汽车的钱用在自行车、徒步鞋、公共交通等方面,促进这些替代品所在产业的增长,从而增加 GDP。根据替代品的价格和数量的不同,与管制前相比,GDP 可能增加、减少或不变。

对单个企业或产业受到环境管制的影响进行分析,可以通过对污染控制措施引起的

---

① 2021 中国环保产业发展状况报告[EB/OL].(2022-03-03)[2024-10-18].https://mp.weixin.qq.com/s?_biz=MzA3OTM1NTYwNg==&mid=2649328168&idx=1&sn=10b95f104ab8a20bcfe24812897a4f6f&chksm=87a9e191b0de688714bc63c0b08f564426fff3f534fb299e9e18aad4b0b8e70ccc9a10223aa1&scene=27.

② 伯克,赫尔方.环境经济学[M].北京:中国人民大学出版社,2013:397.

单个变量（如成本、价格等）的变化进行估计，但这不能反映环境管制产生的乘数效应和反馈效应。例如，企业采取污染控制措施会使其成本和售价上升，同时也影响购买其产品的其他企业；某些部门安装污染控制设施会提高污染控制设备的产量和就业水平，并会对其他相关部门产生连锁效应（如增加了建筑业的工作量）。所以，一些研究突破对各部门所受影响进行简单加总的做法，建立了宏观经济模型来分析环境管制对有关经济变量产生的相互作用及其宏观经济后果。

用宏观经济模型在一个系统框架下分析不同的环境政策，如大气污染控制、水污染控制政策等，可以将这些政策的影响放在共同的、可比较的基础上进行分析。宏观经济模型一般以凯恩斯经济理论为基础，起始于对变量总值如 GDP 或总就业率的核算，也可以将变量分解为不同的组成部分，如将 GDP 分解为消费、投资、进口、出口、政府开支等。消费和投资支出可以与收入、利率、利润变量相联系。各产业部门的关系通常采用"投入—产出"矩阵来表述。就业水平取决于生产部门对劳动力的需求和各类劳动的供给总量。模型还可以包括一个财政部门和若干计算式，以表示生产成本和可利用能力的变化对价格的影响。

这些是宏观经济模型的基本结构，为了模拟环境管制的影响还需要对这个模型进行调整：

第一是设定受到环境管制影响的外生因素。这些因素是在模型之外决定的，如税收和货币政策、公共和私人消费水平及国际贸易水平等。模型中的环境投入可以由私人企业花在治理设施上的投资或政府花在污染控制上的投资来代表。对几年的投资水平进行估算后，把它作为外生因素输入到模型中去。

第二是对模型内部结构进行一些调整，如果所分析的政策会改变模型中的某些基本关系，就必须对模型进行调整。例如，如果购买消除污染装置之后不能增加收益，那么投入—产出的基本关系已经发生变化，可以通过改变模型结构反映这种变化。

区别了外生变量并做了必要的调整后，模型就可以表达一种经济活动在有环境政策和没有环境政策时，分别是如何运行的。[①]

长期来看，经济增长主要取决于资本（包括人力资本和物质资本）的积累和技术进步。这样要讨论环境管制的长期经济影响，还需要研究环境管制对资本积累和技术进步的影响。而这二者的方向可能是相反的：将部分生产性资源转用于非生产性领域会减缓资本积累的速度，因此减缓生产率的提高，降低经济增长速度；但环境管制也可能会对技术创新产生积极作用，促进经济增长。这些因素增加了预测环境管制的经济影响的难度。

20 世纪 70 年代，OECD 国家的经济状况恶化，引起了关于经济状况恶化原因的讨论。一般认为的原因包括：能源等有关价格的明显上升、劳动力成本增加、投资水平低、对公共

---

① 经济合作与发展组织.环境费用对宏观经济的影响[M].北京：地震出版社，1992.

社会事业的开支增长、政府管理范围的扩展等,但每种原因对这种不景气的经济状况的贡献难以确定。由于这一时期政府环境管理的功能明显加强,政府采取了对有害废弃物排放进行管制、要求企业装备污染控制设施、对生产过程要求强制技术改造等许多环境保护措施,因此人们推论,在环境政策和国家经济活动间可能存在某种因果关系。一些成员国发展了宏观经济模型,用来评估控制污染的环境管制对国家宏观经济变量的直接和间接影响,这些研究的结果见表 11-1,可以看出环境管制可能产生以下经济后果:

表 11-1　环境管制对经济变量的影响

国家	GDP(%)		消费价格(%)		失业水平(千人)	
	第一年	第十年	第一年	第十年	第一年	第十年
奥地利	—	-0.6/0.5	—	0.4/1.7	—	—
芬兰	0.3	0.6	0.2	0.2	-3.5	-7.5
法国	—	0.1/0.4	—	0.1	-0.2/-1.1	-13.2/-43.5
荷兰	0.1	-0.3/-0.6	0.2/0.4	0.8/4.3	-1.4/-2.3	-3.8/6.9
挪威	—	1.5	—	0.1/0.9	—	-25.0
美国	0.2	-0.6/-1.1	0.2	5.0/6.7	-80	-150/-300
意大利	—	-0.2/0.4	—	0.3/0.4	—	—
日本	1.2/1.6	0.1/0.2	—	2.2/3.8	较低	较低

资料来源:经济合作与发展组织.环境费用对宏观经济的影响[M].北京:地震出版社,1992:5.

① 污染控制费用的增加对产量增长的影响是不确定的。与没有污染控制时相比,GDP 水平可能提高(如挪威 10 年间共提高 1.5%),也可能降低(如美国 10 年间共降低约 1%)。

② 对通货膨胀有轻微的不利影响。从根本上说,所有国家的环境管制都倾向于提高消费价格。在有的情况下,一段时间内提高的幅度可能达到 5～7 个百分点,相当于每年增长约 0.3～0.5 个百分点。

③ 就业受到了刺激。除个别例外的情形,失业水平由于污染控制费用的增加而降低,尤其是美国、法国、挪威。

④ 使生产率增长变慢。这是因为当劳动力投入由于环境措施而增长时,GDP 增长率比通常应有的水平低,或至多略高一点。

⑤ 环境费用的初始影响往往比长期效应更显著。短期内,增加污染控制装置将促进经济活动,但长期内,低收益和(或)高昂的价格将抵消若干或大部分短期收益。

从模型结果可以看出,环境管制先是促进 GDP 增长,一段时间后转为抑制 GDP 增长。这是因为环境政策实施后,企业要削减污染,会产生额外的物品和服务需求,具有乘数效应和加速效应,形成 GDP 增长。经过一段时间后,由于经济规模扩张对生产能力及成本和价格带来压力,上升的成本和价格抵消了环境政策的正面影响,使产出水平下降。环境管制对宏观经济的影响最终表现为国民收入的变化。环境政策的宏观经济影响相对来说是微小的。由于某些产业产出的缩减可能被其他产业产出的增加所弥补,环境管制对国民收入的影响比对单一产业的影响要小。总体上看,污染控制措施不是 20 世纪 70 年代生产率增长放缓的主要原因。同样地,环境措施对 80 年代的经济发展而言也不可能是一个主要的制约因素。

除 OECD 的这项研究外,国外在环境管制的经济影响方面进行过的主要研究见表 11-2。

表 11-2　环境管制对经济的影响

研究	研究对象	内容
Christainsen 和 Tietenberg (1985)	美国 20 世纪 70 年代经济增长放缓	经济增长放缓中有 8%～12%可归因于实行了严格而系统的环境管理,这使劳动生产率的增长率降低了 0.2～0.3 个百分点
Jorgenson 和 Wilcoxen(1990)	1974—1985 年的美国	对比了有、无环境管制下的经济增长情况,发现污染控制支出占美国政府购买开支的 10%,使美国经济增长率下降了 0.191%
Denison(1985)	1967—1982 年的美国	污染控制使美国经济增长率下降。1967—1969、1969—1975、1975—1978、1978—1982 年间,分别使经济增长率下降了 0.06、0.14、0.06、0.12 个百分点
Leontief 等 (1972)	1967 年的美国	《清洁空气法》中控制四种空气污染物排放对物品和服务价格的影响,该研究发现,各部门的价格水平会出现不同程度的轻微上升
Carraro 和 Galeotti(1997)	欧洲六国	环境政策对环境、经济目标都有促进作用,对就业的影响不明显
Vrontisi 等 (2016)	欧盟	空气污染治理的反馈效应可以抵消政策成本,对宏观经济产生积极影响。
Metcalf 和 Stock (2023)	欧盟	碳税没有对就业和 GDP 增长产生负面影响。

国内也在这一领域进行了许多研究,例如李钢等构建了一个纳入环境管制成本的可计算一般均衡(CGE)模型,评估了提升环境管制强度对中国经济的影响。该研究发现,如果提升环境管制强度,使工业废弃物排放完全达标,将会使经济增长率下降约 1 个百分点,使制造业部门就业量下降约 1.8%,并使出口量减少约 1.7%。[①] 吴舜泽等基于投入—产出模型研究了中国"十二五"期间环保投资的经济效益,发现按 2012 年不变价计算,"十二五"期间的环保投资约为 4.12 万亿元,对国民经济总产出、GDP、居民收入、税收的贡献效应分别为 14.29 万亿元、4.80 万亿元、2.19 万亿元和 0.64 万亿元,单位投资的拉动系数分别为 3.47、1.16、0.53 和 0.16。[②]

[①] 李钢,董敏杰,沈可挺. 强化环境管制政策对中国经济的影响:基于 CGE 模型的评估 [J]. 中国工业经济, 2012, 11: 5-17.

[②] 吴舜泽,等."十二五"环保投资评估[M].北京:中国环境出版社,2017:82.

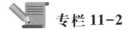
专栏 11-2

环境管制对不同人群的差异化影响

按照福利经济学中的帕累托改进要求,理想的政策应让有些人的情况变得更好,而没有人的情况会更糟。但大量公共政策即使能带来正的社会效益,也往往不能平等地使所有人受益,一些地区和人群甚至可能受损。因此,需要分析政策的损益情况,分辨受益者和受损者。如果政策的净效益为正,可以引入政策,但需要设计相应的机制补偿受损者,否则政策常因遭到社会反对而无法实施。环境管制对不同经济部门和地区的影响存在差异性,即使环境政策有利于提升环境质量,从整体上对经济和就业也没有显著的负面影响,但仍会对某些部门造成明显冲击。这使得不少经济学家们推荐的环境管制政策难以推行。

例如,欧盟原计划制定减少农药使用量的管制政策,但这会增加农业生产成本,来自欧盟各地的农民一直在抗议此类环境法规。在公众压力下,欧盟于 2024 年 2 月宣布放弃了欧洲农药使用量减半计划,因为这一计划已经成为"两极分化的象征"。

化石燃料燃烧是排放二氧化碳的重要来源,燃油税可以起到类似碳税的减排作用。2018 年,法国为了履行《巴黎气候协议》上调燃油税,导致了油价上涨,引发了民众的不满和抗议,巴黎因此爆发了多轮骚乱,甚至造成了死伤。政府不得已做出让步承诺后,骚乱才逐渐平息。这场骚乱发生的主要原因是民众认为燃油税给较低收入群体带来了更大的负担。

因此,在讨论环境管制政策对整体经济和就业影响的同时,还要重视它对不同群体的差异性影响,避免伤害低收入者等脆弱群体。

资料来源:作者根据公开资料整理。

11.2　环境管制对创新、竞争力和生产效率的影响

创新和技术进步是经济增长的源泉,也是环境管制影响竞争力和生产效率的重要渠道。

11.2.1　环境管制对创新和竞争力的影响

企业是创新的重要主体,环境管制对企业创新有正反两方面的影响:一方面,环境管制要求将一定的资金转移到污染防治上,因此可能挤出研发投资,妨碍创新;但另一方面,为了达到环境管制的要求,企业也有研发更清洁技术和产品的需求,又有利于创新。

在分析环境管制对企业竞争力的影响时,波特等人在案例研究的基础上,认为环境管制与竞争力之间并没有必然的冲突。严格的环境管制会迫使企业分配一些资源(资本和

劳动)去削减污染,从商业的角度来看,这将使企业不得不把一部分资金从生产性投资转移到非生产性的活动,在短期内将会增加企业的成本,但这是一种静态的分析。从长期和动态的角度来看,环境管制给企业带来的压力类似于市场竞争压力,设计合理的环境管制会激励企业进行技术创新和管理创新。这些创新不但可以补偿企业为环境达标而付出的成本,还可能激励企业开发出资源使用效率更高的新工艺和新产品,增强企业的竞争力,产生所谓的"创新补偿"(innovation offsets)效应。所以,环境管制与竞争力可以实现"双赢"。学术界将波特等人的这些观点称为"波特假说"(Porter Hypothesis)。

波特假说成立的核心假定是环境管制会促进创新,创新补偿带来的收益抵消了环境成本。那么环境管制是否会促进创新,并因此增强企业的竞争力呢?

不少研究对这一问题进行了实证检验,但得到的结果并不一致。

Jaffe 和 Palmer 使用美国 1973—1991 年间行业级别的面板数据进行了分析,研究美国工业减污成本与私人部门研发投资、专利申请数量间的关系。[①] 该研究使用的计量模型是:

$$\log(\mathrm{R\&D})_{i,t} = \beta_1 \log(\mathrm{VA}_{i,t}) + \beta_2 \log(\mathrm{GR\&D}_{i,t}) + \beta_3 \log(\mathrm{PACE}_{i,t-1}) + \alpha_i^R + \mu_t^R + \xi_{i,t}^R \qquad (式11\text{-}1)$$

和

$$\log(\mathrm{patent})_{i,t} = \gamma_1 \log(\mathrm{VA}_{i,t}) + \gamma_2 \log(\mathrm{FP}_{i,t}) + \gamma_3 \log(\mathrm{PACE}_{i,t-1}) + \alpha_i^P + \mu_t^P + \xi_{i,t}^P \qquad (式11\text{-}2)$$

式中,i 是工业部门,t 是年份,R&D 是企业研发支出,VA 是工业增加值,GR&D 是政府对工业研发的资助,PACE 是污染控制成本,patent 是美国企业申请的专利批准量,FP 是外国企业申请的专业批准量,α_i 反映工业部门的固定效应,μ_t 反映时间固定效应,ξ 为误差项。经过统计分析,该研究发现在控制了其他变量后,滞后的环境成本(分为一年滞后与五年滞后)与研发投资有正相关关系,专利申请数量与环境成本无关。这意味着环境管制促进了研发投资,但没有产出创新成果。

赵红使用中国行业级别的数据进行了类似的检验,发现环境规制对滞后 3 期的研发支出和专利申请数量有显著的正效应,表明环境规制在中长期对技术创新有促进作用。[②] 还有一些分析发现中国的环境规制与技术创新间呈倒 U 形关系,只有环境规制强度跨越特定门槛值时,才会促进创新。[③][④]

① Jaffe A B, Palmer K. Environmental regulation and innovation: A panel data study [J]. The Review of Economics and Statistics. 1997, 79: 610-619.

② 赵红. 环境规制对产业技术创新的影响:基于中国面板数据的实证分析[J]. 产业经济研究, 2008,3:35-40.

③ 沈能,刘凤朝. 高强度的环境规制真能促进技术创新吗?——基于"波特假说"的再检验[J]. 中国软科学, 2012,4:49-59.

④ 朱金生,李蝶. 技术创新是实现环境保护与就业增长"双重红利"的有效途径吗?——基于中国 34 个工业细分行业中介效应模型的实证检验[J]. 中国软科学, 2019,8:1-13.

有的技术创新具有减轻环境压力的显著特点,被称为**绿色技术创新**。不少研究检验了中国的环境管制政策对绿色技术创新的作用。[1][2][3] 有研究发现中国的环境保护税促进了绿色技术创新,但对其他技术创新产生了挤出效应。[4]

11.2.2 环境管制对生产效率的影响

生产效率是经济活动中资源(包括人力、物力、财力)开发利用的效率,一般用**全要素生产率**(total factor productivity, TFP)衡量,这一概念由美国经济学家罗伯特·索洛(Robert Solow)提出,将其定义为生产要素(如资本和劳动等)投入之外的技术进步等导致的产出增加,是剔除要素投入贡献后所得到的余值[5],又被称为"索洛余值"。TFP 增长的源泉有技术进步、效率改善、规模效应等。

由于没有直接统计数据,人们需要使用间接方法估算 TFP。常用的方法可分为参数方法、非参数方法和半参数方法。

索洛残差法是常用的参数法,它通过分析产出与生产要素之间的关系,计算无法通过生产要素投入解释的产出增长率,来衡量 TFP 增长对产出的贡献。这种方法的公式可以表示为:

$$TFP = \Delta Y - \alpha \Delta K - \beta \Delta L \qquad (式11-3)$$

其中,TFP 代表全要素生产率的增长率,ΔY 代表产出的增长率,ΔK 代表资本投入的增长率,ΔL 代表劳动投入的增长率,α 与 β 分别是资本和劳动的产出弹性系数。

设生产函数为柯布—道格拉斯生产函数,即:

$$Y_t = Ae^{\lambda t}K_t^{\alpha}L_t^{\beta} \qquad (式11-4)$$

其中,Y_t 为实际产出,L_t 为劳动投入,K_t 为资本存量,α、β 分别为平均资本产出份额和平均劳动力产出份额。如果规模收益不变($\alpha+\beta=1$),对方程两边取对数:

$$\ln(Y_t) = \ln(A) + \lambda t + \alpha \ln(K_t) + \beta \ln(L_t) \qquad (式11-5)$$

整理得:

$$\ln(Y_t/L_t) = \ln(A) + \lambda t + \alpha \ln(K_t/L_t) \qquad (式11-6)$$

在规模收益不变和中性技术假设下,全要素生产率的增长率为:

$$\Delta A/A = \Delta Y/Y - \alpha \Delta K/K - (1-\alpha)\Delta L/L \qquad (式11-7)$$

---

① 陶锋,赵锦瑜,周浩.环境规制实现了绿色技术创新的"增量提质"吗:来自环保目标责任制的证据[J].中国工业经济,2021,2:136-154.

② 齐绍洲,林屾,崔静波.环境权益交易市场能否诱发绿色创新?——基于我国上市公司绿色专利数据的证据[J].经济研究,2018,53(12):129-143.

③ 李青原,肖泽华.异质性环境规制工具与企业绿色创新激励:来自上市企业绿色专利的证据[J].经济研究,2020,55(9):192-208.

④ 刘金科,肖翊阳.中国环境保护税与绿色创新:杠杆效应还是挤出效应?[J].经济研究,2022,57(1):72-88.

⑤ Solow R M. Technical change and the aggregate production function [J]. The Review of Economics and Statistics,1957,39(3):312-320.

根据式 11-7 估计出 α 后，代入式 11-3 即可求出全要素生产率的增长率。

这种计算方法简单易行，适用于时间序列，但只能计算 TFP 的增长率，无法直接计算出 TFP 的值。

数据包络分析（data envelopment analysis，DEA）是一种常用的非参数方法，它构建了一个能够反映生产可能性的前沿面，通过比较决策单元与前沿面的距离来评估效率。可以用 DEA 计算的 Malmquist 指数（马尔姆奎斯特指数）变化代表 TFP 增长。

$$\text{Malmquist 指数} = \text{距离指数} \times \text{效率指数} \qquad (\text{式 11-8})$$

其中，距离指数代表两个生产函数之间的技术进步指数，效率指数代表同一时间点内的生产效率。因此这一方法可将 TFP 增长的来源分解为技术进步和生产性资源配置效率变化。非参数方法不需要设定具体的生产函数形式，从而避免了因生产函数设置不当带来的误差，但是可能会由于随机因素而降低结果的准确性。

半参数方法是在参数方法和非参数方法的基础上进行结合，主要有 Olley 和 Pakes[1]提出的 OP 方法，以及 Levinsohn 和 Petrin[2] 提出的 LP 方法。这两种方法适合大样本企业数据的分析。

OP 方法将投资作为 TFP 的代理变量，分步计算资本、劳动在生产函数中的比重：第一步，估算劳动在生产函数中的比重，得出不考察资本的 OLS 拟合残差；第二步，以 OLS 拟合残差为因变量，以企业生存概率、资本、投资作为自变量，估计出资本的系数；第三步，使用第一步所得的劳动系数和第二步所得的资本系数，通过索洛残值法得到 TFP。

LP 方法将中间投入作为 TFP 的代理变量，也分步估计劳动、资本和中间投入的系数：第一步，使用资本和中间投入高阶多项式的近似式，运用 OLS 方法估计劳动的系数；第二步，使用第一步估计出的劳动系数估计资本和中间投入的系数，通过索洛残值法得到 TFP。

企业生产在增加社会福利产品的同时，还可能产生损害社会福利的污染。要全面考查企业的生产效率，需要将污染因素纳入生产效率评估。非参数方法允许对多投入、多产出的复杂系统进行绩效评价，因此学者们将环境因素纳入 DEA 分析，开发了**绿色全要素生产率**（green total factor productivity，GTFP）。GTFP 是考虑环境因素后计算的全要素生产率。计算 GTFP 时通常将能源资源的消耗和环境污染作为一种弱可处置性的非期望产出[3]，假设企业在生产过程中同时实现了期望产出扩张和非期望产出减少，可使用方向性距离函数（directional distance function，DDF）计算马尔姆奎斯特-鲁恩博格生产率指数（Malmquist-Luenberger productivity index，MLPI），这一指数就是 GTFP 指标，与 Malmquist

---

① Olley G S, Pakes A. The dynamics of productivity in the telecommunications equipment industry[J]. Econometrica, 1996, 64(6): 1263-1297.

② Levinsohn J, Petrin A. Estimating production functions using Inputs to control for unobservables[J]. Review of Economic Studies, 2003, 70(2): 317-341.

③ 弱可置性（weak disposability）是指在一定的生产技术条件下，可以通过技术改进或管理措施减少非期望产出，但不可能完全消除。

指数一样可以分解为技术进步和效率提升两个来源。① 不少学者使用这一方法研究过中国的 GTFP，如陈诗一②、李斌等③。

环境管制政策可能从几个方面影响 TFP 和 GTFP：加快淘汰效率低、污染重的旧技术和落后产能，推动具有更高效率的技术的扩散；促进创新，提高投入要素的利用效率；促进清洁产业的发展和产业结构转变。有不少学者对这些效应进行实证检验。例如，Gray 发现，职业安全与健康监管（OSHA）和环境保护监管（EPA）共同导致美国制造业 TFP 增长年均下降约 0.44 个百分点，占整体放缓的 30%。其中 OSHA 贡献了约 19% 的放缓，是主要驱动因素，EPA 的贡献约为 12%④。陈诗一发现改革以来中国实行的一系列节能减排政策有效地推动了工业绿色生产率的持续改善。胡珺发现中国的碳排放权交易机制显著提升了控排企业的全要素生产率。⑤

11.3　环境管制对贸易和投资的影响

环境与贸易政策是相辅相成的。一方面，开放的多边贸易制度能够更有效地分配和使用资源，增加生产和收入，为经济增长和环境改善提供支持。另一方面，健康的环境为不断扩张的贸易提供了必要的生态资源。总之，开放的多边贸易体系在健全的环境政策支持下能对环境产生积极的影响，并促进可持续的发展。

11.3.1　环境比较优势

解释国际分工的基本模型之一是**赫克歇尔—俄林模型**（Heckscher-Ohlin Model），又称**要素比例模型**（factor proportion model）。该模型认为资本充实的国家在资本密集型商品上具有比较优势，劳动力充实的国家在劳动力密集型商品上具有比较优势，一个国家在进行国际贸易时应出口密集使用其相对充实和便宜的生产要素生产的商品，而进口密集使用其相对缺乏和昂贵的生产要素生产的商品。

将这个结果延伸到环境上，对污染有较强消纳能力或者对污染企业的接受度更高的国家，就应当专业化生产污染密集型产品。一般地，低收入国家的环境管制较为宽松，对

① Chung Y H, Färe R, Grosskopf S. Productivity and undesirable outputs：A directional distance function approach[J]. Journal of Environmental Management, 1997, 51(3)：229-240.
② 陈诗一. 中国的绿色工业革命：基于环境全要素生产率视角的解释（1980—2008）[J]. 经济研究, 2010, 45(11)：21-34.
③ 李斌, 彭星, 欧阳铭珂. 环境规制、绿色全要素生产率与中国工业发展方式转变：基于 36 个工业行业数据的实证研究[J]. 中国工业经济, 2013, 4：56-68.
④ Gray W B. The cost of regulation：OSHA, EPA and the productivity slowdown[J]. The American Economic Review, 1987, 77(5)：998-1006.
⑤ 胡珺, 方祺, 龙文滨. 碳排放规制、企业减排激励与全要素生产率：基于中国碳排放权交易机制的自然实验[J]. 经济研究, 2023, 58(4)：77-94.

污染企业的接受度更高,在污染密集产品生产上有比较优势。

Chichilnisky 建立的两国模型从理论上对这一问题进行了分析,如果某个国家具有相对丰富的环境资源,并且其环境成本相对比较低廉,那么它就具有"环境比较优势",在国际分工中,它将更多地生产"环境密集型产品"(生产过程中使用较多资源或排放较多污染物的产品)用于出口。[①]

可以通过以下几种方法检验"环境比较优势"是否存在:

——借用赫克歇尔—俄林模型研究环境管制宽松是否会吸引高污染的产业,形成环境比较优势。该模型的基本形式如下:

$$X_{ij} = a_i + \beta_{i1} E_{j1} + \beta_{j2} E_{j2} + \cdots + \beta_{ik} E_{jk} + \delta_i \mathrm{ER}_j + u_{ij} \qquad \text{（式 11-9）}$$

这里 X_{ij} 是 j 国 i 产业的净出口,E_{jk} 是 j 国要素 k 的禀赋,ER_j 是 j 国的环境管制的严格程度,u_{ij} 是残差项。通过检验模型在统计上的显著性和 ER_j 的系数 δ_i 的正负,就可以得出研究需要的结论。[②]

——考察某国的污染行业产品的进出口变化情况。如果发现环境管制较宽松的国家更多地出口这些行业的产品,而环境管制较严格的国家更多地进口这些行业的产品,就可以验证环境比较优势的存在。

——考察资本输入国环境管制的严格程度与流入资本所投资的行业结构间的关系,或资本输出国流出的用于污染密集行业的资本是否更多地流向环境管制比较宽松的国家或地区。

大多数的实证研究结果不支持环境比较优势的存在。这是因为国际分工受到各种比较优势因素的综合影响,劳动、资本等投入品的相对价格是影响国际分工的主要因素。环境管制带来的成本增加只在企业成本中占一个较小的份额,而且随着清洁技术的进步,这一成本还可以进一步下降,同时有些企业加强自身的环境管理可以带来净收益,环境标准较高不一定意味着比较劣势。但在国际经济竞争中,环境比较优势假说往往成为一些国家设置环境关税的借口,成为限制进口、保护国内产业的工具。

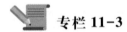 **专栏 11-3**

碳关税

碳关税是一种边境调节税,它是对在国内没有征收碳税或能源税、存在实质性能源补贴国家的出口商品征收的特别的二氧化碳排放关税。

---

① Chichilnisky G. North-South trade and the dynamics of renewable resources[J]. Structural Change and Economic Dynamics, 1993, 4: 219-248.

② Tobey J A. The effects of domestic environmental policies on patterns of world trade: An empirical test[J]. Kyklos, 1990, 43(2): 191-209.

征收碳关税的思想最早由法国前总统希拉克提出,他认为,为了削减温室气体排放,欧盟国家生产的商品的成本将提高,特别是钢铁等高耗能产业,将在国际贸易中处于不利的竞争地位,因此欧盟国家应对未遵守《京都议定书》的国家课征商品进口税。经过多年的讨论和准备,欧盟决定从 2023 年 10 月 1 日起实施碳边境调节机制(carbon border regulation mechanism,CBAM),过渡期至 2025 年年底,2026 年正式起征,并在 2034 年之前全面实施。这是全球首个碳关税。欧盟认为 CBAM 是符合国际贸易规则的一种环境政策,CBAM 要求境内外企业实现对等减排,增加进口商品的碳成本,从而能够倒逼贸易伙伴采取更强有力的减排措施,有助于减少碳泄漏①。

英美等国也在筹划征收碳关税。英国拟从 2027 年起实施类似 CBAM 的碳关税。2022 年美国有议员提出《清洁竞争法案》,计划以美国产品的平均碳含量为基准线,对碳含量超过基准线的进口产品和美国产品征收碳税。截至 2024 年该法案还没有在立法层面通过,仍处于审议过程中。

正在实施和拟实施的碳关税将改变国际环境标准和贸易规则。对欧美发达国家来说,这一政策有利于保护本土产业的市场竞争力,促进本土清洁能源技术创新布局,起到推动绿色经济发展的积极作用。但对以中国为代表的发展中国家来说,碳关税实际上是一种贸易保护措施,很可能成为新的经济制裁的借口,会扰乱国际贸易秩序,也违背了发达国家和发展中国家在气候变化领域承担"共同但有区别的责任"的原则。从欧美拟纳入碳关税的行业来看,这类政策将对能源密集型行业产生较大影响。

资料来源:作者根据公开资料整理。

11.3.2 绿色贸易壁垒

由于国际贸易可能会对环境产生巨大影响,为了管控这些影响,在许多多边环境协定中都禁止对一些有害环境的物品进行贸易。在一些多边贸易协定中也有保护环境的条款,赋予签约国权利,允许其在某些特定情况下,在认为有需要时可采取贸易措施来保障环境安全。

1992 年联合国环境与发展大会通过的《21 世纪议程》,提出在采取与环境有关的贸易措施时,应遵守以下原则:

——非歧视原则。非歧视原则是 WTO 的基石,由无条件最惠国待遇和国民待遇组成。"最惠国待遇"是指在货物贸易的关税、费用等方面,一成员给予其他任一成员的优惠和好处,都须立即无条件地给予所有成员。而"国民待遇"是指在征收国内税费和实施国内法规时,成员对进口产品和本国(或地区)产品要一视同仁,不得歧视。非歧视原则要求保证有关环境的条例和标准,包括卫生和安全标准,不会成为任意的或不合理的贸易差别

---

① 碳泄漏是指一个国家采用较严格的气候政策减少温室气体排放量,导致其他国家的排放量增加的情况。

待遇或变相的贸易限制。

——选用的贸易措施应对贸易造成最低限制。要避免以限制、扰乱贸易等措施来抵消因环境标准和法规方面的差别引起的成本差额，因为实行这些措施可能引起不正常的贸易扭曲和增加保护主义。

——透明度原则。与环境保护有关的影响进出口货物的销售、分配、运输、保险、仓储、检验、展览、加工、混合或使用的法令、条例，一般援引的司法判决及行政决定，以及其他影响国际贸易政策的规定，必须迅速公布。

——考虑发展中国家的特别情况和发展需要。鼓励发展中国家通过特别过渡期等机制参加多边协定，处理跨国界或全球环境问题的措施应尽可能以国际共识为基础，避免采取进口国管辖权以外的应付环境挑战的片面行动。

在各种多边贸易协议中，WTO 协议是签约国最多、影响最大的。在 WTO 协议中，环境不像投资、知识产权等主题那样以单独文本出现，而是分散在技术性壁垒、农业、补贴、知识产权和服务等数个协议中。WTO 协议中与环境问题有关的条款见表 11-3：

表 11-3　WTO 协议中与环境问题有关的条款

条款	内容
《技术性贸易壁垒协定》《实施卫生与植物卫生措施协定》	不得阻止任何成员方采取保护人类、动植物的生命或健康所必需的措施。各成员方政府有权采取必要的卫生与检疫措施保护人类和动植物的生命和健康，使人畜免受饮食或饲料中的添加剂、污染物、毒物和致命生物体的影响，并保护人类健康免受动植物携带的病疫的危害等，只要这类措施不在情况相同或类似的成员方之间造成武断的或不合理的歧视对待
《农业协定》	在《农业协定》的附件 2 中罗列了可免除削减（国内支持措施）承诺的情景，其中有两类与环境有关：一是政府对相关研究和环境基础工程建设的支持；二是政府按照环境保护规划给予农业生产者的支持
《补贴和反补贴措施协议》	允许为了适应新的环境标准对改造现有设备进行补贴，但补贴需要满足以下条件：补贴是一次性的、非重复性的措施；补贴金额限制在适应性改造工程成本的 20% 以内；补贴不包括对辅助性投资的安装与投试费用的补助；补贴应与企业减少废料和污染有直接的和适当的关联；补贴应能给予所有相关企业
《与贸易有关的知识产权协议》	可以出于环保等方面的考虑而不授予专利权，并可阻止某项发明的商业性运用
《服务贸易总协定》	允许成员方采取或加强保护人类、动植物生命或健康所必需的措施，只要这类措施不对情况相同的成员方造成武断的或不合理的歧视，且不对国际服务贸易构成隐蔽的限制

虽然多边贸易协议中的环境条款反对进行不合理的贸易限制,但是在现实中,一些国家以卫生、健康和保护环境的名义制定限制或者禁止贸易的政策,往往会成为新型的贸易壁垒,被称为**绿色贸易壁垒**(green trade barriers)。绿色贸易壁垒多以技术壁垒的形式出现,范围广阔,不仅涉及产品质量本身,还涉及产品的生产流程和生产方式,对产品的设计开发、原料投入、生产方式、包装材料、运输、销售、售后服务,甚至工厂的厂房、后勤设施、操作人员医疗卫生条件等整个周期的各个环节提出绿色环保的要求。由于发展中国家的技术水平相对较弱,所以更易受到绿色壁垒的影响。

一般地,按所实施措施的针对对象不同,各国的贸易应对措施大致可分为三种类型:

① 针对产品的措施。包括产品标准、环境税费、边界调节、包装和再循环要求。

② 针对与产品相关的生产流程和生产方式(product-related process and production methods, PPMs)的措施。为了保护本国的自然资源和环境,各国制定了以产品的生产过程为管理对象的环境政策,如开采限制、排放控制、对生产技术的约束性规定等。但将这些措施延伸到针对进口产品则可能引起贸易争端。在 WTO 框架下,如果生产方式会影响进口产品的品质,则可在 WTO 框架下应用边界调节税。

③ 针对与产品无关的生产流程和生产方式(non-product related PPMs)的措施。对这种生产流程和生产方式采取措施是 WTO 规则所禁止的,如不能因为本国行业的环境达标成本高就对进口产品征收边界调节税。

可见,第一、第二类措施是 WTO 框架下允许使用的,但有时这两类措施会被滥用,加上第三类措施,往往成为环境壁垒争议的对象。

为了防止扭曲正常的贸易秩序,WTO 要求成员方不能将环境目标作为保护国内生产者的借口,贸易限制措施应满足以下条件:[①]

① 一致性。贸易限制或对国内产品和进口产品之间的待遇差异,应是基于合法目标且正当的,并非旨在保护国内产业。

② 适合用途。该措施应能够以平衡的方式有效地促进合法目标的达成,或者措施是国家保护政策的一部分,在限制进口的同时也限制了国内的生产或消费活动。

③ 整体性。该措施应是整体环境政策的一部分,并考虑对其他国家的影响,考虑对关注同一主题的其他努力的影响。

④ 灵活性。该措施以结果为导向,并考虑可以同样有效地应对挑战的其他替代措施。在不同的国家和区域,这些替代措施有所不同。

由于人们越来越关注环境问题,WTO 成员方越来越多地为各种环境目的采取了贸易措施。这些措施包括制定家庭用品的最低能源效率要求、引入许可证计划以限制濒危野生动物物种的贸易、设立适用于危险化学品的税收,以及支持发展低碳技术的政策等。按

---

① WTO. Short answers to big questions on the WTO and the environment [EB/OL]. [2024-10-18]. https://www.wto.org/english/res_e/booksp_e/envirqapublication_e.pdf.

照规则,成员方采取的影响贸易的政策需要向 WTO 通报。WTO 的环境数据库显示,2009—2018 年,成员方向 WTO 通报了 11 000 多项环境措施。WTO 的争端解决机构曾处理了一些贸易中的环境议题争端,争端的判例显示 WTO 规则优先于环境目标。

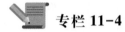 **专栏 11-4**

在 GATT① 和 WTO 规则下美国败诉的三起案件

案件一:美—墨金枪鱼案

该案起源于美国 1972 年《海洋哺乳动物保护法》的有关规定。按照美国的规定,如果某种商业性捕鱼技术对海洋哺乳动物造成意外死亡或者伤害,而且死亡率超过美国国内法律允许的死伤标准,那么使用该方法捕获的海鱼或海鱼产品,将被禁止进口。在东太平洋热带海域,海豚常与金枪鱼相伴,墨西哥船队使用拖网围捕方法捕捉金枪鱼时常误捕海豚,导致美国于 1990 年对其金枪鱼产品实施进口禁令。1991 年,墨西哥向 GATT 申诉请求干预此事。GATT 专家组认定:美国违背了 GATT 第十一条关于取消进口数量限制的规定,而且不具备 GATT 环境例外措施的正当性。专家组建议 GATT 缔约国大会要求美国修改其进口管制措施,使其符合美国在 GATT 下的国际义务。

美—墨金枪鱼案几乎涉及了环境与贸易争议中的所有关键问题,包括产品和生产方法、单边贸易主义与国际合作机制、国内环境法规的域外适用、环境标识以及 GATT 中的环境例外措施的适用等。GATT 专家组对这些问题的界定是:环境贸易措施不应针对生产方法;一个国家基于环境采取的贸易限制措施,只能适用于其国家管辖范围内,不能适用于域外;国际贸易和环境保护中的单边主义,应让位于多边合作机制。

案件二:汽油标准案

该案是 WTO 成立后通过其争端解决机制处理的涉及贸易与环境保护问题的第一个法律争端。依据 1990 年修订的《清洁空气法》,美国国家环保局制定了新的汽油环保标准,规定汽油中硫苯等有害物质的含量必须符合特定的化学成分标准,同时还规定,美国生产的汽油可以逐步达到这个标准,而进口汽油必须在 1995 年 1 月 1 日标准生效时立即达标,否则禁止进口。1995 年 3 月,委内瑞拉和巴西向 WTO 提出起诉,认为美国的新汽油标准带有明显的歧视性,限制了外国汽油进口。美国反对指控并上诉。汽油标准案经历了双边磋商、专家组程序、中期评审程序、上诉评审程序、多边监督与执行程序,成为 WTO 争端解决机制的典范,也奠定了 WTO 争端解决机制处理国际贸易关系中有不当影响的环境保护措施的基础。WTO 贸易争端机制上诉机构做出的最终裁决是美国败诉,美国随后修改了汽油政策。但是该案从 1995 年 1 月 23 日委内瑞拉提起诉讼,到 1997 年 8 月 26 日美国发布新汽油政策,时间长达两年半,美国已成功保护了本国企业的利益。

---

① 关税及贸易总协定(General Agreement on Tariffs and Trade, GATT)成立于 1947 年,是 WTO 的前身。

案件三：美国—多国海龟案

《美国濒危物种法案》将美国水域中的五种海龟列为濒危或受威胁物种,并禁止在美国境内、领海和公海捕捞它们。该法案要求,美国捕捞野生海虾的拖网渔船在可能遇到海龟的地区作业时应使用海龟逃逸装置(turtle excluder devices, TED)。这种装置如得到妥善的设计、制造、安装、使用和维护,可使 97% 的海龟逃逸海虾捕捞网,同时不至于造成海虾捕捞量的明显损失。美国公法(Public Law)规定向美国出口野生海虾需要得到使用了 TED 的认证,没有认证的虾不能出口到美国。

1997 年,印度、马来西亚、巴基斯坦和泰国对美国这一禁令提出了联合申诉。WTO 上诉机构在 1998 年 11 月 6 日裁决美国败诉。裁决文件认为各国有权采取贸易行动保护环境(特别是人类、动物或植物的生命和健康)以及濒危物种和可耗尽资源。WTO 不必"允许"他们享有这一权利。美国保护海龟的措施是合法的,但前提是要满足非歧视原则。美国败诉不是因为它试图保护环境,而是因为违反了非歧视原则。它为西半球(主要是加勒比地区)的国家提供了技术和财政援助,并为其渔民开始使用 TED 提供了更长的过渡期。然而,它没有给向 WTO 提出申诉的四个亚洲国家(印度、马来西亚、巴基斯坦和泰国)提供同样的支持。

资料来源.作者根据公开资料整理。

11.4 环境—经济影响的分析模型

为了达成环境目标,政府需要对经济活动进行干预,将外部成本内部化,此外,政府还要进行大量的环境投资用于污染防治和环境修复。这些干预和投入会通过产业关联对整体经济产生影响。其中有的影响是直接的,有的则是间接的,要全面分析其对经济各部门的影响,可以参考使用本节介绍的两个模型。

11.4.1 投入—产出模型

用经过改造的投入—产出表可以分析环境投入对经济产出的影响,计算污染削减措施的价格效应。方法是在传统的投入—产出表中间使用结构 A_{11} 的右边加一列和下面加一行,成为表 11-4 和表 11-5。其中:

A_{11} 中的元素 a_{ij} 是生产一单位 j 产品需要投入的 i 产品的数量,$i,j=1,2,3,\cdots,m$。

A_{12} 中的元素 a_{ig} 是产生一单位 g 污染物排放需要投入的 i 产品的数量,$i=1,2,3,\cdots,m$;$g=m+1,m+2,\cdots\cdots,n$。

A_{21} 中的元素 a_{gi} 是生产一单位 i 产品排放的 g 污染物的数量,$i=1,2,3,\cdots,m$;$g=m+1,m+2,\cdots\cdots,n$。

A_{22} 中的元素 a_{gk} 是消除一单位 k 污染物产生的 g 污染物的数量,$g,k=m+1,m+2,\cdots,n$。

表 11-4　投入—产出结构

A_{11}	A_{12}
A_{21}	A_{22}
$v_1 v_2 v_3 \cdots v_m$	$v_{m+1} \cdots v_n$

注：阴影部分表示增加的列和行。

将表 11-4 展开，就是表 11-5 的形式。

表 11-5　展开的投入—产出结构

$a_{1\ 1}$	$a_{1\ 2}$	$\cdots$	$a_{1\ m}$	$a_{1\ m+1}$	$a_{1\ m+2}$	$\cdots$	$a_{1\ n}$
$a_{2\ 1}$	$a_{2\ 2}$	$\cdots$	$a_{2\ m}$	$a_{2\ m+1}$	$a_{2\ m+2}$	$\cdots$	$a_{2\ n}$
		$\vdots$				$\vdots$	
$a_{m\ 1}$	$a_{m\ 2}$	$\cdots$	$a_{m\ m}$	$a_{m\ m+1}$	$a_{m\ m+2}$	$\cdots$	$a_{m\ n}$
$a_{m+1\ 1}$	$a_{m+1\ 2}$	$\cdots$	$a_{m+1\ m}$	$a_{m+1\ m+1}$	$a_{m+1\ m+2}$	$\cdots$	$a_{m+1\ n}$
$a_{m+2\ 1}$	$a_{m+2\ 2}$	$\cdots$	$a_{m+2\ m}$	$a_{m+2\ m+1}$	$a_{m+2\ m+2}$	$\cdots$	$a_{m+2\ n}$
		$\vdots$				$\vdots$	
$a_{n\ 1}$	$a_{n\ 2}$	$\cdots$	$a_{n\ m}$	$a_{n\ m+1}$	$a_{n\ m+2}$	$\cdots$	$a_{n\ n}$
v_1	v_2	$\cdots$	v_m	v_{m+1}	v_{m+2}	$\cdots$	v_n

注：阴影部分是表 11-4 中 4 个子矩阵的展开式。

$v_1 v_2 v_3 \cdots v_m$ 是各行业单位产出的价值附加，$v_{m+1} \cdots v_n$ 是反污染措施产生的价值附加。受统计数据可得性限制，实际上只有 A_{11} 和 A_{21} 中的数据是可得的。由于 A_{12} 和 A_{22} 的数据无法得到，所以无法使用投入—产出表来估算污染削减措施的投入结构对产出和需求的影响。设这两个矩阵对价格的影响为 0，用污染削减成本代替反污染措施，计算其对常规价值附加的增加量，就可以依照标准的静态价值附加方程来估算污染削减措施的价格效应：

$$\begin{cases} P^k = V^k (I - A)^{-1} \\ V^k = (v_1, v_2, v_{3'}, \cdots, v_m) + (v_1^k, v_2^k, v_3^k, \cdots, v_m^k) \end{cases} \qquad (式\ 11\text{-}10)$$

这里 v_i^k 是 i 产业由于实施污染控制政策 k 产生的价值增加量。

Leontief 和 Ford 用这种方法分析了 1967 年实施《清洁空气法》对美国经济各部门物品和服务价格的影响，发现 20 个产生空气污染物的主要产业进行污染削减使其物品和服务的价格有不同程度的轻微上升。[1]

11.4.2　瓦尔拉斯—卡塞尔模型

可以用瓦尔拉斯—卡塞尔模型分析资源价格的变动对经济各部门的影响。该模型模

---

[1]　Leontief W, et al. Air pollution and the economic structure: Empirical results of input-output comparisons. in Leontief W, et al. Input-Output Economics [M]. 2nd ed. Oxford: Oxford University Press, 1986.

拟了在 n 个部门分配 m 种资源进行生产的情形。模型中的变量如下：

$$\begin{cases} R = (r_1, r_2, \cdots, r_m) \\ V = (v_1, v_2, \cdots, v_m) \\ X = (x_1, x_2, \cdots, x_n) \\ P = (p_1, p_2, \cdots, p_n) \\ Y = (y_1, y_2, \cdots, y_n) \end{cases}$$

其中 R 是投资于生产的资源和服务，V 是资源 R 的价格，X 是产出的物品或服务，P 是物品或服务的价格，Y 是最终产品。

$$\begin{cases} r_1 = a_{11} x_1 + a_{12} x_2 + \cdots a_{1n} x_n \\ r_2 = a_{21} x_1 + a_{22} x_2 + \cdots a_{2n} x_n \\ \vdots \\ r_m = a_{m1} x_1 + a_{m2} x_2 + \cdots a_{mn} x_n \end{cases} \qquad \text{（式 11-11）}$$

$$\text{即 } r_j = \sum_{k=1}^{n} a_{jk} x_k, \ j = 1, 2, \cdots, m$$

写成矩阵形式，就是：

$$\begin{bmatrix} r_1 \\ r_2 \\ \vdots \\ r_m \end{bmatrix} = \begin{bmatrix} a_{11} & a_{12} & \cdots & a_{1n} \\ a_{21} & a_{22} & \cdots & a_{2n} \\ \vdots & \vdots & \vdots & \vdots \\ a_{m1} & a_{m2} & \cdots & a_{mn} \end{bmatrix} \begin{bmatrix} x_1 \\ x_2 \\ \vdots \\ x_n \end{bmatrix} \qquad \text{（式 11-12）}$$

即 $R = AX$。投入产出关系为 $CX + Y = X$，这里 C 是直接消耗系数。设 $B = (I - C)^{-1}$，I 是单位矩阵，则 B 是列昂惕夫逆矩阵，有 $X = BY$。

$$\text{即 } x_j = \sum_{k=1}^{n} b_{jk} y_k, \ j = 1, 2, \cdots, n \qquad \text{（式 11-13）}$$

把式 11-13 代入式 11-11，有

$$r_j = \sum_{k=1}^{n} a_{jk} \sum_{l=1}^{n} b_{kl} y_l = \sum_{k,l=1}^{n} a_{jk} b_{kl} y_l, \ j = 1, 2, \cdots, m \qquad \text{（式 11-14）}$$

写成矩阵形式是 $R = ABY$。设 $G = AB$，则有 $R = GY$。资源价格与产品价格间的关系为：

$p_k = \sum_{j=1}^{m} g_{jk} v_j, \ k = 1, 2, \cdots, n$。

$$P = (p_1, p_2, \cdots, p_n) = (v_1, v_2, \cdots, v_m) \begin{bmatrix} g_{11} & g_{12} & \cdots & g_{1n} \\ g_{21} & g_{22} & \cdots & g_{2n} \\ \vdots & \vdots & \vdots & \vdots \\ g_{m1} & g_{m2} & \cdots & g_{mn} \end{bmatrix} \qquad \text{（式 11-15）}$$

即 $P = VG$。

在瓦尔拉斯—卡塞尔模型中引入环境部门(x_e)和最终消费部门(x_c),把 R 分为资源和服务两部分,则有:

$$R = GY = \begin{bmatrix} G^z \\ G^s \end{bmatrix} Y \qquad\qquad (式11-16)$$

$$P = VG = V^z \, G^z + V^s \, G^s \qquad\qquad (式11-17)$$

对于环境部门来说,物质的流动是平衡的,即:

$$\sum_{k=1}^{n} c_{ek} x_k = \sum_{j=1}^{l} r_j^z = \sum_{j=1}^{l} \sum_{k=1}^{n} a_{jk}^z x_k = \sum_{j=1}^{l} \sum_{k=1}^{n} g_{jk}^z y_k \qquad (式11-18)$$

对于最终部门来说,物质的流动是平衡的,即:

$$\sum_{k=1}^{n} c_{kc} x_c = \sum_{k=1}^{n} c_{kc} x_k + c_{ce} x_e \qquad\qquad (式11-19)$$

对于中间产品部门来说,物质的流动也是平衡的,即:

$$\sum_{j=1}^{l} \sum_{k=1}^{n} g_{jk}^z y_k - \sum_{j=1}^{n} y_j + \gamma \sum_{j=1}^{n} \sum_{k=1}^{n} c_{cj} b_{jk} y_k = \sum_{k=1}^{n} c_{ke} x_e \qquad (式11-20)$$

流入环境的全部污染物等于中间产品部门和最终消费部门流出的污染物,即:

$$c_{te} x_e = \sum_{k=1}^{n} c_{ke} x_e + c_{ce} x_e \qquad\qquad (式11-21)$$

来自环境的物质流减去再循环的产品,等于来自中间产品部门的污染物流加上最终消费产出的污染物流,即:

$$\sum_{j=1}^{l} \sum_{k=1}^{n} g_{jk}^m y_k - (1 - \gamma) \sum_{j=1}^{n} \sum_{k=1}^{n} c_{cj} b_{jk} y_k = \sum_{k=1}^{n} c_{ke} x_e + c_{ce} x_e \qquad (式11-22)$$

来自环境的物质最终将以污染物的形式回到环境中,即:

$$\sum_{j=1}^{l} \sum_{k=1}^{n} g_{jk}^m y_k = \sum_{k=1}^{n} c_{ke} x_e + c_{ce} x_e + (1 - \gamma) \sum_{j=1}^{n} \sum_{k=1}^{n} c_{cj} b_{jk} y_k \qquad (式11-23)$$

小 结

为了达成预定的环境目标,需要将大量的资源投入非生产性的环境保护中去,环境管制的实施也要花费一定的成本。这些支出是否会对经济增长、就业、创新、竞争力、生产效率、贸易、投资等造成负面影响一直是各国政府和学者们研究的问题。一般认为环境管制对这些经济变量的影响有限,在有的情况下还可能表现为积极影响。

进一步阅读

1. Carraro C, Galeotti M. Economic growth, international competitiveness and environmental protection: R&D and innovation strategies with the WARM model[J]. Energy Economics, 1997, 19(1): 2-28.

2. Chichilnisky G. North-South trade and the global environment[J]. American Economic

Review, 1994, 84(4): 851-874.

3. Christainsen G, Tietenberg T. Distributional and macroeconomic aspects of environment policy. in Kneese A, Sweeney J. Handbook of natural resource and energy economics[M]. Elsevier, 1985.

4. Dean J M, Lovely M E, Wang H. Are foreign investors attracted to weak environmental regulations? Evaluating the evidence from China[J]. Journal of Development Economics, 2009, 90(1): 1-13.

5. Denison E F. Trends in American economic growth, 1929-1982[M]. Washington, D. C.: The Brookings Institution, 1985.

6. Hart S L, Ahuja G. Does it pay to be green? An empirical examination of the reletionship between emission reduction and firm performance[J]. Business Strategy and the Environment, 1996, 5(1): 30-37.

7. Jaffe A B, et al. Environmental regulation and the competitiveness of U. S. manufacturing: What does the evidence tell us? [J]. Journal of Economic Literature, 1995, 33(1): 132-163.

8. Jorgenson D W, Wilcoxen P J. Environmental regulation and U.S. economic growth[J]. RAND Journal of Economics, 1990, 21(2): 314-340.

9. Leontief W, et al. Air pollution and the economic structure: Empirical results of input-output comparisons. in Leontief, Wassily. Input-Output Economics[M]. 2nd ed. Oxford: Oxford University Press, 1986.

10. Metcalf E G, Stock J H. The macroeconomic impact of Europe's carbon taxes[J]. American Economic Journal: Macroeconomics, 2023, 15(3): 265-86.

11. Palmer K, Oates W E, Portney P R. Tightening environmental standards: The benefit-cost or the no-cost paradigm? [J]. Journal of Economic Perspectives, 1995, 9(4): 119-132.

12. Porter M E, van der Linde C. Toward a new conception of the environment competitiveness relationship[J]. Journal of Economic Perspectives, 1995, 9(4): 97-118.

13. Vrontisi, et al. Economic impacts of EU clean air policies assessed in a CGE framework[J]. Environmental Science & Policy, 2016, 55(1): 54-64.

14. Wheeler D. Racing to the bottom? Foreign investment and air pollution in developing countries[J]. The Journal of Environment and Development, 2001, 10(3): 225-245.

思考题

1. 环境管制对经济增长可能产生的正面、负面影响有哪些?

2. 什么是环境比较优势?

3. 什么是绿色贸易壁垒?

4. 你认为"波特假说"是否成立? 试阐述理由。

第 12 章　环境经济核算

【学习目标】

- 了解传统经济核算方式的不足
- 掌握 SEEA 的核算框架
- 了解中国进行环境经济核算的尝试

国民经济核算体系（system of national accounting，SNA）是一种宏观经济信息系统，它从数量上系统地反映了国民经济运行状况及社会再生产过程中生产、分配、交换、使用各个环节之间以及国民经济各部门之间的内在联系，为国民经济管理提供依据。传统的经济核算方式没有考虑经济活动的环境成本，过分夸大了生产率和社会财富。生态学家康芒纳认为："这些财富一直是通过对环境系统的迅速地短期掠夺所获取的，而且它还一直在盲目地累积着对自然的债务，这个债务是那样大和那样具有渗透力，以至于在下一代人中，如果还不付讫，那么就会把我们赢得的大部分财富都摧毁了。"[①] 为了正确反映经济活动的成果和成本，需要改革传统经济核算方式，进行环境经济核算。

12.1　环境经济核算思想

传统的国民经济核算体系有助于人类认识经济活动的成本和收益，其核心指标 GDP 和 GNP 是衡量经济发展状况的重要参数。但这种核算体系只能计量有市场价格的物品和服务，衡量参与市场交易的经济活动，对于没有进行市场交易的活动则无法衡量。大多数的环境因素没有直接的市场价格，传统经济核算无法反映环境变化，因此需要探索新的核算方法。

12.1.1　传统国民经济核算的不足

GDP 是计算经济规模、经济增长速度和经济发展水平的核心指标。但自 20 世纪 60 年代以来，人们注意到污染、生态退化、自然资源消耗、国民社会福利停滞等问题无法反映在 GDP 体系中，会带来 GDP 的虚增。这种虚增主要表现在两个方面：

① 没有考虑自然资源质量下降和资源枯竭问题，结果高估了当期经济生产活动创造的新价值。在各种初级生产中，自然资源往往是生产过程的重要甚至是主要的劳动对象

---

① 康芒纳. 封闭的循环：自然、人和技术[M]. 侯文薰，译. 长春：吉林人民出版社，1997：237.

和劳动手段,如矿业生产中的矿产资源、森林工业中的森林资源、农业生产中的土地资源等。同时,经济活动会排放大量的废弃物,自然环境是这些废弃物的主要处理和消纳场所。反过来说,自然资源会因开采而减少,自然环境也会因经济干扰而退化。依照目前的核算方法,国民经济核算只核算经济过程对自然资源的开采成本,却不计算其资源成本和环境成本,低估了经济过程的投入价值,其结果是过高估计当期生产过程新创造的价值。实际上,这些高估的价值是由自然资源与环境的价值转化而来的。

可以用一个例子来理解这个问题:一个农夫将自己拥有的一片林木砍掉,出售后获得一笔收入。按照国民经济核算原理,这笔收入扣除砍伐成本后的净值即可作为该农夫当期的生产成果,进而形成可支配收入,但实际上这笔净收入不过就是该农夫原本所拥有的林木的价值。进一步看,农夫的这笔收入可以有两种用途,一是用这笔收入购买食品和衣物等消费品,二是购买资产如建造房屋或购买农具。按照国民经济核算原理,这都属于当期生产成果的使用,前者满足了农夫的生活需要,后者则增加了农夫的资产。但实际上,前一种情况下,农夫在满足消费的同时,其拥有的资产不可避免地减少了;后一种情况下,一种资产增加的背后是另一种资产的减少,充其量是不同资产类型的转换,而不是资产的增加。

将农夫的例子放大到一个国家,道理也是一样的。对那些主要依靠自然资源获得就业、财政收入、外汇收入的国家来说,当期产出的增加很大程度上是以牺牲自然资源和未来生产潜力为代价的,结果是人们在得到收入的同时失去了财富,从长远来看,这种经济发展是不可持续的。

② 将防御性支出、防控污染的支出、环境修复的支出等都记为投资活动,结果污染物排放越多,环境破坏越严重,这类环境保护支出就越多,GDP 也就越高。

这样,一家企业以向河道排放污水为代价进行生产会带来 GDP 的增加,而附近的居民为了避免损害不得不购买净水设备会带来 GDP 的增加,污染企业治理污染会带来 GDP 的增加,政府组织清理河道又带来 GDP 的增加。这就类似于在平整的路面上挖坑然后把坑填平会带来两次 GDP 增加一样,这些活动对社会福利并没有真正的贡献,不能真实反映人们福利水平的变化。

除上述两种虚增会高估社会福利水平外,GDP 也有可能低估社会的福利水平。这是因为 GDP 只考量市场化的物品和服务,而许多能增加人们福利的物品和服务没有市场价格,如修复和改善了的环境、志愿活动、家庭生产、闲暇等。

12.1.2　环境经济核算的思路

20 世纪 60 年代以后,在资源短缺、环境破坏的压力下,人们开始对传统的经济发展观进行反思,同时,也对传统的衡量经济发展的国民经济核算体系进行反思,探讨构建新的统计核算体系,在计量经济发展成果时可以将资源消耗和环境破坏的成本纳入其中。自70 年代起,许多国际组织、国家、地区政府和学者一直在这一领域进行理论探讨和核算实践。环境经济核算的总体思路是将资源消耗和环境损害作为经济增长的成本从 GDP 中剔除。在环境经济核算方面处于领先地位的组织和国家主要有联合国统计处（UNSD）、联合国环境规划署（UNEP）、世界银行（WB）、欧盟统计局（Eurostat）、欧洲环境署（EEA）、经合组织（OECD）、挪威、加拿大、瑞典、德国、日本、南非等。使用环境经济核算方法计算，人类的经济发展成果往往会打折扣。表 12-1 给出了一些环境经济核算指标的基本情况。

表 12-1　一些环境经济核算指标和思路

指标	提出者	年份	内容	应用和评价
生态需求指标（ecological requisite index，ERI）	麻省理工学院	1971	测算经济增长对资源环境的压力。计算公式为 $E = \Sigma (R_i, P_j)$，式中：E 表示生态需求；R 代表对资源的需求；P 代表接受废弃物的需求	此指标被一些学者认为是《我们共同的未来》的思想先锋，但缺点是过于笼统
净经济福利指标（net economic welfare，NEW）	Tobin J. 和 Nordhaus W.	1972	在 GDP 中扣除污染产生的社会成本，同时加上家政服务、义务劳动等没有实现市场化的活动	在 1940—1968 年的美国，NEW 几乎只有同期 GDP 的一半，1968 年后二者的差距加大，NEW 不及 GDP 的一半
净国内产值（net domestic product，NDP）和经环境调整的净国内产值（NDPe）	Repetoo R.	1989	NDP = GDP－固定资产折旧，NDPe = NDP－生态资本折旧	在 1971—1984 年的印度尼西亚，GDP 的增长率为 7.1%，扣除资源环境损失后 NDP 增长 4.8%
可持续经济福利指标（index of sustainable economic welfare，ISEW）	Daly H.	1990	ISEW = 个人消费＋公共非防御性支出－私人防御性支出＋资本形成＋家务服务－环境退化成本－自然资本退化成本	在 1950—1996 年的澳大利亚，实际经济增长率只有公布的 GDP 增长率的 70%
生态足迹（ecological footprint，EF）	Wackernagel M.	1996	一定的人口和经济规模下，维持资源消费和废弃物吸收所需的生产土地面积	从全球范围看，人类的生态足迹已超过全球承载力 30%
真实储蓄（genuine saving，GS）	世界银行	1997	GS = 国内总储蓄－物质资本折旧－自然资本折旧＋人力资本积累	OECD、中国、东南亚等
环境和自然资源账户（environmental and natural resources accounting project，ENRAP）	Peskin H. M.	1990	把天然环境作为可生产非市场价值的生产部门，不仅计算对环境有害的减项项目，也计算对环境有利的加项项目	美国部分地区、菲律宾、尼泊尔

（续表）

指标	提出者	年份	内容	应用和评价
综合环境与经济核算体系（system for environmental and economic accounts, SEEA）	联合国	1989	建立与 SNA 相联系的环境卫星账户。绿色国内生产总值（EDP）= GDP-固定资产折旧-自然资源损耗和环境退化损失	挪威、芬兰等国在 SEEA 的基础上对本国的 EDP 进行了核算

虽然学者们已经对环境经济核算进行了不少探索,但这些新的核算指标也并不完善,主要的批评意见包括:

① 这些核算指标没有考虑生态门槛,不能显示危机程度;

② 没有考虑预防性环境支出;

③ 没有纳入与人的发展有关的社会指标,如文盲率、收入公平、卫生保健等;

④ 没有考虑贸易引起的环境成本外溢,如日本的国内环境保护得很好,但考虑了国际贸易就会变成"不可持续的";

⑤ 没有考虑技术变化,假定资本存量不变,没有考虑新资源的发现。

12.2　环境与经济综合核算体系

SNA 是关于如何编制经济活动计量标准的建议集。SNA 在一套国际商定的概念、定义、分类和会计规则的背景下,描述了一套连贯、一致和综合的宏观经济账户。联合国统计司使用的 SNA 经过多次更新,现在使用的是第四版——SNA 2008。对 SNA 的新修订正在进行中,统计学家们正在探索如何更好地衡量福祉和可持续性,改善数字经济的价值化方式。由于统计学家没有就环境的估值方法达成一致,对环境的估值不太可能成为修订后的 GDP 公式的一部分,而将成为报告补充数据表的一部分。修订预计将于 2025 年完成。

SEEA 是在联合国、欧洲委员会、联合国粮食及农业组织、OECD、国际货币基金组织和世界银行的支持下开发和发布的环境经济账户核算体系,它将经济和环境信息结合在一起,包含一系列标准概念、定义、分类、会计规则和表格,为组织和呈现环境资产的增加、减少、调整,及其与经济关系的统计数据提供了一个框架。SEEA 作为 SNA 的补充,以与 SNA 相衔接的资源环境核算附属表的形式呈现。通过 SEEA,人们可以获得资源消耗、环境损害、生态效益、生态承载力、生态赤字等指标。SEEA 由三个部分组成:

① SEEA 核心框架（SEEA central framework, SEEA CF）。该框架在 2012 年被联合国统计司采纳为国际环境经济核算标准。SEEA CF 关注环境资产（水资源、能源、森林、渔业等）的状态、变动、在经济中的使用和以废弃物形式返回环境的过程。

② SEEA 生态系统核算(SEEA ecosystem accounting, SEEA EA)。该框架是对核心框架的补充,于 2021 年被联合国统计司采纳。SEEA EA 从生态系统的角度出发,关注在给定空间区域内,各类环境资产作为自然过程的一部分如何相互作用,才能够展示给定空间区域内生态系统服务水平和价值。

③ SEEA 应用和扩展。该部分指导如何在决策制定、政策审查和研究分析中使用核算结果。

12.2.1 SEEA 核心框架的核算思路

联合国统计司分别于 1993、2000、2003、2012 年发布了《环境与经济综合核算体系》指南,SEEA 核心框架包括四个账户:污染、能源和材料的流量账户,环境保护和资源管理支出账户,自然资源资产账户,以及对环境枯竭、退化和防御性支出的评估。[①] 按照 SEEA—2012,SEEA 核心框架的核算思路是:

——将国民经济核算账户中与自然资源和环境相关的存量和流量识别出来。

——在资产负债表中将实物账户与自然资源和环境相关的账户进行连接。

——纳入环境影响的成本和效益,对自然资源和环境变化进行估值,SEEA 建议尽量使用市场价值法进行估值计算,对于没有市场价值的,可使用替代成本法(written down replacement cost)或收益折现法(discounted value of future returns)进行估算。

——得出能反映考虑了环境因素的收入和产出指标。将自然资源耗减与环境质量衰退从国内生产净值中扣除,估计出修正指标。

12.2.2 SEEA 核心框架的主要账户

SEEA 的环境账户以相对独立于 SNA 体系的卫星账户的形式表现。在这个账户中,依功能将环境物品和服务进行分类,将环保活动与一般的经济活动区分开来,对自然资源的消耗主要考虑自然资源存量及其变化对国民收入的影响,账户包括四个部分:

① 实物流量账户。记录经济与环境之间以及经济体系内部发生的实物流量,包括自然投入、产品、废弃物三类。

自然投入指从环境流入经济的物质,分为自然资源投入、可再生能源投入和其他自然投入三类。自然资源投入包括矿产和能源资源、土壤资源、天然林木资源、天然水生资源、其他天然生物资源以及水资源;可再生能源投入包括太阳能、水能、风能、潮汐能、地热能和其他热能;其他自然投入包括土壤养分、土壤碳等来自土壤的投入,氮、氧等来自空气的投入和未另分类的其他自然投入。

产品指经济内部的流量,是经济生产过程所产生的物品与服务,与 SNA 的产品定义和分类一致。

---

① United Nations.System of environmental-economic accounting central framework 2012[EB/OL]. [2024-10-18]. https://seea.un.org/content/about-seea.

废弃物是生产、消费或积累过程中丢弃或排放的固态、液态和气态废弃物。

收集到各实物流量信息后,在 SNA—2008 中的价值型供给—使用表的基础上增加相关的行或列,即可得到实物型供给—使用表,以此记录从环境系统到经济系统、经济系统内部以及从经济系统到环境系统的全部实物流量。

实物流量核算的逻辑基础是两个恒等式:

一是供给—使用恒等式:

$$产品总供给 = 产品总使用$$

具体表现为:

$$国内生产 + 进口 = 中间消费 + 住户最终消费 + 资本形成总额 + 出口$$

二是投入—产出恒等式:

$$进入经济系统的物质 = 流出经济系统的物质 + 经济系统的存量净增加$$

具体表现为:

自然投入 + 进口 + 来自国外的废弃物 + 从环境系统回收的废弃物 = (流入环境系统的废弃物 + 出口 + 流入国外的废弃物) + (资本形成总额 + 受控垃圾填埋场的积累 − 生产系统和受控垃圾填埋场的废弃物)

SNA 中供给—使用表的基本格式如表 12-2 所示。实物流量有不同的计量单位,对表 12-2 进行改造后形成的表 12-3 可用于记录实物流量信息。

表 12-2　供给—使用表的基本格式

	生产部门	家庭	政府	累积量	国外	合计
供给表						
产品	产出				进口	总供给
使用表						
产品	中间消费	家庭消费	政府消费	资本形成	出口	总使用
	增加值					

注:深灰色部分为空。

表 12-3　实物型供给—使用表的基本格式

	生产部门	家庭	累积量	国外	环境	合计
供给表						
自然投入					来自环境的流量	自然投入的总供给
产品	产出			进口		产品总供给
废弃物	生产部门的废弃物	家庭消费的废弃物	资产的报废和拆除			废弃物总供给

（续表）

	生产部门	家庭	累积量	国外	环境	合计
使用表						
自然投入	自然投入的使用					自然投入的总使用
产品	中间消费	家庭消费	资本形成	出口		总使用
废弃物	废弃物的收集处理		在填埋场的废弃物积累		直接排放到环境的废弃物	废弃物的总使用

注：该表用于记录能源、水资源、各种排放和废弃物流量，深灰色部分为空。

②　环境活动账户和相关流量。记录与环境活动相关的交易。环境活动指以降低或消除环境压力为主要目的的经济活动，以及更有效地利用自然资源的经济活动，分为环境保护与资源管理两类。其中，环境保护活动指以预防、削减、消除污染或其他环境退化现象为主要目的的活动；资源管理活动指以保护和维持自然资源存量、防止耗减为主要目的的活动。环境活动提供的物品与服务统称环境物品与服务，包括专项服务、关联产品和适用物品。生产环境物品与服务的单位统称环境生产者，若环境物品与服务的生产是其主要活动，则称为专业生产者，否则称为非专业生产者，若仅为自用则称为自给性生产者。

可以用两套方法编制环境活动信息：环境保护支出账户（environmental protection expenditure accounts，EPEA）和环境物品与服务部门统计（environmental goods and services sector，EGSS）。

EPEA从需求角度出发核算经济单位为保护环境而发生的支出，以环境保护支出表为核心，延伸到环境保护专项服务的生产表、环境保护专项服务的供给—使用表、环境保护支出的资金来源表。

EGSS从供给角度出发展示专业生产者、非专业生产者、自给性生产者的环境物品与服务的生产信息，它将环境物品与服务分为四类：环境专项服务（环境保护与资源管理服务）、单一目的产品（仅能用于环境保护与资源管理的产品）、适用货物（对环境更友好或更清洁的货物）、环境技术（末端治理技术和综合技术）。主要核算指标有：各类生产者的各类环境物品与服务的产出、增加值、就业、出口、固定资本形成。

相比较而言，EPEA由系列账户组成，核算结构完整，而EGSS仅侧重于环境物品与服务的生产。

③　资产账户。该账户用于记录各种环境资产在核算期间的存量及其变动情况。环境资产指地球上自然存在的生物和非生物成分，它们共同构成生物—物理环境，为人类提供福利，包括矿产和能源资源、土地、土壤资源、林木资源、水生资源、其他生物资源以及水资源。资产账户分为实物资产账户和货币资产账户两种形式。资产账户从期初资产存量开始，以期末资产存量结束，中间还记录因采掘、自然生长、发现、巨灾损失或其他因素使资产存量发生的各种增减变动。

资产账户的动态平衡关系是:

$$期初资产存量+存量增加-存量减少+重估价=期末资产存量$$

在资产账户中需要计量环境资产耗减,并对环境资产进行价值评估。矿产和能源资源等非再生自然资源的耗减等于资源开采量,计算林木资源和水生资源等可再生自然资源的耗减时则要考虑资源的开采和再生。

记录价值型资产账户,需要对环境资产进行估价,SEEA—2012 对单项环境资产,即矿产和能源资源、土地资源、土壤资源、林木资源、水生资源、其他生物资源、水资源的核算方法分别进行了介绍,界定了这些资产各自的测度范围与分类。资产账户的基本格式见表 12-4。

表 12-4 资产账户的基本格式

环境资产的期初存量

新增存量

  存量增长

  新存量的发现

  溢价

  重新分类

  总新增存量

存量减少

  卅米

  正常损耗

  灾难性损失

  折价

  重新分类

  总存量减少

存量的重估 *

环境资产的期末存量

* 只用于货币价值计量的资产账户。

可以用表 12-5 建立供给—使用表与资产账户的联系。

表 12-5 供给—使用表与资产账户的联系

		生产部门	家庭	政府	国外	资产账户（实物和货币）
						生产性资产
						期初资产
价值型供给—使用表	产品供给	产出			进口	
	产品使用	中间投入	家庭消费	政府消费	出口	总资本

（续表）

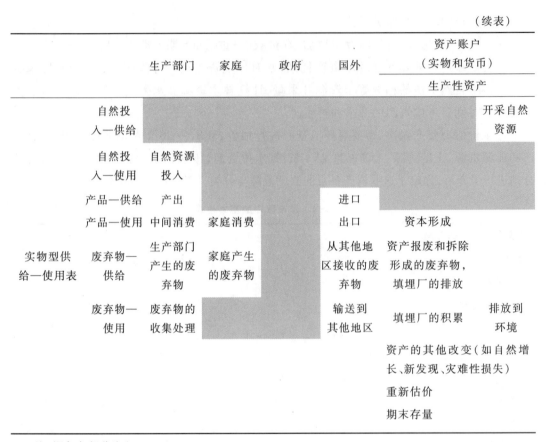

实物型供给—使用表		生产部门	家庭	政府	国外	生产性资产	资产账户（实物和货币）
	自然投入—供给						开采自然资源
	自然投入—使用	自然资源投入					
	产品—供给	产出			进口		
	产品—使用	中间消费	家庭消费		出口	资本形成	
	废弃物—供给	生产部门产生的废弃物	家庭产生的废弃物		从其他地区接收的废弃物	资产报废和拆除形成的废弃物，填埋厂的排放	
	废弃物—使用	废弃物的收集处理			输送到其他地区	填埋厂的积累	排放到环境
						资产的其他改变（如自然增长、新发现、灾难性损失）	
						重新估价	
						期末存量	

注：深灰色部分为空。

④ 结果—综合调整账户。这是综合展示经自然资本和环境调整的国民经济账户。表 12-6 展示了这个账户的主要序列。其与 SNA 结果账户的主要差别在于：考虑了资源环境因素，对净增加值、净储蓄等平衡项目进行了耗损调整。

表 12-6　SEEA 核心框架的结果账户

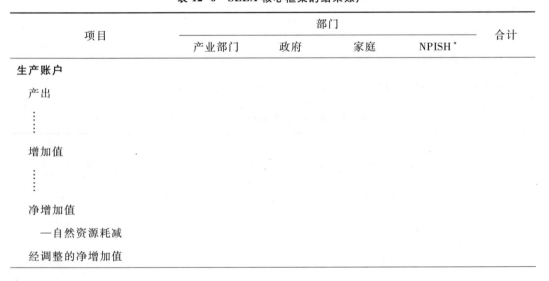

项目	部门				合计
	产业部门	政府	家庭	NPISH*	
生产账户					
产出					
⋮					
增加值					
⋮					
净增加值					
—自然资源耗减					
经调整的净增加值					

（续表）

项目	部门				合计
	产业部门	政府	家庭	NPISH*	
收入账户					
增加值					
⋮					
总经营盈余					
—固定资本消耗					
—自然资源消耗					
经调整的经营余额					
初次分配的收入账户					
经调整的经营余额					
⋮					
经调整的初次分配收入余额					
二次分配的收入账户					
经调整的初次分配收入余额					
⋮					
经调整的净可支配收入					
可支配收入的使用账户					
经调整的净可支配收入					
⋮					
经调整的净储蓄					
资本账户					
经调整的净储蓄					
⋮					
净借/贷					

* NPISH 指非营利家庭服务机构（non-profit institutions serving households）。

考虑到用于环境的开支和社会人口变量,可以类比 SNA 账户结构将 SEEA 各账户信息综合在一个框架里呈现,表 12-7 是 SEEA—2012 推荐的统计结果综合汇报示范表,该表同时涵盖价值和实物单位的数据,综合了价值流、实物流、环境和固定资本的存量和流量,以及相关指标。根据实际需要,可以在该表的四个大项下增减次级分类的小项,从而反映更为详细的统计内容。

表 12-7　综合各账户结果的汇报示范表

	产业部门 （ISIC 分类）	家庭	政府	积累	国外	合计
价值供给和使用：流量（货币单位）						
产品的供给						
中间消费和最终消费						
总增加值						
经调整的增加值						
环境税、补贴及其他						
实物供给和使用：流量（实物单位）						
供给						
自然投入						
产品						
废弃物						
使用						
自然投入						
产品						
废弃物						
资本账户和流量						
环境资本的期初存量（价值单位和实物单位）						
消耗（价值单位和实物单位）						
固定资本的期末存量（价值单位）						
总固定资本形成（价值单位）						
相关的社会—人口数据						
就业						
人口						

注：深灰色部分为空。

12.2.3　SEEA 生态系统核算

SEEA EA 是对 SEEA 核心框架的补充，它通过整合生态系统的生物物理数据和经济数据，使用标准的会计原则和账户组织有关栖息地和景观的数据、测量生态系统服务、跟踪生态系统资产的变化，展示生态系统与经济及其他人类活动之间的联系。通过核算，SEEA EA 有助于回答以下问题：

——生态系统及其服务对经济、社会福祉、就业和生计的贡献是什么？

——随着时间的推移,生态系统的状况、健康和完整性以及生物多样性发生了怎样的变化？ 主要退化和增强的区域在哪里？

——如何对自然资源和生态系统进行最佳管理,以确保持续提供能源、粮食、供水、洪水控制、碳储存和娱乐机会等服务与利益？

——当地生态环境保护工作的重点是什么？

——有哪些机会可以开发创新型激励机制项目来保护自然,如何进行生态补偿？

——考虑生态环境状况和变化,如何对一国的财富和经济潜力的核算进行修订？

SEEA EA 有五个核心账户(图 12-1):

① 生态系统范围账户。在核算区域内按生态系统类型分类记录生态系统的面积及其变化信息。

② 生态系统状态账户。记录特定时刻生态系统资产的状态和变化,并提供有关生态系统健康状况的信息。

③ 生态系统服务流量账户(实物量)。记录生态系统资产提供的生态系统服务的供给和使用情况(以实物量记载)。

④ 生态系统服务流量账户(价值量)。记录生态系统资产提供的生态系统服务的供给和使用情况(以价值量记载)。

⑤ 货币化的生态系统资产账户。记录生态系统资产的存量及其变化信息,对生态系统退化和增强进行价值核算。

除这五个核心账户外,SEEA EA 还支持专题核算,如围绕生物多样性、气候变化、保护区、湿地等与特定环境政策相关的专题进行核算。

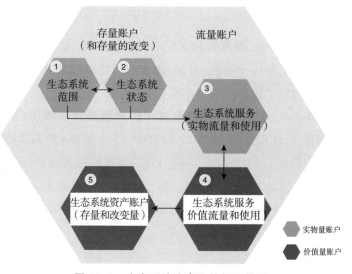

图 12-1　生态系统账户及其相互关系

由于生态系统对人类福祉的贡献取决于其位置,生态系统账户都定位于特定的地理区域。除表格外,SEEA EA 还以地图呈现,在地图中汇集地理、环境、生态和经济信息。到 2019 年,有 40 多个国家尝试建立了 SEEA EA 账户,其中英国、荷兰建立的账户包括了详细的地图、实物和价值账户表。[①]

12.3　国外的环境经济核算实践

在 SEEA 建立之前,不少国家对环境经济核算进行了探索。这些探索大体上可分为两类:一类是以挪威、芬兰、法国等国为代表的资源环境实物核算;另一类是以日本、墨西哥等国为代表的环境经济综合核算。

挪威从 1978 年开始建立矿产资源、森林资源、土地资源、渔业资源以及空气污染、水污染的核算,并建立了详尽的统计制度,为绿色国民经济核算体系奠定了重要基础。

芬兰继挪威之后也建立起了自然资源核算框架体系,其环境经济核算的内容有三项:森林资源核算、环境保护支出费用统计和空气排放调查,其中森林资源和空气排放的核算采用了实物量核算法,环境保护支出费用核算则采用了价值量核算法。

法国建立了针对空气污染、废弃物、废水的环境保护账户、生物多样性账户、核废料管理账户,以及一个独特的账户——遗产账户,这个账户主要记录代际遗传的自然资源和文化资源,但目前尚未得到全面的遗产数据。

日本由国家环境研究院负责环境核算工作,从 1991 年起开始研究和建立环境核算体系和相关指标,建立了一个包括实物量和价值量核算的、比较全面综合的环境经济核算体系,又称国民环境经济核算矩阵。日本对 1985—1990 年的绿色 GDP 进行了估算,主要是考虑和扣除了地下矿产资源耗减成本、土地使用成本、废水和空气污染成本以及固定资本的消耗。

1990 年在联合国的支持下,墨西哥建立了石油、土地、水、空气、森林等自然资源的实物量和价值量的统计账户,测算出石油、木材、地下水的耗减成本,另外还进行了环境退化成本的核算,由此测算扣除了这两类成本的绿色 GDP。

SEEA 体系自发布以来,实施环境经济核算的国家数量逐渐增加(见图 12-2)。2023 年,90 个国家已经实施了 SEEA。在这 90 个国家中,67 个国家(约占 74%)定期编制和发布至少一个账户(第三阶段);10 个国家(约占 11%)按需发布其账户(第二阶段);而 13 个国家(约占 14%)编制了但尚未发布其账户(第一阶段)。在编制 SEEA 的 90 个国家中,几乎所有国家(90 个国家中的 89 个)都编制了 SEEA 核心框架账户。近一半(41 个)国家编

---

① United Nations. An introduction to ecosystem accounting[EB/OL]. [2024-11-18]. https://seea.un.org/sites/seea.un.org/files/seea_long-bro-final-small.pdf..

制了 SEEA 生态系统核算账户和/或专题账户。[①]

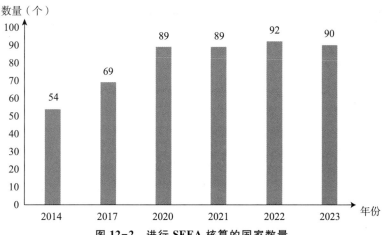

图 12-2　进行 SEEA 核算的国家数量

资料来源:作者根据联合国官方资料整理。

编制环境与经济综合核算账户收集和整理的信息不仅可用于直接衡量若干可持续发展目标指标,还能够帮助回答以下与资源环境和发展有关的问题:

——谁从自然资源使用中受益,谁受到负面影响? 自然资源使用对环境状态和经济的特定部门有什么影响?

——自然资源枯竭如何影响一个国家的实际收入? 哪些行业和自然资源所有者应对自然资源枯竭负责?

——自然资源使用与经济增长脱钩的程度有多大? 哪些部门的用水效率最高或能源密集度最大?

——随着时间的推移,国家的财富,特别是其自然资本如何变化?

——环境保护支出是否有效?

——税收制度在多大程度上正在"绿化"? 有哪些环境经济政策在发挥作用? 其影响是什么?

——环境投资的规模有多大? 经济发展正在创造多少绿色就业机会?

——资源生产和消费的当前趋势是否可持续? 产生的废弃物数量是否增加? 废弃物中有多少被回收利用? 在哪些经济部门被回收利用?

——特定区域的碳足迹或水足迹是多少?

——生态系统提供了什么服务? 谁从中受益? 位于哪里?

这些问题都是各国进行发展规划和制定相关政策时需要重点关注的,因此,不少国家尝试将环境经济核算结果纳入发展决策。

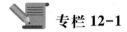

专栏 12-1

印度尼西亚的 SEEA 核算及其在低碳增长转型研究中的应用

泥炭地约占印度尼西亚陆地面积的 8%，这类地区是该国主要出口商品——油棕的重要种植区，也是木材和纸浆生物质生产的重要区域。同时，泥炭地还以碳封存的形式提供重要的生态系统服务。统计数据显示，在经济增长和人口增长压力下，越来越多的泥炭地正在转变为农田或人工林，1990—2014 年间，苏门答腊和加里曼丹地区 52% 的泥炭林被转化为其他土地用途。在世界银行的协助下，印度尼西亚为苏门答腊和加里曼丹地区的泥炭地开发了试点账户，进行 SEEA EA 核算。核算发现，生态资产转换与油棕榈产量的大幅增加有关。转变产生了很高的货币价值，但它也导致 1990 年至 2014 年间碳储量减少31%，同期净碳排放量增加 74%，退化的泥炭地成为印度尼西亚温室气体排放的重要来源。根据碳排放的价值，这些排放的成本可能超过种植作物的收益。SEEA EA 核算结果为印度尼西亚制定《减少温室气体排放国家行动计划》提供了重要技术支撑。

为了研究低碳增长路径的可行性，印度尼西亚国家发展规划部在世界银行及其他发展伙伴的支持下，基于 SEEA 核算框架在国家和省级层面上开发了土地覆盖账户、土地面积账户和泥炭账户，将这些账户与能源和水资源平衡相结合，估算了不同政策情景下自然资源可用性和生态系统服务对经济产出的影响，预测 GDP 增长和其他宏观经济绩效指标。研究结果显示，印度尼西亚的劳动生产率和 GDP 增长速度将随着支持低碳发展的政策措施的力度加强而提高(见图 12-3)。因此，印度尼西亚国家发展规划部将低碳发展倡议纳入该国 2020—2025 年国家中期发展计划。[①]

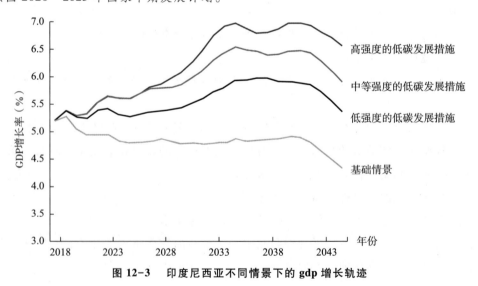

图 12-3　印度尼西亚不同情景下的 gdp 增长轨迹

[①]　United Nations.World economic situation prospects 2020［EB/OL］.［2014-11-20］. https://www.un.org/development/desa/dpad/wp-content/uploads/sites/45/WESP2020_FullReport.pdf.

需要指出的是,虽然 SEEA 的编制取得了较大的进展,但由于环境经济核算在估价方法和资料来源方面的巨大困难,目前世界上还没有一个国家就全部资源的耗减成本和全部环境损失代价计算出一个完整的绿色 GDP。一些国家测算得到的绿色 GDP 数据,只是扣除了部分资源环境成本,仅作为研究分析和政策决策的参考,并未作为各国政府的正式经济核算数据使用。

资料来源:作者根据公开资料整理。

12.4　中国的环境经济核算实践

由于伴随经济增长的资源损失和污染日益引人关注,中国学术界进行了环境经济核算研究,政府也高度重视环境经济核算工作。2012 年党的十八大之前的绿色核算实践主要有:

① 国家统计局在新国民经济核算体系中设置了附属账户——自然资源实物量核算表,制定了核算方案,试编了 2000 年全国土地、森林、矿产、水资源实物量表。

② 国家统计局与挪威统计局合作,编制了 1987 年、1995 年、1997 年中国能源生产与使用账户,测算了中国八种大气污染物的排放量,并利用可计算的一般均衡模型分析和预测了未来二十年中国能源使用、大气排放的发展趋势。

③ 国家统计局在黑龙江、重庆、海南分别进行了森林、水、工业污染、环境保护支出等项目的核算试点。

④ 2004 年起原国家环保总局和国家统计局就绿色 GDP 核算工作进行过 10 个省市的试点,后推广到对全国 31 个省(自治区、直辖市)和 42 个部门的环境污染实物量、虚拟治理成本、环境退化成本进行统计分析,具体公式如下:

$$绿色 GDP = GDP - 环境退化成本 - 生态破坏成本$$

2006 年 9 月两局联合公布《中国绿色国民经济核算研究报告(2004)》。报告显示,2004 年全国环境退化成本(因环境污染造成的经济损失)为 5 118.2 亿元,占当年 GDP 的 3.05%。由于基础数据和方法的限制,2004 年的核算没有包含自然资源耗减成本和环境退化成本中的生态破坏成本,只计算了 20 多项环境污染损失中的 10 项。自 2006 年开始,生态环境部环境规划院持续开展绿色 GDP 核算工作,并在其网站上发布了《绿色 GDP 核算技术指南》,为地区开展绿色 GDP 核算提供方法支撑。

2012 年,党的十八大报告明确提出:"要把资源消耗、环境损害、生态效益纳入经济社会发展评价体系,建立体现生态文明要求的目标体系、考核办法、奖惩机制。"2013 年党的十八届三中全会通过的《中共中央关于全面深化改革若干重大问题的决定》提出:完善发展成果考核评价体系,纠正单纯以经济增长速度评定政绩的偏向,加大资源消耗、环境损害、生态效益等指标的权重。2015 年,中共中央审议通过并发布实施了"1+6"生态文明体制改革方案[①]，对生态系统服务价值核算提出强烈的应用需求。这一时期的绿色核算实践主要有：

① 生态产品总值（gross ecological product，GEP），也称为生态系统服务价值，是指生态系统为人类福祉和经济社会发展提供的最终产品与服务的价值，主要包括产品供给服务价值、调节服务价值和文化服务价值三大类。2020年，生态环境部环境规划院和中国科学院生态环境研究中心联合编制了《陆地生态系统生产总值核算技术指南》。2022年，国家发展改革委联合国家统计局印发《生态产品总值核算规范（试行）》，明确了 GEP 核算的指标体系、具体算法、数据来源和统计口径。广东省深圳市、江西省抚州市、浙江省丽水市等地组织了 GEP 核算实践。

② 经济生态生产总值（gross economic-ecological product，GEEP）是绿色 GDP 和 GEP 的综合指标。由于 GEP 中的产品供给服务和文化服务价值已在 GDP 中进行了核算，所以 GEEP 核算在 GDP 基础上扣减环境退化成本和生态破坏成本，增加生态调节服务价值。2023年，生态环境部环境规划院联合中国环境监测总站，基于30m 空间分辨率的遥感数据，完成了2021年2 800多个县级 GEP 和 GEEP 核算。[②]

这些绿色核算结果正在用于为地方政府发展规划、生态补偿政策制定、建设项目生态环境效益评估、企业 ESG 信息披露等提供数据和方法支撑。

◎ 小　结

传统的国民经济核算不考虑没有进入市场交易的活动和服务，为了反映经济活动中的资源环境代价，许多学者和机构进行了环境经济核算，作为对国民经济核算的补充。从理论上看，环境经济核算的思路是清晰的，就是要加上自然资本的增加，减去自然资本损失和环境质量下降引起的损害。但在实践中，由于资源环境因素的多样性、复杂性、环境变化没有市场价格等，收集计算资源环境数据存在较多的争议和困难。尽管许多国家和地区进行了环境经济核算的尝试，但其计算结果只能作为传统国民经济核算的补充，不能替代传统国民经济核算。我国也进行了这一领域的研究和实践，并不断发展核算结果的应用场景。

📖 进一步阅读

1. 联合国经济和社会事务部统计司. 2012年环境经济核算体系中心框架［EB/OL］.［2024-10-17］.https://seea.un.org/sites/seea.un.org/files/seea_cf_final_ch.pdf.

---

① 此处的"1"是指《生态文明体制改革总体方案》，"6"包括《环境保护督察方案（试行）》《生态环境监测网络建设方案》《开展领导干部自然资源资产离任审计试点方案》《党政领导干部生态环境损害责任追究办法（试行）》《编制自然资源资产负债表试点方案》《生态环境损害赔偿制度改革试点方案》。

② 生态环境部环境规划院.王金南院士团队发布全国首个 GEP 和 GEEP 百强县［EB/OL］.（2023-04-17）［2024-10-18］. http://www.caep.org.cn/sy/zhxx/zxdt/202304/t20230417_1026901.shtml.

2. 王金南,蒋洪强,曹东,於方.绿色国民经济核算[M].北京：中国环境科学出版社, 2009.

🕮 思考题

1. 传统国民经济核算有哪些不足？

2. 联合国 SEEA 的核算思路是什么？

3. 试查找相关政策和案例,讨论环境经济核算在中国有哪些应用领域。

第 13 章　跨界环境问题

【学习目标】

- 掌握跨界外部性的特点
- 了解气候经济学的主要内容
- 掌握全球环境治理的含义
- 掌握生态补偿原理

跨界外部性会引起气候变化、跨界污染等环境问题,这类问题与国内环境问题不同,需要通过协商谈判构建起联合行动框架,争取达到使整体收益最大化的合作解。

13.1　跨界外部性

当经济活动对环境产生的负外部性影响不仅局限于一个行政管理范围时,就出现了污染的跨界外部性。

13.1.1　相互依赖的决策

跨界外部性的相关行政单元可能有多个,这里考虑只有两个国家(X 国和 Y 国)的情景,可以将对两国的分析扩展到对更多参与方的分析。假定两个国家的经济活动都产生一定的污染,如果每个国家的污染影响都限制在本国之内,这时各国都采用国内环境管制政策管控本国的污染问题。但如果污染的影响超出了国界,如 X 国的污染排放影响 Y 国的环境,或者两个国家的污染排放都对别国的环境有不利影响,就出现了污染的跨界外部性。

当污染的跨界外部性存在时,单个国家的污染行为决策依赖于别国的污染行为。经济学用两种方法研究这种参与者的行为决策相互依赖的现象。一种方法是用优化分析法考察个人的无合作行为,将这些行为的结果与使参与者的集体利益最大而进行合作的结果进行比较,找出最优方案;另一种方法是使用博弈论进行分析。

为了进行优化分析,需要指定一个或多个优化函数,以 Q 代表排放,U 代表效用。以两国为例,当污染的影响为单向流动时,Y 国的排放只影响本国,X 国的排放对两国都有影响,两国的效用函数分别为:

$$U_X = U_X(Q_X)$$
$$U_Y = U_Y(Q_X, Q_Y)$$

当污染的影响双向流动时,两国的排放对双方都有影响,它们的效用函数分别为:

$$U_X = U_X(Q_X, Q_Y)$$
$$U_Y = U_Y(Q_X, Q_Y)$$

在无合作的情况下,每个国家都忽视自身排放对其他国家造成的影响,他们分别选择自己的污染水平,使得自身的净效用最大。其效用最大化的条件分别是 $dU_X/dQ_X = 0$ 和 $dU_Y/dQ_Y = 0$。

即使每个国家最终感兴趣的只是本国的福利,无合作行为也不一定保证能获得最好的结果,与其他国家进行合作可能更有利于提高本国的福利水平。合作是一个共同决策的过程,指两个国家共同选择排放水平,使集体福利最大。

当污染的影响单向流动时,Q_X 和 Q_Y 的值同时选取,使得两个国家的总效用 $U = U_X + U_Y$ 达到最大。最大化所需的条件为:

$$\partial U/\partial Q_X = 0$$
$$dU_X/dQ_X + \partial U_Y/\partial Q_X = 0$$
$$dU_X/dQ_X = -\partial U_Y/\partial Q_X \qquad \text{(式 13-1)}$$
$$\partial U/\partial Q_Y = 0$$
$$\partial U_Y/\partial Q_Y = 0 \qquad \text{(式 13-2)}$$

这一条件的政策含义是:为了获得有效的结果,两国需要通过协商进行单边支付或赔偿。但由于没有超国家的管理机构来强制各国进行合作,一国向另一国进行单向支付往往很难实现。

当污染的影响双向流动时,总效用最大化所需的条件为:

$\partial U/\partial Q_X = 0$　　　　　　　　　　　$\partial U/\partial Q_Y = 0$

$dU_X/dQ_X + \partial U_Y/\partial Q_X = 0$　　　　　$dU_X/dQ_Y + \partial U_Y/\partial Q_Y = 0$

$dU_X/dQ_X = -\partial U_Y/\partial Q_X$　(式 13 - 3)　　$dU_X/dQ_Y = -\partial U_Y/\partial Q_Y$　(式 13 - 4)

这一条件的政策含义是:为了获得最优的结果,两国的污染对本国环境的边际影响应与对他国环境的边际影响相等。

在污染的跨界外部性存在时,任何一个国家在排放削减上的支出不仅使实施削减的国家受益,还使其他国家受益。这也意味着搭便车的可能:如果一个国家选择不进行任何污染控制,只要其他国家进行污染控制,它仍然可以受益。因此一国的成本—收益情况随着其他国家选择的变化而变化,对于这种污染问题也可使用博弈论进行分析。

① 合作解。这里讨论两个国家的博弈。国家 X 和 Y 的污染排放都跨越它们共有的国境线,从而对本国和他国的居民造成影响。假设两个国家的人口数、收入和污染水平、污染损失和污染削减费用都相同,每个国家必须选择是否进行污染削减。由于只有两个国家,每个国家只有两种可能的行动(策略),因此有 4 种组合结果,如表 13-1 所示(其中的数字是假设的)。

表 13-1　有占优策略的两方博弈

X 国/Y 国	不削减	削减
不削减	0,0	5,-3
削减	-3,5	3,3

表 13-1 中矩阵单元中的数字表示在国家 X 和 Y 的每一对策略选择下,每一个国家获得的净收益(报酬)。由于假设这两个国家在所有相关方面都相同,所以表中的数字显示出对称的性质。在假设世界由这两个国家组成的情况下,世界的总收益是这两个国家的净收益的和。世界的总收益在两国间的分配有三种情况:如果所有国家都削减,或者都不削减,世界的总收益在这两个国家中平均分配;如果一国选择削减而对方不削减,则削减方会受到损失。

当某种策略选择对一个国家是最好的,而不管别的国家作何选择时,这种策略就是占优决策。从表 13-1 中可以看出,不削减是国家 X 和 Y 的占优决策,因此可以预测两国都将不会削减污染。但从福利的角度看,这一结果不如两国合作的方案有利。通过合作,两个国家中的每一个都可以得到正收益。之所以会出现这种情况,是由于对于全球污染物来说,污染削减是全球公共物品,一旦可以获得,所有国家都可以分享它的收益,每个国家都有强烈的动机通过搭便车获得别国削减带来的收益。

② 无合作解。在合作的分析中,所有国家都有占优决策,但事实上这种结果并非总能实现。如果改变两国决策的净收益水平,可能出现另外的局面(见表 13-2)。

表 13-2　无占优策略的两方博弈

X 国/Y 国	不削减	削减
不削减	0,0	5,-3
削减	-3,5	7,7

表 13-1 和表 13-2 中收益矩阵的唯一不同是后者在所有国家都削减时的回报均高于前者。事实上,该收益比每个国家都选择搭便车时获得的回报还高。但在表 13-2 中,每个国家都没有占优策略。在这种情况下,它们的行为将取决于个体选择何种行为"规则"。

一种可能是每个国家都决定采取**大中取大准则**(maximax),即每个国家都选择使获得极大收益的可能性增加的策略。由于选择削减,X 和 Y 国都可能得到最大收益,所以两国的大中取大准则都是削减污染。这里大中取大准则得到了有效的结果,但它并不是唯一正确的行为规则,而且大中取大准则往往意味着较高的风险。如 X 国采用大中取大准则选择削减,当 Y 国也选择削减时,X 国可获得的最大收益为 7,而如果 Y 国选择不削减,X 国的收益为-3。

另一种可能是每个国家都采取**小中取大准则**(maximin),即增加最不坏可能结果的策略。在表中,如果 X 国选择削减,Y 国可能获得的最坏结果是-3,如果他选择不削减则最坏的可能结果是 0。比较起来,0 是这两种结果中较不坏的结果,Y 国小中取大准则的选择是不削减。这一结果对 X 国也一样。因此在这种情况下两个国家都不削减污染。尽管从回避风险的角度看,小中取大准则是合理的,但它产生了无效的结果。

总之,不论是用优化分析法还是用博弈论进行跨界外部性分析,都可以发现这种外部性的存在可能导致对最优结果的偏离,虽然合作方案是最优选择,但各国从自身利益最大化或自身风险最小化的角度出发,往往不会选择合作方案。

13.1.2　全球环境治理

环境问题有不同的规模,相应地需要建立不同层次的环境管理系统和决策系统。对于跨区域问题,不能用传统的自上而下的行政体制进行管理,而是要探索建立一个新的应对体系,实现全球环境治理就是要建立这样的应对体系。

治理(governance)是指各种公共机构或私人管理其共同事务的诸多方法的总和,是使相互冲突的或不同的利益得以调和,并采取联合行动的持续过程。这既包括有权迫使人们服从的正式制度和规则,也包括各种人们同意的或符合其利益的非正式制度安排。治理不同于管理(management)或统治(government),政府管理或统治的权力的运行方向总是自上而下的,它运用政府的政治权威,通过制定和实施政策,对社会公共事务实行单一向度的管控。治理是建立在市场原则、公共利益和认同之上的合作,是一个上下互动的管理过程,它主要通过合作、协商、伙伴关系、确立认同共同目标等方式对公共事务进行管理,通过国家与公民社会的合作、政府与非政府组织的合作、公共机构与私人机构的合作达成某种目标。

按照联合国的总结,治理的目的是实现社会公正、生态可持续性、政治参与、经济有效性和文化多样性。治理有四个特征:

——治理不是一整套规则,也不是一种活动,而是一个过程;

——治理过程的基础不是控制,而是协调;

——治理既涉及公共部门,也涉及私人部门;

——治理不是一种正式的制度,而是持续的互动。

由于全球环境具有公共物品的性质,没有哪个国家对其拥有主权,而世界各国间没有管辖关系,也不能依靠行政威权来进行环境管理,所以传统的环境管理手段在应对全球环境问题时是无效的。为了解决这些问题,需要有与以往不同的政治体制。可以想象的是,类国家的全球管理体制有独裁的可能,但没有强制力和约束力的管理体制又无异于一盘散沙。治理这种创新性的政治理念适用于讨论跨界的全球环境问题,于是就有了全球环境治理的概念。**全球环境治理**(global environmental governance)指致力于全球环境保护的组织、政策、金融机制、规范、程序和标准的组合。自 20 世纪 70 年代早期以来,环境保护逐渐成为重要的国际议题,各国在生物多样性保护、臭氧层变薄、气候变化、荒漠化等问题上进行协商谈判,达成协议,还在联合国框架下建立了可持续发展委员会(Commission on Sustainable Development),成立了全球环境基金(Global Environment Facility, GEF),构造了国际环境行动的筹资框架,建立了为发展中国家提供资金、技术援助和支持的渠道。除了联合国提供的平台,还有一些组织也为全球环境合作提供了平台,如世界银行、世界贸易组织、区域性的合作组织等。此外,各国间的多边、双边谈判也是就环境保护议题进行协商的渠道,这些都促进了全球环境治理的发展。

全球环境治理的成果集中反映在国际环境协议上。由于没有超国家的组织来强制实施,所以有效的国际环境协议必须对缔约方有足够的吸引力,从而是自律的。1972 年的人类环境大会建立了联合国环境规划署,此后许多全球性的环境协议都是在这一机构领导下达成的。全球环境协议有多种形式,如条约(treaties)、公约(conventions)、议定书(protocols)、多边环境协议(multilateral environmental agreements, MEAs)等。目前各国签订的国际环境协议主要有:《联合国气候变化框架公约》《关于消耗臭氧层物质的蒙特利尔议定书》《控制危险废物越境转移及其处置的巴塞尔公约》《濒危野生动植物种国际贸易公约》《生物多样性公约》《京都议定书》《卡塔赫纳生物安全议定书》《联合国防治荒漠化公约》《关于汞的水俣公约》《巴黎协定》等。

治理理论可以弥补国家和市场在调控和协调过程中的某些不足,但治理也不是万能的,它内在地存在着许多局限。在实施过程中,参与国要面对合作与竞争的矛盾、开放与封闭的矛盾、原则性与灵活性的矛盾、责任与效率的矛盾,这些矛盾的存在也使全球环境治理面临许多现实的困难,可能使全球环境治理只停留在"全球集体谈判"的阶段上,而不能落实。例如,不同组织间缺乏合作与协调,环境治理的规定有冲突、重复的地方,谈判结果的实施和执行难以保障,全球环境治理筹集的资金难以到位、运行效率偏低等。

经过国际合作,一些环境问题已经得到缓解或解决。如臭氧层①空洞曾经是一个严重的问题,为了保护臭氧层,确保人类健康和环境不会因臭氧消耗而过度暴露于紫外线辐射之下,国际社会在 1985 年缔结了《保护臭氧层维也纳公约》,呼吁缔约方分享科学研究、数据和观察结果。1987 年缔结了《关于消耗臭氧层物质的蒙特利尔议定书》,要求控制近100 种人造臭氧消耗物质的生产使用。这两项公约均已获得普遍批准,共有 198 个缔约方。《关于消耗臭氧层物质的蒙特利尔议定书》的执行导致全球 99%的消耗臭氧层物质被淘汰。臭氧层自 2000 年相对稳定,预计在 2050 年前将完全恢复。据估计,《关于消耗臭氧层物质的蒙特利尔议定书》将在 1987 年至 2060 年为全球健康带来 1.8 万亿美元的惠益(仅癌症一项就占 1.109 万亿美元),并避免对农业、渔业和材料造成近 4 600 亿美元的损害(均为累积估计数)。②

---

① 臭氧层位于大气的平流层,可吸收大部分对生命有破坏作用的太阳紫外线。人为排放的氯氟烃(CFCs)等臭氧消耗物质(ozone-depleting substances, ODSs)使臭氧层变薄,甚至在高纬度地区形成臭氧层空洞,使人类受到过量的太阳紫外辐射,提高了皮肤癌等疾病的发病率。

② 数据来自 UNEP. Facts and figures on ozone protection[EB/OL].[2024-10-18]. https://ozone.unep.org/fr/node/4056.

13.2　气候变化经济学

科学研究发现全球气候正在发生重大的变化,这一判断得到以联合国为代表的国际机构和越来越多国家政府的认同。各国同意气候变化是人类 21 世纪面对的最复杂的挑战之一,没有哪个国家能置身事外,也没有哪个国家能独自承担气候变化所带来的相互关联的挑战。为了防止灾难性后果的出现,世界各国要共同行动,构建联合行动框架,争取达到使整体收益最大化的合作解。

为了应对气候变化,各国要实施碳减排政策,调整能源结构和产业结构,改革生活方式,这些行动的成本和收益情况需要研究,以确定在气候变化仍存在不确定性和未知风险的情况下,什么才是最优的行动方案。对这些问题的研究逐渐形成了被称为"气候变化经济学"的新交叉学科。气候变化经济学涵盖范围很广,包括增长和发展、产业结构调整、创新和技术变革、制度建设、国际经济、人口和迁移、公共财政、信息和不确定性、博弈等主题。

13.2.1　气候变化的科学和模型

按照《联合国气候变化框架公约》的定义,**气候变化**是指除在类似时期内所观测的气候的自然变异之外,由于直接或间接的人类活动改变了地球大气的组成而造成的气候变化。气候变化会造成地球自然环境的变化,这些变化可能对生态系统的组成、复原力或生产力、社会经济系统的运作、人类的健康和福利产生重大的有害影响。

1. 气候变化

近代以来的科学监测发现,地球表面的温度逐渐上升(见图 13-1),永久冻土和冰川正加速融化。地表温度升高可能导致地球气候发生较大的变化。

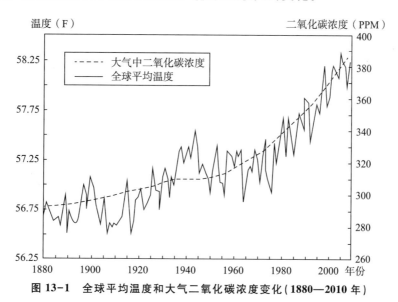

图 13-1　全球平均温度和大气二氧化碳浓度变化(1880—2010 年)

资料来源:作者根据 NASA 的数据整理。

温室效应增强是引起气候变化的重要原因。大气能使太阳短波辐射到达地面,但地表受热后向外放出的大量长波辐射却被大气吸收,作用类似于栽培农作物的温室,使地球表面温度变暖。如果没有温室效应,地球的平均温度会比现在低 33 ℃。但过强的温室效应会使地表温度上升,引起气候变化。一些气体有助于产生温室效应,被称为**温室气体**,对气候影响巨大的温室气体依次为水蒸气①、二氧化碳、甲烷、氟氯烃、二氧化氮。近 200年来,自然活动的温室气体排放量变化不大。化石能源开采和燃烧过程中的排放和泄漏,工业、农业和畜牧业生产,废弃物处理等经济活动,向大气中排放了大量的温室气体,其中以化石能源燃烧排放的二氧化碳最多(见图 13-2)。

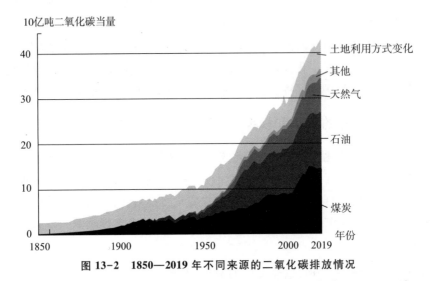

图 13-2 1850—2019 年不同来源的二氧化碳排放情况

资料来源:Global Carbon Project.Global carbon budget 2020[EB/OL].[2024-10-18].https://www.globalcarbonproject.org/carbonbudget/archive/2020/GCP_CarbonBudget_2020.pdf.

科学监测发现,极地冰芯中二氧化碳的浓度在史前时期基本稳定在 260～280 ppm②,最高达到 300 ppm,而工业革命以来其从 280 ppm 上升到 400 ppm。大量排放增强了温室效应,地球气候正在发生变化。

气候变化将产生严重的后果:

① 降水变化。由于气温升高、水汽蒸发加速,各地区的降水形态将会改变,北半球冬季将缩短,并更冷更湿,而夏季则变长且更干更热。

② 海平面上升,风暴强度增加,低洼地区海水倒灌,居住在海岸边的人口将受到威胁。

③ 粮食、水源、渔业资源的分布发生改变,可能成为引发地区间冲突的因素。

④ 生态平衡发生改变,物种灭绝和传染病流行的风险加大。

气候变化也会给高纬度地区带来更长的生长季节,并给温带地区带来一些健康益处,

① 虽然水蒸气是影响最大的温室气体,但人们一般关注后面几种,讨论温室气体时也默认是后面几种。

② ppm(parts per million)是用百万分比表示的溶质浓度单位,也称百万分比浓度。

如减少寒冷导致的死亡人数。然而,预计这些正效应将被巨大的负面效应抵消。

按是否可控可将气候变化带来的风险分为两种:一类是可控风险,指人类社会有能力应对的威胁,如气候变化对健康和农业的影响;另一类是不可控风险,指规模大到人类社会难以预见和应对的不可控风险,如海冰融化、飓风加剧、大规模物种灭绝等。可控风险可以通过加强卫生管理、改变农业结构等措施应对,而不可控风险则超出了人类的掌控范围。由于担心全球气候变化的趋势持续下去可能带来严重的不可控风险,不少学者和政治家建议人类按谨慎原则行动,立刻开始削减温室气体的排放量,这也是当前国际社会倡导的应对气候变化的主要思路。

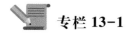 **专栏 13-1**

非洲的气候危机

人类的活动已经使大气、海洋和陆地变暖,大气、海洋、冰层和生物圈都发生了广泛而迅速的变化。虽然非洲产生的二氧化碳排放量仅占全球的 3%,但它却是气候变化、粮食、能源等危机下最为脆弱的地区之一。

近几十年来,非洲气温上升速度加快,降水的剧烈波动变得频繁,与天气和气候相关的自然灾害日趋严重。热浪、暴雨、洪水、热带气旋和长期干旱正在对非洲经济发展和民众生活产生破坏性影响,该地区面临气候变化风险的人数正在不断增加。仅 2022 年,非洲大陆就有超过 1.1 亿人直接受天气、气候和水文相关自然灾害的影响,造成的经济损失超过 85 亿美元。与天气、气候相关的自然灾害造成的死亡人数高达 5 000 人,其中 48% 与干旱有关,43% 与洪水有关。

气候危机正在对非洲的粮食安全造成严重损害。以非洲国民经济的支柱——农业为例,受气候变化影响,自 1961 年以来非洲的农业生产率增速下降了 34%。与世界上其他地区相比,非洲的降幅是最大的。预计到 2025 年,非洲国家每年的粮食进口将增加三倍,进口粮食的资金从 350 亿美元增至 1 100 亿美元。据估计,到 2030 年,如果不采取适当的应对措施,非洲将有多达 1.18 亿极端贫困人口(每日生活费不足 1.90 美元)面临干旱、洪水和极端高温的威胁。这将给扶贫工作带来额外负担,并严重阻碍经济增长。

此外,气候变化及其造成的自然资源不断减少还可能引发争夺生产性土地、水和牧场的冲突。过去 10 年间,由于争夺土地资源的压力增加,撒哈拉以南非洲国家的农牧民暴力事件有所增多。

联合国非洲经济委员会的数据显示,非洲要达成 2030 年气候目标,每年需要约 2 770 亿美元实施绿色发展项目,但目前非洲每年的气候融资仅为 300 亿美元,远远不能满足融资要求。

资料来源:作者根据世界气象组织发布的相关报告整理。

2. 气候模型

气候变化涉及自然环境系统和人类社会经济系统间的复杂互动,气候变化综合评估模型(integrated assessment models, IAM)依托多学科底层基础理论支撑,能够系统而定量地模拟自然环境系统和人类经济社会系统之间的联动和反馈,回答人们关注的问题。例如,经济增长将如何驱动温室气体排放？温室气体排放如何影响气候变化？气候变化如何影响短期和长期的经济增长？在不同情景下,减缓温室气体排放的措施如何影响经济增长？气候模型还能为 IPCC 编写《气候变化评估报告》、国际气候谈判、制定减排政策提供技术支撑。构建气候模型的工作通常得到政府机构和各类基金会的资助,研究团队成员有经济学、政治学、工程学、生态学和气候学等多学科背景。

最有代表性的气候模型是威廉·诺德豪斯(William Nordhaus)[1]1992 年创建的动态整合的气候变化经济模型(dynamic integrated climate economy, DICE)[2]和英国政府支持的《斯特恩报告》中使用的 IAM 模型[3]。

DICE 是最早的 IAM 模型,它在常规经济分析之外,加入经济活动的外部性因素,尤其是二氧化碳浓度升高后对自然系统的影响,可以对不同温室气体减排政策进行成本—收益分析,确定最优减排量。在 DICE 的基础上,诺德豪斯等人还开发了地区版气候变化经济模型(regional integrated climate change economy, RICE)。之后,不少机构和学者扩展了DICE 模型,对气候变化和各类减排政策的效应进行模拟,模型逐渐大型化,增加了政策和目标导向,成为影响最大的 IAM 模型。

与 DICE 模型比较,《斯特恩报告》中的 IAM 模型考虑的温室气体排放的影响时间要长得多,它用更低的贴现率考查了气候变化对多代际的长期影响。模型发现气候变化的风险与成本被大大低估了。之前大部分气候变化经济学研究都没有同时考虑风险和伦理的重要性,没能合理测评必要的减排规模和减排时机。

两个模型的最大差异体现在对贴现率的假设上。使用较低贴现率的内在逻辑是后代人与当代人拥有同样的权利,较低的贴现率意味着人们应在短期内采取行动;而使用较高贴现率的内在逻辑是,如果拖延一段时间,未来的世代会比现在的人更富有,也有更强的技术能力去解决问题,因此人类可以拖延采取行动的时间。

DICE 模型使用的是市场贴现率。根据模型估算,诺德豪斯从经济成本的角度出发,主张人类可以承受 3.5 ℃ 左右的全球升温。他认为这是经济学理性假设的"最优"选择,在这种情境下,温室气体减排的边际成本与边际收益相等。如果将升温控制在比前工业化时期高 2 ℃ 以内,成本将是收益的三倍;而如果将升温控制在 1.5 ℃,成本则将是收益的十倍。由此,诺德豪斯认为,采取太过激进的温室气体控制措施将阻碍经济增长。他主张

① 诺德豪斯是耶鲁大学的经济学教授,2018 年诺贝尔经济学奖得主,其获奖理由是:将气候变化整合进长期的宏观经济分析中。
② 诺德豪斯.变暖的世界:全球变暖的经济模型[M].上海:东方出版中心,2021.
③ Stern N. The economics of climate change[M]. Cambridge: Cambridge University Press, 2007.

对气候变化采用一种渐进性、互动性的经济手段。而斯特恩模型中使用的是 1.4% 的贴现率,强化了对后代人利益的重视程度,认为如果不及时采取措施,在今后的 200 年内,全球因气候变化损失的成本将可能占 GDP 的 5%～20%,相当于两次世界大战和 20 世纪 30 年代大萧条损失的总和。斯特恩主张为了抵消未来的风险,当前应该付出更高的成本、进行更激进的大规模减排。

虽然这两个模型估算的气候变化后果和削减碳排放的经济成本、提出的政策建议有差异,但都反对按原轨道发展(business as usual,BAU)的方案,认为在减排上不行动或推迟行动都会带来巨大的成本,气候变化的不确定性需要考虑,但不能将其当作不采取行动的借口。

气候模型经过多年的发展变得越来越复杂,然而由于气候变化的影响因素很多,对未来会发生什么、什么时间发生等做出模拟和预测是非常困难的。各气候模型都对大气和海洋、土地覆盖和土地利用、经济增长、化石燃料排放、人口增长、技术变革情况等进行了大量的假设。正如《增长的极限》一书对世界的模拟与现实差距很大一样,即使最庞大和最复杂的气候模型也并不能完全反映现实世界。当前部分气候模型被用于为制定政策提供技术支持,更多气候模型的价值在于整理了待研究问题和优先事项,有助于改进下一代模型。按照斯特恩的建议,深化现有气候模型需要考虑纳入以下几个因素:极端风险的存在、政府"纠正"市场失灵的能力有限、突破性的技术进步和规模经济的影响、民众偏好的变化、分配效应和风险。[①]

当前人们对气候变化的认知尚不完全,温度变化及其带来的影响很有可能不是线性渐变的,全球温度升高达到某一个阈值之后,可能会带来不均衡的、激烈的变化,甚至产生难以预料的、大规模和不可逆转的系统性变化,并带来预料之外的自然和社会问题。人们还不能预判这样的气候"拐点"何时到来。因此,以哈佛大学环境经济学教授马丁·魏茨曼(Martin Weitzman)为代表的学者认为人们不可能知道对未来的贴现率,在气候分析上使用成本—收益分析没有用,人们也无法对灾难性气候事件做出评估。他赞同用谨慎原则应对气候变化,提倡激进地减少温室气体排放,避免"最坏情况"的出现。[②]

 专栏 13-2

贴现率

许多经济决策会产生长期影响,因此不仅要考虑决策的成本和收益的数量,还要考虑它们发生的时间。有三个方面的因素使数量和品质相同的物品在当前比未来更有价值:

① Stern N. A time for action on climate change and a time for change in economics[J]. The Economic Journal, 2022, 132: 1259-1289.

② Gollier C, Weitzman M L. How should the distant future be discounted when discount rates are uncertain? [J]. Economics Letters, 2010, 107: 350-353.

——人们偏好当前消费；

——资本具有增值能力，即使不考虑通货膨胀因素，现在投资一元资本可以在未来产生出大于一元的物品和服务；

——由于未来有不确定性，人们更愿意在近期而不是在远期获取同样的利益。

因此，时间是有价值的。对一个经济行动来说，只有**净收益现值**（present value of net benefits, PVNB）为正，即该行为会带来潜在的帕累托改进时，行动才有经济合理性。

$$PVNB = \sum_{t=0}^{T} (B_t - C_t) / (1 + r)^t \qquad\qquad （式 13-5）$$

式中的 B_t 是效益，C_t 是成本，t 是时间，r 是贴现率。贴现率是对时间价值的度量指标，它反映了同样收益的价值随其发生时间的推迟，在单位时间内平均相对折损的数量。贴现率衡量的是相同的财富或消费在现在和将来给人们带来的效用差异，贴现率越大表示人们越偏好现在的财富或消费。贴现率决定了成本和收益的现值，所以贴现率的选择对于成本—收益分析的结果影响很大（见表 13-3）。使用低贴现率会使未来收益变大，而高贴现率使未来收益变小。在工程项目决策中，一般使用市场利率作为贴现率。但从可持续发展的角度看，这种贴现率偏高。这是因为一般地，经济学在讨论资源的最优配置时只考虑一代人的生命周期，忽视了后代人的效用。可持续发展强调代际公平，如果后代人与当代人有相同的发展权利，就要延长效用的贴现时间，因此需要更低的贴现率。

表 13-3　不同贴现率下 1 000 元在未来的价值

时 期	贴现率		
	1%	4%	7%
1	990.10	961.54	934.58
10	905.29	675.56	508.35
50	608.04	140.71	33.95
100	369.71	19.80	1.15
150	224.80	2.79	0.04
200	136.69	0.39	0.00
300	50.53	0.01	0.00
400	18.68	0.00	0.00

环境影响往往有滞后性，使得在环境决策领域应用成本—收益分析时，贴现率的选择影响着人们的决策：是否要立即采取高成本的措施？较高的贴现率使发生在未来的灾难成本大打折扣，因此它们在今天的消费者和纳税人眼中看起来小了许多，甚至可以忽略不计。但至少有两个因素使环境影响分析的贴现率具有不确定性：一是环境影响在科学上具有不确定性，二是未来世代的偏好和技术发展水平具有不确定性。[1]

---

[1]　Goulder L, Stavins R. Discounting：An eye on the future[J]. Nature, 2002, 419：673-674.

对气候变化的讨论来说,采取应对措施的成本在近期支付,而收益是减少气候变化的损失,要在未来才能显现,且存在不确定性。例如,用风力发电取代燃煤发电,从建风力发电厂,到减少二氧化碳排放,再到温度变化,然后到减少损失,其间的反应链可能要几十年甚至上百年。DICE 模型用实证分析的思路选择贴现率,认为在经济资源稀缺性约束下,贴现率取决于将这些资源用于替代性投资中得到的收益,那么就可参考政府债券收益率。而斯特恩模型用规范分析的思路选择贴现率,认为对子孙后代的福利贴现是不道德的,应该用一个更低的贴现率。不同模型对气候变化可能造成的损失现值的估计不同,对可以负担(接受)的成本的理解就存在很大差异。低贴现率将支持目前对减缓气候变化的重大投资,因为所避免的损害的价值相对较高。高贴现率则支持当前不采取重大行动,因为预期的未来利益可以忽略不计。

有时候评估长期环境影响不采用固定贴现率。这是因为从消费角度看,后代人比当代人富有,由于边际效用递减,未来消费 1 元带来的效用低于当前消费 1 元的效用;而从投资角度看,由于投资回报为正,当前投资 1 元未来可得到多于 1 元的收益。因此可以考虑使用递减的贴现率(declining discount rate, DDR)代替固定贴现率。与使用固定贴现率比较,用 DDR 计算的气候变化的损失会增加 2～3 倍。[①]

资料来源:作者根据公开资料整理。

13.2.2 气候变化的国际合作

对气候变化的研究为讨论和应对气候变化提供了科学基础。1979 年以来,各国开始就削减温室气体排放和应对气候变化的国际合作进行谈判,开展**全球气候治理**,这一概念旨在引导社会系统预防、减轻或适应气候变化带来的风险的外交、机制和应对措施。《京都议定书》《巴黎协定》是全球气候治理的代表性成果,但是进一步合作谈判面临许多困难。

1. IPCC

在 1979 年第一次世界气候大会上,气候变化首次作为一个引起国际社会关注的问题被提上议事日程。IPCC 是世界气象组织和联合国环境规划署于 1988 年联合建立的机构,该委员会下设三个工作组,分别处理有关气候变化的科学证据研究、对人类和自然系统的影响及响应对策的问题。

图 13-3 是 IPCC 提出的气候变化的综合分析框架。这一分析框架的含义是:经济活动排放了温室气体,并因此增加了大气中温室气体的浓度,引起气候变化。气候变化会对人类和地球生态系统造成不利的影响。为了应对气候变化,需要进行政策响应。一方面应设法减少温室气体的排放,降低大气中温室气体的含量;另一方面应改变生产和生活方

---

① Arrow K, et al. Determining benefits and costs for future generations[J]. Science, 2013, 341(6144): 349-350.

式,对气候变化进行适应。这些政策措施在改变温室气体排放量和大气含量的同时,会对人类的生活和生产造成一定的影响。

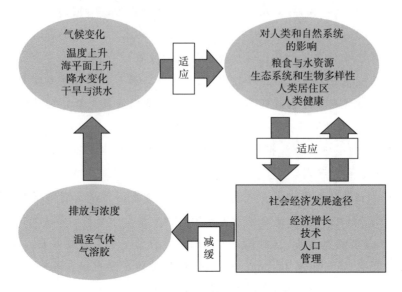

图 13-3　分析温室效应的框架图①

IPCC 的任务是为社会提供权威的气候变化状况的评估,大约每七年发布一次评估报告(assessment report, AR),到 2023 年其已发表了 6 份报告。这些评估报告对国际社会应对气候变化的政治走向起到很大甚至是决定性的作用。例如,AR1 发布后不久,1992 年里约热内卢峰会通过了《气候变化框架公约》;AR2 发布后不久,1997 年通过了《京都议定书》;AR4 提出要把气候变暖限制在工业化之前的 2 ℃ 以内,对应的温室气体浓度 450 ml/m³ 应成为碳减排的控制目标,也成为政府间气候谈判的政治共识之一,2015 年通过的《巴黎协定》采纳了这一研究结果;AR6 再一次确定人类活动,主要是通过排放温室气体导致了全球变暖,气候变化已经发生并影响全球各个地区的天气和气候极端事件,导致了对自然和人类的广泛不利影响与相关损害,影响比以往预期的更广泛和更严重,气候变化还加剧了现有的不平等,可能会导致世界各地发生更多的战争和冲突,这一成果也体现在后期的气候会议讨论中。

IPCC 的研究得到了联合国、各国政府和民众的认同,成为对气候变化问题的公认的科学结论。IPCC 和阿尔·戈尔(Al Gore)②因"努力建立和传播更多关于人为气候变化的知识"而共同获得了 2007 年诺贝尔和平奖。

---

① 这里的"适应"是指自然或人类系统为应对环境变化做出的调整。这种调整能够减轻损害或开发有利的机会。各种不同的适应形式包括预防性措施和应对性措施、个体性适应和集体性适应以及自发性适应和计划性适应。
② 戈尔曾任美国副总统,其制作的纪录片《难以忽视的真相》(An Inconvenient Truth)于 2006 年首映,全球有超过 500 万人观看。这部纪录片形象地展示了人为造成的气候变化,片中警告如果不立即减少温室气体排放,灾难性的气候变化将严重扰乱人类社会,工业文明可能崩溃。

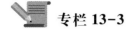 **专栏 13-3**

对气候变化的反对意见

科学监测结果显示,近百年来全球平均地表温度上升。尽管在 IPCC 的强力推动下,越来越多的人认同升温的主要原因是人类排放温室气体,升温会引起全球气候变化,并带来一系列的负面后果甚至不可逆转的损害,人类需要马上做出努力减少温室气体排放,并为适应气候变化做准备。但是,对于当前阶段的升温是否属于异常、升温背后的原因是什么,科学界仍然有不少不同意见,在人类是否需要立刻采取行动以及人类行动的效果等方面也存在一些不同的声音。

代表性的反对者有物理学家弗雷德里克·辛格(Frederick Singer)、气候学家理查德·林德森(Richard Lindzen)、物理学家弗里曼·戴森(Freeman Dyson)等。一批不同意 IPCC 观点的科学家组成了非政府组织国际气候变化专门委员会(Nongovernmental International Panel on Climate Change, NIPCC)[①]。这些学者通过举办气候变化国际会议、出版研究报告等方式,提出并宣传与 IPCC 相反的观点。NIPCC 的观点主要有:

① 历史上地球表面气温的波动本来就很大。地球的气候一直在变暖或变冷,20 世纪全球气温的上升在过去 3 000 年的自然温度波动范围内。

② 人类活动不是全球气候变化的主要原因。回溯历史记录数据,结合冰芯、海底沉积物、洞穴石笋和树木年轮中的自然物理记录,全球变暖或变冷主要是由太阳和地球系统的振荡(如太阳黑子活跃、深海洋流变化等)引起的。海平面上升、海洋酸度变化、冰川的生长和退缩、飓风活动和其他极端天气事件的增加是自然波动和自然天气模式的结果,而不是人为因素造成的。

③ 人类对大气中二氧化碳的循环机制的了解并不全面,大气中二氧化碳水平的上升不一定会导致全球变暖。地球的气候记录显示,气候变暖往往是在二氧化碳增加之前而不是之后。也有研究发现,当二氧化碳水平比现在高 5 倍时,会出现一个强烈的冰川期而不是变暖期。

④ 人为排放的二氧化碳对人类的影响是温和的。人类产生的二氧化碳被海洋、森林和其他"碳汇"重新吸收,会抵消气候变化。随着大气中二氧化碳水平的提高,由浓度增加引起的额外变暖越来越不明显。

⑤ 适度升温对经济的影响可能是正面的。高二氧化碳浓度对植物和动物的生长有益,而且在人类历史上,气候温暖期多对应于人口增长和经济繁荣期。

⑥ IPCC 的气候模型存在各种缺陷,甚至是谎言,所以不可信。IPCC 的模型没有评估水蒸气、二氧化碳、云的互动,对未来的预测基于依赖社会—经济假设的排放情境,这不可

---

① 顾名思义,NIPCC 是一个由非政府科学家和学者组成的国际小组,起源可以追溯到 2003 年,目前 NIPCC 由非营利研究机构"科学与环境政策项目"(Science and Environmental Policy Project, SEPP)、哈特兰研究所(the Heartland Institute)和二氧化碳与全球变化研究中心(the Center for the Study of Carbon Dioxide and Global Change)共同组织。

避免地带来不确定性,存在很大的局限性。

⑦ 全球气候变暖问题已经染上了宗教或政治色彩。鼓吹气候变化的人正在将其用作为自己谋利的工具,当前对气候变化的过分关注会扭曲能源政策,对经济是有害的甚至是危险的。

资料来源:作者根据公开资料整理。

2.《联合国气候变化框架公约》

1990 年 IPCC 发表了第一份气候变化评估报告,这份报告提供了气候变化的科学依据。以这份报告为基础,各国开始进行气候变化国际合作的谈判。在 1992 年联合国环境与发展大会上,154 个国家签署了《联合国气候变化框架公约》(以下简称《公约》),该公约于 1994 年 3 月 21 日正式生效。截至 2023 年 10 月,《公约》有 198 个缔约方。《公约》由序言及 26 条正文组成,主要内容有:

①《公约》的目标是将大气中温室气体的浓度稳定在防止发生由人类活动引起的、危险的气候变化的水平上。《公约》呼吁缔约方在一定的时间内达成这一目标,使生态系统可以自然地适应气候变化,确保粮食生产不受威胁,并促使经济以可持续的方式发展。

② 气候变化的全球性要求所有国家根据其"共同但有区别的责任"和各自的能力,及其社会和经济条件,尽可能地开展广泛合作,并参与有效和适当的国际应对行动。它将世界各国分为两组:对人为产生的温室气体排放负主要责任的工业化国家和未来将在人为排放中增加比重的发展中国家。**共同但有区别的责任**要求在应对全球环境问题时,所有国家都负有共同的责任,但各国承担的责任份额应有区别。

③《公约》强调预防措施的重要性,它认为当存在造成严重或不可逆转的损害的威胁时,不应当以科学上没有完全的确定性为理由而推迟行动。各国应将行动与经济发展计划相融合,促进可持续发展。它要求所有缔约方编定温室气体排放源①和汇②的清单③,制定适应和减缓气候变化的国家战略,在社会、经济和环境政策中考虑气候变化。

④《公约》制定了一项资金机制,向发展中国家提供赠款或优惠贷款,帮助它们履行公约、应对气候变化。《公约》指定 GEF 作为它的资金机制,GEF 向缔约方大会负责,缔约方大会决定气候变化政策、规划的优先领域和获取资助的标准,并定期向资金机制提供政策指导。

⑤《公约》强调国家主权原则,认为不应使气候变化问题成为新的国际贸易障碍。

⑥《公约》生效后,缔约方每年召开一次缔约方会议(conference of parties,COP),就削减温室气体排放和应对气候变化的国际合作进行谈判,主要的缔约方会议的情况见表 13-4。

---

① "源"指向大气中排放温室气体、气溶胶或温室气体前体的过程或活动。
② "汇"指从大气中清除温室气体、气溶胶或温室气体前体的过程、活动或机制。
③ 在温室气体排放的讨论中,还有一个"库"的概念。"库"指气候系统内存储温室气体或其前体的一个或多个组成部分。

表 13-4　《公约》及主要缔约方会议

年份	地点	成果
1992	里约热内卢	缔约会议。缔约方约定在"共同但有区别的责任"下削减温室气体排放
1995	柏林	COP1。美国同意免除发展中国家的强制性减排责任
1997	京都	COP3。达成了《京都议定书》,约定附件 Ⅰ 中的缔约方在 2008—2012 年间将温室气体排放削减到 1990 年水平。为了降低这些缔约方的达标成本,引入了三个灵活机制(国际排放贸易、联合履行、清洁发展机制①)
2001	波恩	COP6-2。制定遵约行动计划,建立了支持发展中国家能力建设及向发展中国家提供技术转让的资金机制,允许发达国家使用碳汇抵消减排责任
2009	哥本哈根	COP15。强调应将温度升高保持在 2 ℃ 以内,没有就《京都议定书》到期后的减排达成协议,发达国家承诺向发展中国家提供 1 000 亿美元援助
2011	德班	COP17。缔约国同意在 2015 年前尽快达成新协议,并使协议在 2020 年生效
2015	巴黎	COP21。达成《巴黎协定》,提出将全球平均气温较前工业化时期上升幅度控制在 2 ℃ 以内,并努力将上升幅度控制在 1.5 ℃ 以内。将发展中国家纳入国际减排框架,不再确定强制减排责任,各缔约方以"国家自主贡献"(nationally determined contributions, NDCs)的自愿方式参与减排
2021	格拉斯哥	COP26。就《巴黎协定》实施细则达成一致
2022	沙姆沙伊赫	COP27。同意建立损失与损害基金,将用于补偿气候脆弱国家
2023	迪拜	COP28。对气候行动进行了第一次盘点,发现即使各国的承诺都得到落实,21 世纪内升温仍会达到 2.5 ℃

　　《公约》的制定和后续的缔约方会议推动了气候变化问题成为国际社会的共识,各国纷纷设立了减排目标和计划,为应对气候变化做出努力(见表 13-5)。其中,中国提出的是分两阶段的减排目标:2030 年前实现"碳达峰",即碳排放量达到峰值后不再增长;2060 年前实现"碳中和",即"排放的碳"与"吸收的碳"相等,实现净零排放。这也被称为**"双碳"目标**。

表 13-5　各国的减排目标

	基础水平年	到 2030 年减排目标	碳中和目标年	土地利用和技术
中国	2005	碳达峰,排放强度下降 60%～65%	2060	提高森林存量 60 亿立方,将风能和太阳能提高 1 200GW
美国	2010	减排 60%	2050	包括土地利用和碳移除

---

①　国际排放贸易(international emission trading, IET):允许减少温室气体排放低于规定限度的国家,在国外使用或交易剩余部分来弥补其他源的排放。联合履行(joint implementation, JI):允许附件 Ⅰ 中的缔约方及其企业联合执行限制或减少排放、增加碳汇的项目,共享排放量减少单位。清洁发展机制(clean development mechanism, CDM):允许附件 Ⅰ 缔约方与非附件 Ⅰ 缔约方联合开展二氧化碳等温室气体减排项目。这些项目产生的减排数额可以被附件 Ⅰ 缔约方作为履行他们承诺的限排或减排量。对发达国家而言,CDM 提供了一种灵活的履约机制;而对发展中国家,通过 CDM 项目可以获得部分资金援助和先进技术。

（续表）

	基础水平年	到 2030 年减排目标	碳中和目标年	土地利用和技术
欧盟	1990	减排 55%	2050	包括土地利用和森林
印度	2005	排放强度下降 33%～35%	2070	包括土地利用和森林
日本	2013	减排 46%	2050	包括森林和农业部门

3. 气候变化国际合作的困难和分歧

全球气候是一种公共物品，温室气体产生的环境影响是跨界外部性，不存在具有强制权力的超国家政治机构能将温室气体排放的外部性内部化，气候变化的影响是全球性的、长期的，而且存在巨大的不确定性，使得实现国际合作面临很多困难。这些困难主要包括：

——在时间维度上，大气中的温室气体是存量而不是流量，现有的温室气体存量主要是富国（发达国家）过去排放的，是目前大多数问题的根源，但未来大部分排放增加可能来自发展中国家，因此如何划分减排责任是一个难题。

——在空间维度上，温室效应的损害地区与温室气体的排放地区并不对应，气候变化造成的损失在不同国家间也存在很大差异，各国从合作中得到的效益和损失的期望值差别很大。一些国家，如太平洋岛国，可能因海平面上升而面临"灭顶之灾"，但有的国家可能因气候变化有更多的降水，使原本干旱的荒漠地区变为可耕地，反而会受益。它们对气候变化的紧迫感自然不同。

——大气圈是典型的公共物品，很难避免搭便车现象。安全的大气圈是公共财产资源，具有非排他性和非竞争性的特点。如果某个国家不参与气候治理，安全的大气环境也会被参与全球气候治理的国家所提供。对这个国家说，既可以免去参与全球气候治理所需要的成本，又可以共享全球气候治理带来的有益成果，共享安全大气环境的使用权。

——各国的收入水平不同，迫切需要解决的问题不同，对全球环境质量的估价也存在很大差异。例如对许多发展中国家来说，最迫切的问题是贫困而不是全球气候变化。

——国家的减排成本和危害损失的相关程度不高。要在全球进行碳减排，承担更多削减任务的国家自然要付出更大的减排成本，但是这些国家往往不是受损更大的国家。受损严重的发展中国家缺乏减排所需的技术和资金，而且大幅度地减排可能破坏这些国家的经济增长和减贫目标。

实际上，《公约》生效后，缔约方就开始针对温室气体减排进行艰难的谈判，谈判过程曲折①，减排进展也没有达到预期。

---

① 谈判在很大程度上受美国政府摇摆态度的影响。如在 1997 年的 COP3 上，当时美国的克林顿总统签署了《京都议定书》。由于参议院的反对和对限制温室气体排放会损害美国经济的担忧，后继的布什总统于 2001 年退出《京都议定书》，使气候谈判几乎破裂。2015 年奥巴马总统时期美国加入《巴黎协定》，2017 年特朗普总统认为协议对美国企业不利，会给美国带来了沉重的财政和经济负担，对美国能源发展造成了严重阻碍，又退出了《巴黎协定》，2021 年拜登总统再次加入，未来美国在全球气候治理中的角色仍会受其国内政治的左右。2024 年，特朗普在第二次就任美国总统的当天签署行政令，宣布美国将再次退出《巴黎协定》。按照《巴黎协定》的相关条款，此次退出将于 2026 年 1 月 27 日生效。

　　1997 年达成的《京都议定书》设立了两个减排承诺期。第一承诺期(2008—2012 年)结束时没有达成预定的减排目标。原计划温室气体排放比 1990 年减少 5 个百分点,实际反而增加了 58%。造成这种局面的重要原因是附件 I 缔约方担心减排会影响自身经济和就业,不愿实施严格的减排。在第二承诺期(2013—2020 年)中,同意制定减排目标的国家只有 37 个,主要是欧盟国家。而日本、新西兰、俄罗斯都不愿再承诺减排,加拿大更是退出了《京都议定书》。

　　2015 年达成的《巴黎协定》确定的气候行动目标是在 21 世纪末将温度上升控制在 2 ℃ 以内。这需要主要排放国到 2050 年减排 50%～80%,允许各国自行设立减排目标。2023 年对气候行动进行的第一次盘点发现,尽管取得了相当大的进展,但减排承诺和努力还远远不足以应对气候危机,减排距离控温目标还有不小的距离。按照已公布的国家自主贡献数据推算,很难将升温控制在 2 ℃ 以内,而且各国实际的减排进度与其公布的 NDCs 要求之间也存在差距(见图 13-4)。

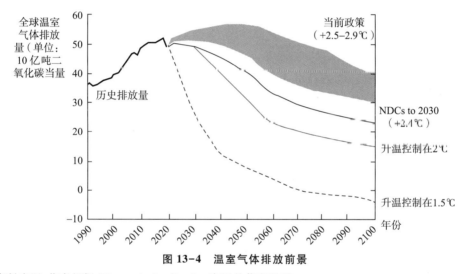

图 13-4　温室气体排放前景

资料来源:作者根据 Climate Action Tracker 官网的信息整理。

　　经过多轮谈判,目前各国在应对气候变化的合作上还存在不少分歧,主要体现在以下几个方面:

　　① 资金问题。融资一直是限制气候应对行动的主要因素。《公约》中就有发达国家向发展中国家提供资金、转移技术并帮助其进行能力建设的条款,但没有得到落实。在 2009 年召开的 COP15 上,主要发达国家承诺到 2020 年每年向发展中国家提供 1 000 亿美元气候资金支持,该承诺也是《巴黎协定》的一个重要组成部分。2022 年召开的 COP27 提出设立"气候变化损失和损害基金",以帮助易受气候变化影响的发展中国家和脆弱国家提供融资途径,但这些资金的来源没有落实。随着全球范围内极端天气频度和强度的持续走高,各国必须加快气候适应行动。全球目前用于气候适应方面的资金缺口巨大,特别是许多发展中国家。UNEP 发布的《2023 年适应差距报告》指出,发展中国家每年适应气候变化所需资金约为 2 150 亿美元至 3 870 亿美元,但资金缺口却高达 1 940 亿美元至

3 660亿美元。① 此外,对于如何管理和分配筹集到的资金,各国也没有达成一致意见。

② 如何以及以多快的速度结束化石燃料使用的问题。环境保护团体呼吁淘汰化石燃料,加速能源转型。但化石燃料不仅是燃料,还是重要的化工原料。发展中国家和部分发达国家对化石能源的依赖大,反对淘汰化石能源。能源企业也反对淘汰化石能源的方案。COP28制定了"转型脱离化石燃料"(transition away from fossil fuels)的路线图,但对许多国家来说,如何实现转型脱离是巨大的难题。

③ 如何增加气候政策的包容性问题。除了气候变化,各国还面对着很多其他挑战,如经济增长、贫困、就业、能源安全、社会稳定、债务、粮食安全、战争、通胀等。对不同国家的不同时期,这些问题的优先级不同,有时这些问题的对策还是冲突的,如促进碳减排的碳税会增加经济部门的成本,有的国家保证能源安全需要依赖含碳量高的煤炭等。因此,要协调各国不同导向的政策还需要更多的谈判。

13.2.3 碳定价体系

当前国际社会已达成共识要减少温室气体排放以应对气候变化,**碳定价**(carbon pricing)是减少温室气体排放的重要政策工具,它将碳排放的外部成本以对排放的二氧化碳定价的方式展现出来。作为经济手段,碳定价不规定谁应该在何处排放以及如何减少排放,只提供经济信号,并允许排放者自行选择:是做出改变并降低排放量,还是继续排放但同时为排放量付费? 以此增加碳减排的灵活性,有助于降低减排成本。按定价对象的不同可以将各国实行的碳定价政策分为直接碳定价和间接碳定价(见图13-5)。

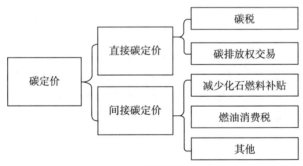

图13-5 不同的碳定价政策

直接碳定价政策的管理对象是碳排放量。直接碳定价按照"污染者付费"原则,将产生碳排放的经济活动的外部成本内部化,通过供应链反映在产品和服务的价格中。碳税和碳排放权交易是两种最常用的直接碳定价手段。在碳税中,碳价格是税率。在碳排放权交易中,碳价格是排放权的市场价格。虽然各地排放到大气中的二氧化碳将混合均匀,在产生温室效应方面没有差异,但各国的碳价格却有很大不同(见图13-6)。据世界银行统计,2023年全球有75种直接碳定价政策在运行,主要适用于电力和工业,覆盖了全球人为

① UNEP. Adaptation gap report 2023[EB/OL]. (2023-11-02)[2024-10-18]. https://www.unep.org/resources/adaptation-gap-report-2023.

碳排放量的 24%,碳定价收入达到 1 040 亿美元,超过一半的收入被用于资助气候和自然相关项目。①

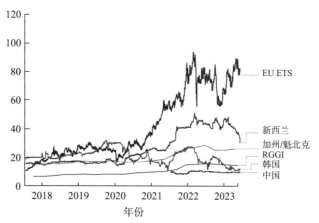

图 13-6 不同地区的碳交易市场碳价

说明:图中纵轴的单位是每吨二氧化碳当量的美元计价格,二氧化碳当量是以 1 单位二氧化碳使地球变暖的能力为标准,比较不同温室气体排放的量度单位。RGGI 是美国部分州实施的区域温室气体减排计划。

资料来源:World Bank. State and trends of carbon pricing 2023[EB/OL]. [2025-02-20]. https://open-knowledge.worldbank.org/entities/publication/58f2a409-9bb7-4ee6-899d-be47835c838f.

间接碳定价政策的管理对象是化石能源消费。典型的间接碳定价政策是燃油消费税和减少(或取消)化石燃料补贴。由于每种化石能源燃烧有对应的碳排放系数,燃油消费税在一定程度上相当于征收碳税。化石燃料补贴则相当于对碳排放活动进行补贴。为了减少能源价格波动对生产和居民生活的影响,许多国家实施化石燃料补贴政策。国际能源署(The International Energy Agency, IEA)的统计显示 2022 年这类补贴还出现了爆发性增长,金额超过全球碳税和碳排放交易系统的收入总和(见图 13-7)。大规模的化石燃料补贴会削弱 ETS 或碳税提供的减排激励。因此,减少(或取消)化石燃料补贴被视作一种间接碳定价手段。

越来越多的国家同时使用多种碳定价工具,以扩大温室气体覆盖范围或提高碳价水平。碳定价政策能够产生多种效应,促进经济结构向低碳的方向发展:

① 改变消费者选择。碳价格信号提醒消费者何种商品和服务是碳排放量高的,从而减少购买、节约使用。

② 改变生产者选择。碳价格信号提醒生产者何种投入是碳排放量高的,从而改变生产技术。

③ 为创新提供方向。碳价格信号激励创新者和投资方研发、资助、引进新的低碳技术和产品。

---

① World Bank.State and trends of carbon pricing 2024[EB/OL]. (2024-05-21)[2024-10-18]. https://www.world-bank.org/en/news/press-release/2024/05/21/global-carbon-pricing-revenues-top-a-record-100-billion.

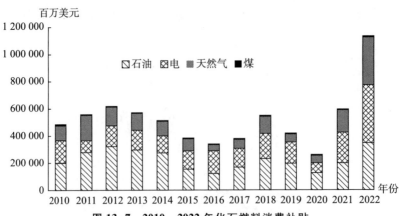

图 13-7 2010—2022 年化石燃料消费补贴

注：图中纵坐标单位中的百万美元以 2022 年不变价格计算。

资料来源：作者根据国际能源署的资料整理。

④ 减少交易成本。碳价格以简单直接的方式提供了商品和服务信息，能降低社会实现低碳转型的成本。

⑤ 使政府有财力支持可再生能源发展。碳税和能源税增加政府收入[①]。在碳排放交易中，如果初始配额以有偿方式分配给企业，也会增加政府收入。而减少（或取消）化石燃料补贴则减少政府支出。各国政府均使用这些新增（或节约）的资金资助了向可再生能源的转型。

尽管碳定价政策得到发展，全球碳价覆盖率和水平仍然太低，距离达到各国的减排承诺仍存在很大差距，无法达成《巴黎协定》目标。

如果区域间的碳定价政策强度不同，可能产生类似"污染避难所"的"碳泄漏"现象。高碳价区域的产能向外转移，减少了排放量，而没有实施碳定价政策或碳价低的区域获得竞争优势，产能增加，相应地碳排放量也增加。由于气候变化只与大气中温室气体的含量有关，与温室气体的排放地点无关，碳泄漏会减弱碳定价政策的减排效应。考虑到这一点，加上对本地产业竞争力减弱的担心，实施碳定价的区域可能实施碳关税。一些发展中国家认为，发达国家征收碳关税实际上是制造绿色贸易壁垒，旨在提高自身的国际经贸和地缘政治议价能力，可能引发新的贸易战和逆全球化，这会对包括中国在内的发展中国家的生产贸易体系造成冲击。

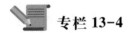 **专栏 13-4**

欧盟碳排放交易系统

欧盟国家在《京都议定书》中被列入附件 I，需要达成量化减排目标。从 2008 年到 2012 年，欧盟的二氧化碳等 6 种温室气体的年均排放量要比 1990 年的排放量低 8%。为

---

① 如果政府不愿增加企业负担，可以通过降低收入税或社会保险税来抵消碳税。

了帮助成员国履行减排承诺,2005 年,欧盟启动建立了碳排放交易体系(EU emissions trading system, EU ETS),建立了世界上第一个碳市场。EU ETS 在所有欧盟国家以及冰岛、列支敦士登和挪威开展运营,并自 2020 年起与瑞士的 ETS 挂钩。

EU ETS 属于总量控制型排污权交易,是一种直接碳定价系统。排放上限以排放配额表示,一个配额对应排放一吨二氧化碳当量的权利。配额的分配方式有两种:免费分配给纳入交易系统的企业以及拍卖。所有配额都可以交易。纳入交易系统的企业必须每年监测和报告其排放量,并上缴相当于其年度排放量的配额,如果不能上缴与排放量相当的配额,将被处以高额罚款。企业如果有富余配额,可以出售或保留以备将来使用。配额的价格由欧盟碳市场决定,该市场受到一套强有力的监督规则的约束。

至今 EU ETS 的运行经历了四个阶段:

第一阶段(2005—2007 年),此阶段交易体系涵盖电力与能源密集型的工业部门(含石油冶炼业、钢铁行业、水泥行业、玻璃行业等),其二氧化碳排放量约占欧盟的 50%,碳配额总量的 95% 免费发放给目标企业,企业还可以使用 CDM 下生成的核证减排量完成减排任务。

第二阶段(2008—2012 年),此阶段与《京都议定书》的第一阶段时间范围一致,免费发放的配额下降至总配额的 90% 左右,将航空业纳入交易体系,并大幅提高了违约罚款标准。

第三阶段(2013—2020 年),此阶段与《京都议定书》的第二阶段时间范围一致,重点关注特定产品如钢铁、水泥行业的碳排放,设定每生产单位的排放上限,将总配额逐年递减 1.74%,拍卖占比每年增长 20% 并逐渐成为配额分配的主要形式。

第四阶段(2021—2030 年),此阶段纳入海运、陆路运输和建筑业供暖行业,碳配额总额逐年递减 2.2%,进一步提升拍卖占比。根据更严格的上限,免费配额的获得要以企业的脱碳努力为条件,2026 年将取消航空业的免费配额。

根据《欧洲气候法》(the European Climate Law),欧盟成员国承诺到 2050 年实现气候中和。2023 年修订的排放交易体系指令(the 2023 revision of the ETS Directive)使 ETS 体系与这一目标保持一致。该指令规定,与 2005 年的水平相比,欧盟到 2030 年应将排放量降低 62%。指令还创建了一个名为 ETS2 的新排放交易系统,计划于 2027 年投入使用。这一系统将涵盖建筑物、道路运输和其他部门的排放,同时将设立社会气候基金(social climate fund, SCF)支持 ETS2 的运行,确保弱势公民不会在绿色转型中落后。

自 EU ETS 成立以来,欧盟的温室气体排放量大幅减少。2023 年,EU ETS 已使地区内电力和工业企业的排放量比 2005 年降低了约 47%。自 2013 年以来,EU ETS 已筹集了超过 1 750 亿欧元,这些收入主要流向成员国的国家预算,支持对可再生能源、能效提高和低碳技术的投资。此外,有部分收入流入欧盟层面设立的创新基金(the innovation fund)和现代化基金(the modernisation fund),也用以支持低碳创新和欧盟的能源转型。①

---

　　①　European Commission. What is the EU ETS? [EB/OL]. [2024-10-18]. https://climate.ec.europa.eu/eu-action/eu-emissions-trading-system-eu-ets/what-eu-ets_en.

欧盟领导人设想，欧洲经济可以通过智能、可持续和包容性的增长，到2050年减少大部分温室气体排放，实现能源消耗和温室气体排放与经济增长脱钩。EU ETS 能为低碳投资提供长期稳定的政策环境，激励提升能源效率、增加开发应用可再生能源技术的投资，有助于减少对进口化石燃料的依存度和加强能源安全，为欧盟达成气候目标和经济转型做出重要贡献。

资料来源：作者根据公开资料整理。

13.2.4 气候变化下的发展转型

IPCC 的研究显示，为了防止气候发生不可逆转的破坏性变化，必须将全球变暖控制在比工业化前水平高出 2 ℃或者 1.5 ℃范围内，这需要社会各方面发生迅速、深远和前所未有的变化。转型政策有两种思路：一是削减碳排放的预防型政策，二是增加气候韧性的适应型政策。①

1. 能源转型

化石能源燃烧排放的二氧化碳是温室气体的主要来源，减缓气候变化的核心是减少大气中的二氧化碳含量。从理论上看有四种策略有助于减少大气中的二氧化碳含量：减缓经济增长，减少能源消耗，降低碳排放强度，从大气中去除碳。但策略一明显不能被人们接受，策略三是最可行的，可辅之以策略二和策略四。

人们的生产生活离不开能源。按在人类活动的时间尺度上能否通过自然过程再生，可将能源分为不可再生能源和可再生能源两大类。其中不可再生能源包括化石能源和核能，可再生能源包括风能、太阳能、水能和生物质能。目前世界经济中超过 80%的能源来自化石燃料，即煤炭、石油和天然气。可再生能源的碳排放强度比化石能源低得多。因此，以可再生能源替代化石能源、改变能源结构成为降低碳排放强度的重要途径。

各国出台了大量的支持性政策促进可再生能源发展、推动能源转型。概括起来，这些政策可分为三类：

① 内部化外部性的政策。与化石能源产生负外部性相比，可再生能源可能产生正外部性。因此，各国在实施碳定价政策应对外部性的同时，也可以采用补贴政策激励可再生能源发展。例如以上网电价补贴的形式支持风电、光电的生产者，以现金或优惠贷款的形式补贴在屋顶安装太阳能电池板的房主、购买电动汽车的消费者等。随着可再生能源的成本下降，这类补贴一般随着时间的推移逐步降低。

② 供给侧能源管理的政策。虽然技术变革和市场力量越来越倾向于可再生能源和电气化，但政府的政策导向将决定过渡发生的速度。许多国家制定了改变能源结构的政策，宣布了在特定日期前从可再生能源中获得一定数量的能源（或电力）的目标，这也被称为

① IPCC. Climate change 2022：Impacts, adaptation and vulnerability[EB/OL]. [2024-10-18]. https://www.ipcc.ch/report/sixth-assessment-report-working-group-ii/.

供应侧能源管理。例如,中国的目标是到 2030 年能源消耗的 35% 来自可再生能源。欧盟计划到 2030 年电力的 42.5% 来自可再生能源。德国的目标更高,计划到 2030 年 65% 的电力来自可再生能源。

供给侧能源管理是一项系统工程。不仅依赖能源生产技术发展,也需要储能技术、电池技术、电力安全和清洁技术的配合,还涉及相关关键矿产的多元化供应、产业链安全问题。这是因为,可再生能源的生产受地理气候因素的制约,生产地与消费端间存在距离。这使得可再生能源的生产以发电的形式为主,要求建立分配、储存和利用电力的系统。因此,适应可再生能源的快速发展,需要加快电网韧性改造、储能设施建设,将额外的太阳能光伏发电和风电整合到电力系统中,并对传输系统、交通、工业系统进行电气化改造,以适应能源结构的变化。

③ 需求侧能源管理的政策。统计数据显示,2000—2019 年,全球可再生能源的消费增加了 13 倍,但对化石燃料的总体需求也在增加。同期,全球石油需求增长了 30%,天然气需求增长了 56%。大多数预测表明,全球能源需求还将继续增长。要减少碳排放,将一千瓦的能源供应从煤炭转移到太阳能或风能上固然可取,但完全消除这一千瓦的需求会更好。因此,人类面临的能源挑战不仅是转换能源来源,更要减少总能源消费。需求侧能源管理通过设定能效标准、推广高能效技术、改革能源定价等政策,提高能源效率、减少总能源消耗。需求侧能源管理通常也被认为是能源政策中最有经济效率和最有利于环境的方法。如果能源需求增长受到限制,供给侧能源管理目标也将更容易达成。

各类支持性政策促进了全球可再生能源的扩张,统计数据显示,可再生能源行业的投资和就业都超过了化石能源(见表 13-6)。

表 13-6　可再生能源和化石能源行业的就业和投资

年份	就业(百万人)		投资(万亿)(2022 年美元)	
	可再生能源	化石能源	可再生能源	化石能源
2019	30.1	33.0	1.2	1.1
2020	30.0	30.6	1.3	0.8
2021	31.9	31.1	1.4	0.9
2022	34.8	31.7	1.6	1.0
2023	36.2	32.1	1.8	1.1

资料来源:IEA 官网。

在技术进步和规模经济的推动下,可再生能源生产成本急剧下降(见图 13-8)。2010—2021 年,太阳能光伏(PV)的发电成本下降了 80%,陆地风电成本下降了 65%,有的地区使用风能和太阳能的发电成本已低于化石能源。仅 2010 年一年,电池存储的价格就下降了 89%。[①] 这使得即使没有政府补贴,可再生能源也有了自己的市场竞争力。

---

① Climate action tracker. State of climate action 2023[EB/OL]. [2024-10-18]. https://climateanalytics.org/publications/state-of-climate-action-2023.

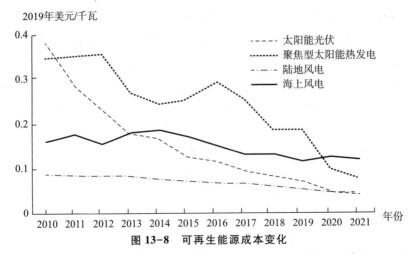

图 13-8　可再生能源成本变化

资料来源：How falling costs make renewables a cost-effective investment［EB/OL］.（2020-05-02）［2024-10-18］. https://www.irena.org/news/articles/2020/Jun/How-Falling-Costs-Make-Renewables-a-Cost-effective-Investment.

　　如果可再生能源保持当前的发展趋势，IEA 预测全球三种主要化石能源的消费将先后达到峰值，其中煤的消费在 2050 年将下降到峰值时的 60%（见图 13-9）。

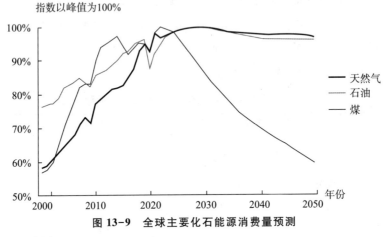

图 13-9　全球主要化石能源消费量预测

资料来源：IEA 官网。

　　2023 年，IPCC 在对《巴黎协定》的执行情况进行第一次盘点后发现，各国减排情况离达成控温目标还有较大差距，要加快减排进程，需要以公正、有序和公平的方式，在能源系统中转型脱离化石燃料，加快淘汰未加装碳捕集和封存措施的煤电。

　　尽管能源转型正在进行中，但可再生能源的发展前景仍然存在较大的不确定性。从生产者的角度看，是否继续推进可再生能源投资取决于这一行业利润增长前景，成本上升和需求不确定可能成为阻碍其进展的重要因素。从消费者的角度看，是否选择可再生能源主要取决于其价格和可靠性。消费者需要便宜、安全、低碳的能源。在地缘政治动荡、通胀和就业问题严重时，如果能源转型成本高昂，它与消费者的经济负担会成为一组突出的矛盾。

另外,全球能源转型具有复杂性,处于不同发展阶段的国家对能源转型的需求甚至不属于同一个维度。经济发达国家的能源转型意味着从化石能源转变为可再生能源,改变能源消费结构。大多数新兴和发展中经济体对能源服务需求增长的驱动力仍然非常强劲。城镇化率、人均建筑面积以及空调和汽车拥有量远低于发达经济体。在这类国家的优先事项清单里,经济增长、减贫、改善卫生条件等往往比碳减排更重要。一些不发达国家甚至仍深陷"能源贫困",无法获得现代的、负担得起的、可靠的能源。它们的能源转型往往意味着从木柴转向液化气。可见,没有全球通用的净零途径。现实中的能源转型不仅是使用可再生能源替代化石燃料那么简单,不同发展水平和资源禀赋的国家和地区应探索适合自己的路径。

 专栏 13-5

中国的能源转型

长期以来,中国的能源结构偏煤,这种能源结构不仅碳排放强度大,也是产生多种大气污染物的重要根源。为了推动大气质量改善和达成"双碳"目标,我国积极推动能源转型,这也是培育新质生产力和实现高质量发展的要求。

2013—2023 年,在政策激励和大规模投资推动下,中国清洁能源发展进入快车道,风电、光伏发电跃升发展,能源转型取得显著成就。国家有序推进了大型风电、光伏基地建设和分布式新能源发展,风电、光伏发电成为清洁能源的主力军。2023 年,新增风力和光伏发电装机 300 吉瓦,发电能力达到 1 050 千兆瓦。风电、光伏发电累计装机容量分别达 4.41 亿千瓦、6.09 亿千瓦,合计较 10 年前增长了 10 倍,清洁能源发电量约 3.8 万亿千瓦时,占总发电量的 39.7%(见图 13-10)。

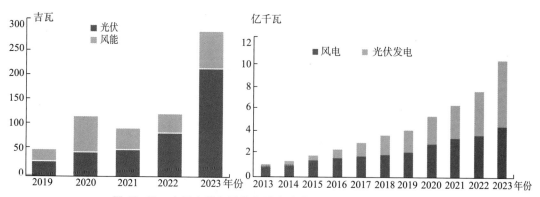

图 13-10 中国光伏和风能新增发电装机容量和累计装机容量

资料来源:国家能源局官网。

2024 年，中共中央、国务院印发《关于加快经济社会发展全面绿色转型的意见》，对推动经济社会发展绿色化、低碳化进行全面系统部署，进一步明确了能源绿色低碳转型的路线图和任务书，要求稳妥推进能源绿色低碳转型，加强化石能源清洁高效利用，大力发展非化石能源，加快构建新型电力系统。规划到 2030 年，非化石能源消费比重提高到 25% 左右，抽水蓄能装机容量超过 1.2 亿千瓦。国家发展改革委等部门也提出了《大力实施可再生能源替代行动的指导意见》，要求着力提升可再生能源安全可靠替代能力，"十四五"重点领域可再生能源替代取得积极进展，2025 年全国可再生能源消费量达到 11 亿吨标煤以上。"十五五"各领域优先利用可再生能源的生产生活方式基本形成，2030 年全国可再生能源消费量达到 15 亿吨标煤以上，有力支撑实现 2030 年前碳达峰目标。

中国依托持续的技术创新、完善的产业链和供应链体系、充分的市场竞争、超大规模的市场优势实现了新能源产业的快速发展。在风能、光伏、电动汽车等领域，建成了具有世界竞争力的产业供应链，发展出一大批新能源企业。中国企业在太阳能电池板、风力涡轮机、电动汽车的生产上具有规模和技术优势，已在国际市场上成为这些清洁能源技术和产品的主要制造商。除此之外，中国企业在关乎可再生能源发展的铜、稀土、镍等关键矿物的加工炼化方面也具有竞争优势，从而构成了的完整的可再生能源产业供应链。中国新能源产业丰富了全球供给、缓解了全球通胀压力，中国生产的光伏组件和风电装备为可再生能源在越来越多国家得到广泛经济利用创造了条件。国际可再生能源署的报告指出，中国能源转型是全球能源转型的引擎，过去 10 年间，全球风电和光伏发电项目平均度电成本分别累计下降超过了 60% 和 80%，其中很大一部分归功于中国的贡献。①

但是，在各国合作应对气候变化的大背景下，新能源成为国际产业竞争的重要领域。在新冠疫情和贸易壁垒叠加催生的逆全球化浪潮中，一些国家和地区为了保护国内企业，以安全、不平等竞争等为借口，对中国新能源产业和龙头企业进行制裁和打压。

例如，2022 年美国出台了《通胀削减法案》，计划以税收抵免的方式为电动汽车和其他清洁能源优先发展项目提供补贴，相关激励措施价值近 4 000 亿美元。法案规定，符合条件的新能源汽车可享受高达 7 500 美元的税收抵免。但前提是，整车必须在北美组装，并且其中电池组件的关键原材料必须有一定比例在北美开采或加工。法案还有多项针对中国的具体条款。例如针对电池组件，法案要求制造商自 2024 年起禁止从"外国相关实体"采购，关键矿物禁令则从 2025 年开始实施。"外国相关实体"就包括中国。中国商务部认为，美国《通胀削减法案》以使用美国等特定地区产品作为补贴前提，排斥中国等国产品，补贴具有歧视性，违反 WTO 规则。这一法案的实质是设置贸易壁垒，会推高能源转型成本，在与美国磋商无果的情况下，2024 年 7 月，中国向 WTO 提出了诉讼请求。

---

① 转引自国务院新闻办公室.中国的能源转型［EB/OL］.（2024－08－29）［2024－10－18］. https://www.gov.cn/zhengce/202408/content_6971115.htm.

此外,近年来欧盟出台的《关键原材料法案》、欧盟和美国对中国电动汽车进行的反补贴调查和征收惩罚性关税,都增加了中国大型新能源项目的投资风险和发展的不确定性。

资料来源:作者根据公开资料整理。

---

2. 气候韧性发展

在很长一段时期里,各国应对气候变化的政策重点是提高能源效率和削减碳排放。但是,经过多年国际合作努力,碳排放削减情况与气候目标间还存在较大的差距,即使全球以坚定的决心达成 1.5 ℃的温控目标,也难以扭转气候危机加剧的态势,气候变化已是正在发生并将越发严重的事实。IPCC 警示人们关注日益增多的新型风险、复合风险以及跨系统和跨区域的风险传递。低洼沿海地区、陆地和海洋生态系统、关键基础设施系统、生活水平、人类健康、粮食安全、水安全是气候变化最具代表性的重点风险。

因此,《巴黎协定》强调了适应气候变化的重要性,指出适应气候变化是从国际到地方共同面临的挑战,确定了提高气候变化适应能力、加强抗御力和降低脆弱性的全球适应目标,要求各国分享知识和经验,定期开展适应行动的监测与更新。IPCC 提出了"气候韧性发展"(climate resilient development, CRD)的理念,倡议适应和减缓协同推进,并将气候目标与消除贫困和减少不平等、达成可持续发展目标结合起来,号召在水、农业、基础设施、人类健康、交通、能源、生态系统等方面采取气候适应措施。

全球适应中心(Global Center on Adaptation, GCA)的研究发现气候适应行动可产生三重红利:避免损失、产生经济效益、产生社会和环境效益。24 小时内发出风暴或高温预警可减少 30%预期损失,早期预警系统挽救的生命和资产价值至少是成本的 10 倍。气候变化每投资 1 美元,可产生 2~10 美元的净经济效益。在气候预警、气候韧性基础设施、旱地农业、红树林保护、水安全等领域投资 1.8 万亿美元,能产生 7.1 万亿美元的净收益。[①]

随着气候风险加剧和人们对气候变化认知的提升,许多国家和地区出台了气候韧性发展的倡议和规划。例如中国发布了《国家适应气候变化战略 2035》,日本发布《适应气候变化法案》,英、澳、美、加等国家先后制定了《适应气候变化战略》或设立了跨部门的适应工作组,欧盟制定了《欧盟适应气候变化新战略》,提出到 2050 年"打造气候适应型社会"的愿景。

气候韧性发展的适应行动既包括对陆地和海洋生态系统的保护和修复,也包括人类社会经济系统的建设和转型,需要在以下领域采取行动:恢复湿地和其他自然栖息地,修复河流的自然河道,加强气候变化观测网络建设,开展监测预警和影响风险评估,调整优化产业布局、农业种植结构和作物品种配置,加强基础设施与重大工程气候变化影响监测

---

① 2018 年,联合国和全球领导人在荷兰海牙成立了全球适应委员会(The Global Commission on Adaptation)。该委员会由荷兰首相吕特和其他 22 个召集国领导人共同创立,其任务是通过提高适应的政治可见度和关注具体解决方案来加速适应。该委员会的使命在 2020 年后结束,全球适应中心接替了全球适应委员会的工作。本段的数据来自 GCA 的报告。

和风险预警,调整优化城乡居民点布局,加强对极端天气的防御能力建设与供水保障等。全球适应中心预计到2030年,发展中国家每年的适应资金需求将高达1 400亿~3 000亿美元,存在巨大的投资缺口。

大气中的温室气体主要来自发达国家历史上的碳排放,而受气候变化影响最大的是发展中国家的穷人,因此从公平角度看,发达国家应为发展中国家的气候适应提供援助。为了帮助缺乏资金和技术的不发达地区展开气候适应行动,《公约》设立了绿色气候基金、特别气候变化基金(special climate change fund,SCCF)、最不发达国家基金(least developed countries fund,LDCF)、适应基金(adaptation fund,AF),世界银行等国际组织也对发展中国家气候韧性发展项目投资进行支持,但仍远不能满足气候适应行动的投资要求。联合国环境规划署呼吁建立更具创新性的融资机制、改革金融和财政政策、引导私人部门参与投资,以达到必要的投资规模。[①]

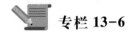

专栏 13-6

气候适应在中国

在2011年制定的《中华人民共和国国民经济和社会发展第十二个五年规划纲要》中,中国就将"增强适应气候变化能力"作为"积极应对全球气候变化"的重要内容。要求"制定国家适应气候变化总体战略,加强气候变化科学研究、观测和影响评估。在生产力布局、基础设施、重大项目规划设计和建设中,充分考虑气候变化因素。加强适应气候变化特别是应对极端气候事件能力建设,加快适应技术研发推广,提高农业、林业、水资源等重点领域和沿海、生态脆弱地区适应气候变化水平。加强对极端天气和气候事件的监测、预警和预防,提高防御和减轻自然灾害的能力"。此后,生态环境部等多部门先后联合发布了《国家适应气候变化战略2020》《国家适应气候变化战略2035》,明确适应气候变化应坚持"主动适应、预防为主,科学适应、顺应自然,系统适应、突出重点,协同适应、联动共治"的基本原则,提出"到2035年,气候变化监测预警能力达到同期国际先进水平,气候风险管理和防范体系基本成熟,重特大气候相关灾害风险得到有效防控,适应气候变化技术体系和标准体系更加完善,全社会适应气候变化能力显著提升,气候适应型社会基本建成"的建设目标。到2024年5月,全国有24个省(自治区、直辖市)正式印发了省级适应气候变化行动方案。防灾减灾、海洋、农业、公共卫生、交通等12个重点领域都制定了适应气候变化的相关文件。这些文件为指导各地各领域的气候适应工作提供了清晰的指南。

城市是人类生产生活的主要聚集地,也是各类要素资源和经济社会活动最集中的地方,区域气候变化趋势与城市气候效应叠加,会使城市遭受更为严重的损失。为了降低气候变化的不利影响和风险,提高城市适应气候变化的能力,中国制定了《城市适应气候变

---

① UNEP. Adaptation gap report 2023[EB/OL]. (2023-11-02)[2024-10-18]. https://www.unep.org/resources/adaptation-gap-report-2023.

化行动方案》。2017 年在全国范围内遴选了 28 个城市,启动开展气候适应型城市建设试点。2024 年生态环境部公布了首批 39 个深化气候适应型城市(包括城市或市辖区)建设的试点名单。试点覆盖了全国 7 大地理分区,包含各类人口规模、发展水平、气候类型的城市。威海市是这 39 个试点城市之一。全球适应中心等机构总结推介了威海市的经验,指导城市制定气候韧性路线图,推荐的路线图包括三个部分:在气候预测的基础上进行灾害评估和影响评估;确立战略发展、规划和行动的优先次序;实施计划、组织监测评估,并开发多元融资渠道。[①]

资料来源:作者根据公开资料整理。

13.3　生态补偿

尽管在气候变化问题上要实现跨界的单边支付不太可行,但对于国内跨不同行政区的环境问题来说,却有可能做到这一点,这就是由生态环境的受益方向保护方支付生态补偿。**生态补偿**是当发展带来负外部性时,从发展中获益的一方应对给他人造成的环境损害进行赔偿;而当一方为了保护环境放弃发展机会时,他有权获取相应的补偿。无论是激励性补偿,还是惩罚性补偿,生态补偿的目的都是调和“效率”与“公平”间的矛盾,保证发展在和谐稳定的环境下进行。

生态补偿机制的建立以内部化外部成本为原则。对生态保护行为的正外部性进行补偿的依据包括:保护者为改善生态服务功能所付出的额外的保护成本、相关建设的成本和牺牲的发展机会成本;对生态破坏行为的负外部性进行收费的依据是恢复生态服务功能的成本和因破坏行为造成的他人发展机会成本的损失。实现生态补偿机制的政策途径有公共政策和市场手段两大类。[②]

13.3.1　国外的生态服务付费

对于生态补偿,国际上比较通用的概念是“**生态服务付费**”(payments for ecosystem services, PES)。生态系统的服务功能可分为供给功能、调节功能、文化功能和支持功能四个类别。[③] PES 是指因享用这些功能向生态系统服务管理者或提供者支付费用。图 13-11 展示的是为森林提供的生态服务付费的情景。森林有两种竞争性的用途:转变为牧场和保留为森林。前一用途给林地所有者带来更大的收益,但会造成生态损失。从社会角度看,转变为牧场的收益低于生态损失,但在市场机制下,这些生态损失以外部性的形式存

---

① Global Center on Adaptation. Supporting China's pilot on resilient cities: Key recommendations for Weihai's 2035 Agenda[EB/OL]. [2024-10-18]. https://gca.org/reports/supporting-chinas-pilot-on-resilient-cities-key-recommendations-for-weihais-2035-agenda/.

② 任勇等.中国生态补偿理论与政策框架设计[M].北京:中国环境科学出版社,2008:16.

③ 千年生态系统评估.生态系统与人类福祉综合报告[EB/OL]. [2024-10-18]. http://mail.millenniumassessment.org/documents/document.788.aspx.pdf.

在,所有者为了获得更高收益还是会将森林改造为牧场。而 PES 可以改变所有者的收益,促使其保留森林。付费金额介于图中的最低付费和最高付费水平之间。

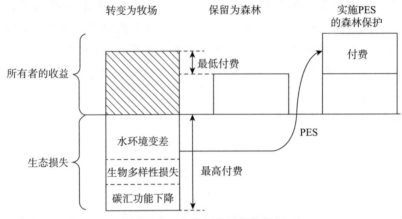

图 13-11　生态服务付费的逻辑

有效率的 PES 应遵循四个原则:第一,补偿是有条件的,需要基于能带来环境改善的行动;第二,补偿应用于鼓励"额外的"环境改善;第三,应避免"泄漏"的发生;第四,环境改善应有持续性。在实践中,生态服务付费有直接公共支付、私人支付、生态产品认证计划等多种实施形式。按补偿目标不同,可分为流域服务付费、生物多样性服务付费、碳捕捉与储存付费、风景与娱乐付费等。

一般地,生态服务是一种公共物品,市场机制难以自动为 PES 筹集资金,需要政府部门参与设计一定的机制将自然资本金融化。可以通过以下两个美国案例了解这类机制。

案例 1:纽约市的水源地保护

纽约市的集水水源地是卡兹奇山(Catskill Mountains),以往该地区的土壤和植物根系对水质有过滤和纯化作用,使其达到环保局的水质要求。但生活污水、化肥农药等使水质下降,不再能达标。要使水质达标,纽约市有两个选择:保护水源地的生态系统,或者建一个水过滤处理厂。后者要投资 60 亿～80 亿美元,年运行费需 3 000 万美元。而在水源地建立生态保护区相当于投资自然资本,只需 10 亿～15 亿美元,投资回收期为 4～7 年,投资回报率为 90%～170%,而且是无风险投资。为了解决水问题,纽约市提出了"环境债"来筹资。市政府建立一个专门的账户"watershed saving account"(流域储蓄账户)向投资人支付收益。[①]

案例 2:新泽西州可转让的发展信用

对于当地居民和土地所有者来说,将土地用于生态环境保护虽然使社会作为整体享受了收益,但他们却将付出机会成本——损失了开发土地可能获得的经济收益。所以生态环境保护计划往往受到当地居民和土地所有者的反对。为了顺利实施生态环境保护计划,需要对土地所有者进行补偿。美国新泽西州尝试建立了可转让的发展信用机制,在生

---

① Heal G M, Chichilnisky G. Economics returns from the biosphere[J]. Nature, 1998, 391: 629-630.

态补偿领域引入市场机制,取得了良好的效果。

美国新泽西州东南部有约 4 450 平方千米的松树和橡树林,这片未开发的区域为几个濒危物种提供了栖息地。1978 年美国国会根据《联邦国家公园和娱乐法》在这一地区设立了"松树林国家保护区"(pinelands national reserve),1979 年《新泽西州松树林保护法》出台,该州依法成立了"松树林委员会"作为保护区的管理机构。

为了保护这片树林,将开发引向其他生态敏感性低的地区,1980 年松树林委员会编制了《松树林综合性管理规划》,要求建立松树林发展信用计划(pinelands development credit program, PDC),由政府授予松树林保护区的土地所有者以 PDC,这是一种可出售转让的土地发展权。作为交换,土地所有者开发利用松树林的权利受到限制,但他们可以通过出售 PDC 来获得收益,出售 PDC 的土地所有者保留对土地的所有权并且可以继续将土地用于非建设用途。

对于手中的 PDC,土地所有者可以有多种选择:

① 保有 PDC,等待其升值;

② 将 PDC 出售给想在规划中的开发区增加建筑密度的土地所有者;

③ 将 PDC 转让给政府,按 1 单位的 PDC 交换 0.16 平方千米的农田或被保护高地,0.2 单位的 PDC 交换 0.16 平方千米的湿地的标准换取其他土地;

④ 将 PDC 出售给政府换取现金。

为了保证发展信用的市场化和方便交易,1985 年新泽西州的立法机关从州财政资金中拨款创设了"松林地发展信贷银行",作为 PDC 的最后购买者,承诺以 1 万美元的保护价收购 PDC,为 PDC 的价值进行担保。

由于 PDC 成为一种可交易的物品,这种机制成功地解决了生态补偿标准和发展权估价问题,使土地所有者得到了市场化的补偿,而松树林地被保护了起来。随着时间的推移,新泽西州 PDC 的市场价格上涨,1990 年松林地发展信贷银行以 2.02 万美元的单价拍卖了它所积累的 PDC,并由此获得了收益。

13.3.2　中国的生态保护补偿制度

建立生态补偿机制的基础是支持经济增长的生态系统和自然资源具有稀缺性。在快速经济增长的压力下,这种稀缺性越来越强。从 20 世纪 80 年代起,我国就开始探索开展生态保护补偿的途径和措施。当时的实践主要集中在林业、自然保护区、矿业和流域生态补偿等领域,没有形成一个全面统一的生态保护补偿政策体系。2005 年以来,生态保护补偿制度建设明显提速:

——2005 年,党的十六届五中全会通过的"十一五"规划建议正式提出"按照谁开发谁保护、谁受益谁补偿的原则,加快建立生态补偿机制"。

——2007 年国家环境保护总局发布的《关于开展生态补偿试点工作的指导意见》提出我国将在自然保护区、重要生态功能区、矿产资源开发、流域水环境保护等四个领域开展生态补偿试点。

——2010 年国务院将制定生态补偿条例列入立法计划。

——2012 年党的十八大提出要"建立反映市场供求和资源稀缺程度、体现生态价值和代际补偿的资源有偿使用和生态补偿制度"，将资源有偿使用与生态补偿两项制度联系在一起。

——2013 年国务院将生态补偿的领域扩大到流域和水资源、饮用水水源保护、农业、草原、森林、自然保护区、重点生态功能区、区域、海洋等十大领域。

——2013 年党的十八届三中全会提出"坚持谁受益、谁补偿的原则，完善对重点生态功能区的生态补偿机制，推动地区间建立横向生态补偿制度"。

——2015 年 1 月正式实施的《中华人民共和国环境保护法》确定"国家建立、健全生态保护补偿制度""国家指导受益地区和生态保护地区人民政府通过协商或者按照市场规则进行生态保护补偿"。

——2015 年 9 月《生态文明体制改革总体方案》提出"完善生态补偿机制。探索建立多元化补偿机制，逐步增加对重点生态功能区转移支付，完善生态保护成效与资金分配挂钩的激励约束机制"，国家层面有关生态补偿机制的政策日益丰富。

——2016 年，发布《关于健全生态保护补偿机制的意见》，制定了生态补偿的指导思想和基本原则，提出了在森林、草原、湿地、荒漠、海洋、水流、耕地等生态系统的生态补偿工作重点任务。党的十九大报告进一步提出，要建立市场化、多元化生态补偿机制。

——2021 年，印发《关于深化生态保护补偿制度改革的意见》。要求立足新发展阶段，贯彻新发展理念，构建新发展格局，践行"绿水青山就是金山银山"理念，完善生态文明领域的统筹协调机制，加快健全有效市场和有为政府更好结合、分类补偿与综合补偿统筹兼顾、纵向补偿与横向补偿协调推进、强化激励与硬化约束协同发力的生态保护补偿制度。

——2024 年，公布并施行《生态保护补偿条例》。条例规定，生态保护补偿是指通过财政纵向补偿、地区间横向补偿、市场机制补偿等机制，对按照规定或者约定开展生态保护的单位和个人予以补偿的激励性制度安排。

生态保护补偿可以采取资金补偿、对口协作、产业转移、人才培训、共建园区、购买生态产品和服务等多种补偿方式。生态保护补偿工作坚持中国共产党的领导，坚持政府主导、社会参与、市场调节相结合，坚持激励与约束并重，坚持统筹协同推进，坚持生态效益与经济效益、社会效益相统一。县级以上各级政府应当将生态保护补偿工作纳入国民经济和社会发展规划，构建稳定的生态保护补偿资金投入机制，并可以通过多种方式拓宽生态保护补偿资金渠道。

为了支持生态补偿的顺利进行，国家推进了配套制度建设，包括推进自然资源统一确权登记，完善生态保护补偿监测支撑体系，建立生态保护补偿统计体系，完善生态保护补偿标准体系，完善与生态保护补偿相配套的财政、金融等政策措施，发挥财政税收政策调节功能，完善绿色金融体系。建立健全统一的绿色产品标准、认证、标识体系，推进绿色产品市场建设，实施政府绿色采购政策，建立绿色采购引导机制。

按补偿资金的来源不同，可将现行的生态补偿分为三类：财政纵向补偿、地区间横向补偿、市场机制补偿。

中央财政主导的纵向补偿是指中央财政对开展重要生态环境要素保护的单位和个人进行的补偿,包括对重点生态功能区的转移支付、对以国家公园为主体的自然保护地体系进行生态保护补偿等。例如,为推进生态文明建设,引导地方政府加强生态环境保护,提高生态功能重要地区基本公共服务保障能力,2022 年中央对地方重点生态功能区转移支付金额为 982.04 亿元。对于这类项目,地方政府可以结合本地区实际建立分类补偿制度,加大补偿力度,如生态公益林补偿、退耕还林补偿、天然林保护补偿、三江源防护补偿、草原生态保护补助奖励等。

地方政府主导的地区间横向补偿是指在江河流域上下游、左右岸、干支流所在区域,重要生态环境要素所在区域以及其他生态功能重要区域,重大引调水工程水源地以及沿线保护区,生态服务的提供地和接受地的人民政府就生态保护预期目标及其监测、评判指标,生态保护地区的生态保护责任,补偿的范围、方式等进行协商后达成正式补偿协议。例如,黄河流域四川—甘肃段、豫鲁段建立了横向生态保护补偿机制,相关省区就水质基本补偿和水质变化补偿达成协议并落实支付。江西省 11 个设区市都实行区域内部流域横向补偿等。

各类市场主体通过购买生态产品和服务等方式开展生态保护补偿。这类生态补偿包括两种主要形式:一是在环境权益市场上交易的碳排放权、排污权、用水权、碳汇等;二是在保障生态效益的前提下,采取多种方式发展生态产业,通过生态产业化,实现生态产品价值,如发展生态旅游、开发特色农林产品等。

经过多年实践,我国已经初步建立起覆盖各生态环境要素的生态补偿制度框架:在流域上下游横向生态补偿和重点生态功能区转移支付两个综合领域,探索形成了较为健全的生态补偿机制;在森林、草原、湿地等生态环境要素分类补偿领域,探索创新了多样化的生态补偿模式;在海洋和大气环境等生态补偿领域,积累了一定的地方试点经验。生态补偿成为社会经济发展和生态环境保护之间的矛盾协调机制,以及"青山绿水"保护者与"金山银山"受益者之间的利益调配手段。[①]

小　结

跨界环境问题发生和影响的范围不在同一个行政管辖区内,其解决需要通过利益相关方的协商和谈判,这是一个环境治理的过程。

气候变化的影响是全球性的,是典型的跨界环境问题,要减缓气候变化、削减温室气体排放,需要世界各国承担"共同但有区别的责任",通过协商达成合作。

与气候变化相比,一国内区域间的生态影响范围要小得多,这使得在区域间进行单边支付成为可能的选择,由生态环境的受益方向保护方支付生态补偿兼顾了环境保护与发展的矛盾,也符合环境公平的原则。

①　董战峰,等.深化生态补偿制度改革的思路与重点任务[J].环境保护,2021,49(21):48-52.

进一步阅读

1. 李小云,等.生态补偿机制:市场与政府的作用[M].北京:社会科学文献出版社,2007.

2. 诺德豪斯.气候赌场:全球变暖的风险、不确定性与经济学[M].梁小民,译.上海:东方出版中心,2019.

3. 伊狄梭,等.气候变化再审视:非政府国际气候变化研究组报告[M].张志强,等,译.北京:科学出版社,2013.

4. 张维迎.博弈论与信息经济学[M].上海:上海三联书店,1996.

5. 中国生态补偿机制与政策研究课题组.中国生态补偿机制与政策研究[M].北京:科学出版社,2007.

6. 中国应对气候变化的政策与行动[EB/OL].(2021-10-27)[2024-10-17].https://www.gov.cn/zhengce/2021-10/27/content_5646697.htm.

7. 中国应对气候变化国家方案[EB/OL].(2007-06-04)[2024-10-17].https://www.gov.cn/gzdt/2007-06/04/content_635590.htm.

8. Nordhaus W D. Managing the global commons: The economics of climate change[M]. Cambridge: MIT Press, 1994.

9. Schelling T C. Some economics of global warming[J]. American Economic Review, 1992, 82: 1-14.

10. Stott P A, et al. Understanding and attributing climate change in climate change 2007: The physical science basis in Contribution of working group I to the fourth assessment report of the Intergovernmental Panel on Climate Change[M]. Cambridge: Cambridge University Press, 2007.

11. World Bank. World development report 2010: Development and climate change[EB/OL]. [2024-10-17]. https://documents.worldbank.org/en/publication/documents-reports/documentdetail/2010014681599913657/world-development-report-2010-development-and-climate-change.

思考题

1. 跨界外部性有什么特点? 解决跨界外部性问题的主要途径是什么?
2. IPCC 对气候变化问题的主要观点是什么?
3. 联合国气候变化框架公约的主要内容是什么?
4. 碳定价为何能促进经济结构的低碳化?
5. 哪些政策有助于加快能源转型?
6. 什么是生态补偿机制?

第14章 绿色增长

【学习目标】

- 了解传统增长模式的不足
- 掌握可持续发展的含义
- 掌握向绿色增长转变的政策支持体系

污染、生态环境退化和全球气候变化显示出传统的增长模式是不可持续的,为了实现增长和环境的双赢,人类需要向新的绿色增长模式转变。按照 OECD 的定义,**绿色增长**是指在确保自然资产能够继续为人类幸福提供各种资源和环境服务的同时促进经济增长。

14.1 传统增长模式

按照传统的厂商—家庭两部门模型,经济活动与自然环境无关:两部门模型中有两个经济活动主体——厂商和家庭。前者生产并出售物品与服务,雇用并使用生产要素;后者购买并消费物品与服务,拥有并出售其所有的生产要素。在二者的经济互动中,形成了两个市场——产品市场和要素市场(见图 14-1)。

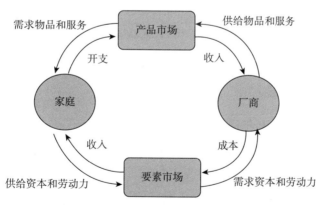

图 14-1 两部门经济模型

经济活动的基础是劳动和资本的投入,柯布—道格拉斯生产函数认为产出是资本和劳动的函数。随着资本投入和劳动投入的增加,产出也增长。

$$Y = AL^{\alpha}K^{\beta} \qquad (式 14-1)$$

式中,A 是技术因素,L 是劳动力,K 是资本。明显地,传统增长模式没有考虑资本和劳动投入的物质基础,而没有物质基础是无法凭空生产出产品的。这一模型还隐含了一个假定：自然资源是不稀缺的，而且在将来也不会稀缺。[①]这样，在传统经济增长模型中，稀缺的要素或决定经济增长的因素要么是资本（哈罗德—多马增长模型），要么是技术（新古典经济增长模型）和制度（制度经济学）。哈罗德—多马增长模型认为，任何经济单位的产出取决于向该单位投入的资本量，经济增长率主要取决于资本积累率。后来，索洛和丹尼森等人对哈罗德—多马增长模型进行了修正和补充，他们引入了自然资源存量和技术进步的因素，将产出视为资本、劳动、自然资源存量和投入要素效率的函数，用生产函数表示为：

$$Y = AL^{a_1}K^{a_2}R^{a_3}$$ （式 14-2）

式中，R 是自然资源，L 是劳动力，$a_1+a_2+a_3=1$，$a_i>0$。这里隐含的假设是人造资本、劳动和自然资源之间可以完全替代，也就是说，自然资源的稀缺性不会对经济增长形成制约。

可见，在传统的增长模式下，经济增长没有极限。为了追求经济增长，只需要增加投入、鼓励消费、扩张市场规模，生产和经济规模就可以无限扩大。

14.2　向绿色增长模式转变

贫困会迫使人们过度开发环境脆弱地区的土地，带来土地退化、沙化等生态破坏问题，但更多环境问题的产生与传统增长模式下的经济发展过程直接相关。为了追求利润和收入增长，各国大力推动经济发展计划，而许多国家和地区的经济发展是通过采用从长远来看造成环境破坏的方式取得的，是建立在使用越来越多的原料、能源、化学合成物和制造出越来越多的污染的基础上的，环境成本并没有被计算在生产成本内。可见，环境挑战既来自发展的缺乏，也来自经济发展的后果。因此，如果要从根本上扭转环境退化的趋势，最终实现可持续发展，就不能排斥增长，而是要以不同的模式增长——由传统经济增长模式向绿色增长转变。

14.2.1　可持续发展

在 20 世纪 50 年代至 80 年代的三十多年时间里，所有国家，无论是穷国还是富国，无论是资本主义国家还是社会主义国家，都迷信经济增长，认为只有不断增长，才能不断积累社会财富，人民的生活福利水平才能得到提高。然而，半个多世纪的发展实践却表明，传统的经济增长和工业化模式虽然在物质财富的增长以及人类发展的某些方面（如预期寿命和识字率的提高）取得了长足的进步，但生活质量的许多方面和环境质量却发展滞后了。伴随着经济增长和工业化，人类从环境中开发了越来越多的资源，也产生了越来越多的废弃物并排放到环境中去，全球面临着环境日益恶化的风险。

正是在这种背景下，国际社会和学术界对可持续发展模式表现出了前所未有的浓厚

① 达斯古柏塔. 环境资源问题的经济学思考[J]. 何勇田，译. 国外社会科学，1997(3)：39-45.

兴趣。人们意识到,由于自然界的不可再生资源是有限的,在一定时间内环境吸收废弃物的能力也是有限的,因此,发展应立足于自然界的可再生资源能够无限期地满足当代人和后代人的需求,以及对不可再生资源的谨慎节约使用上,也就是说,发展应具有可持续性。这意味着人类必须摆脱传统经济增长模式,努力寻找新的发展模式。

这种新旧模式的转变是当前人类面临的一场新的革命。如果说工业革命的成功导致了进一步的稀缺,即不仅是猎物、土地、燃料和金属的稀缺,还有环境吸收能力的稀缺,那么,工业革命就又产生了对另一场革命的需求,这场革命就是可持续发展的革命。

由于对"可持续"和"发展"的不同理解,人们对可持续发展给出了许多不同的定义,但常用的可持续发展的概念是《我们共同的未来》提出的:可持续发展是为后代保持发展的能力,而且经济增长是必需的。发展中国家必须恢复经济增长,因为经济增长是减少贫困、改善环境的最直接手段。工业化国家应保持 3%～4% 的年增长率,并逐步向低原材料消耗、低能耗的方向转变,提高物质和能源的使用效率。这样的增长才可能保障环境的可持续性。

1. 可持续性

可持续发展由可持续(sustainable)和发展(development)这两个词组成。从字面上看,可持续是指"持久、保持现状、在时间上绵延不断"。这明显是一个"好词",经济学家索洛曾调侃说"(一个人)很难反对可持续性,你对它了解得越少,它听起来越好"。[①] 实际上,对于"持续"是什么以及"持续"的路径是什么,人们有许多不同的理解。按照珀曼的分类,可以大致将这些定义分为六类[②]:

① 效用或消费不随时间而下降。约翰·哈特维克(John Hartwick)用非下降的效用(或消费)来解释可持续性(在效用仅取决于消费时,非下降的效用和非下降的消费是等值的)。这个定义需要考虑两个问题:一是如果支持现有的消费,资源可以持续多久;二是如何管理资源使得后代人口可以享受与当代相同的生活质量。哈特维克提出了一个管理自然资源的准则,要求在自然资源的开发使用时将资源租金用于投资而非消费。索洛认为为了实现可持续,人们应该将开发不可再生资源得到的收益(收入超过边际开采成本的部分)储蓄起来并投资于可再生资源,从而使产出和消费的水平在时间上保持为常数,保证人均消费的非贴现效用稳定不变。与哈特维克的非下降效用(或消费)相比,在时间上稳定不变的效用(或消费)是一个更严格的准则,但两者在本质上是相同的,所以二者被合称为哈特维克—索洛可持续性准则。但是,哈特维克—索洛可持续性准则没有提出不下降的效用(或消费)的初期水平是多少,如果初期水平很低,那么这样的可持续就不是人们想要的结果。

---

① Solow R M. Sustainability: An economist's perspective, in Dorfman R. and Dorfman N. (eds.) Economics of the environment: Selected readings[M]. New York: Norton, 1993.

② 珀曼,等.自然资源与环境经济学(第三版)[M].张涛,等,译. 北京:中国经济出版社,2002:56—69.

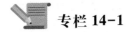

专栏 14-1

阿拉斯加永久基金

　　1976年，在美国阿拉斯加的油管建设即将完成时，该州选民投票赞成设立一个名为"阿拉斯加永久基金"（the Alaska permanent fund）的基金，规定将至少25%的矿产租赁租金、特许权使用费、特许权使用费销售收入、联邦矿产收入和分红投入一个永久性的基金账户，基金只被允许投资于能产生收入流的项目，不能投资于以经济或社会发展为目的的项目，而且在没有经过绝大多数选民同意的情况下，该基金也不能用于支付其他支出。设定"阿拉斯加永久基金"的目的是保护后代人的利益，使后代人与当代人共享自然资源带来的红利。

　　自成立以来，该基金被投资于资本市场并分散用于各类资产，包括债券、股票、房地产等。该基金的收益情况如图14-2所示，从长期来看，该基金的投资年实际收益率在5%左右，高于同期银行储蓄的利率水平。基金的部分年收入作为分红分配给符合条件的阿拉斯加居民，其余部分用于增加本金。

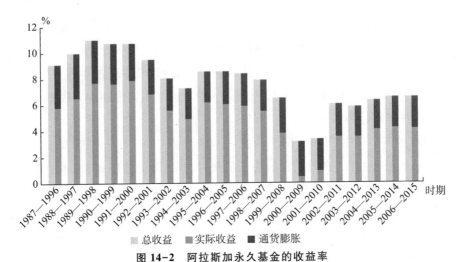

图 14-2　阿拉斯加永久基金的收益率

资料来源：作者根据阿拉斯加永久基金官方资料整理。

　　② 自然资源得到管理以维持未来的生产机会。现代人无法完全了解后代的偏好，也不知道他们将会拥有什么技术，所以为了保证后代的利益，不应只着眼于为后代保留不可再生资源，而是要为子孙后代保存生产机会，也就是说当代人对后代人应负的责任是让他们拥有与当代人一样的发展潜力。从这个角度看，如果能开发出更发达的科学知识作为补偿，那么留下较少的不可再生资源给下一代也是可行的。

　　从广义上看，人类拥有的资本包括自然资本和人造资本。**自然资本**是指由自然提供的全部资本，如含水层和水系、土壤、原油和天然气、森林、渔场及其他生物资源、基因物质和地球大气圈本身。**人造资本**包括实物资本、人力资本和智力资本。其中，**实物资本**指工厂、设备、建筑物和其他基础设施,它们通过向当前的生产进行一定的资本投资而积累;**人力资本**指体现在个人身上的技术存量,用于提高人们的生产能力;**智力资本**由知识存量组成,指无形的技术和知识。在一定程度上,不同类型的资本间能相互替代,任一时刻的生产潜力主要取决于可用资本的存量,包括自然的和人造的资本。所以要保证产出水平不下降,有必要保持一定的资本累积以维持生产机会,而没有必要刻意保持自然资本存量不下降。

③ 自然资本存量不随时间下降。人造资本对自然资本的替代性不强,而且随着自然资本的减少,这种替代性还会下降。另外,一些环境功能只能由自然资本存量来体现,这些功能不具有替代性。如果自然资本对生产既是必要的,又不能由其他生产资源替代,那么保持自然资本存量不下降是保证经济生产潜力得以持续的必要条件。因此,一个国家要使发展具有可持续性,就要使发展不引起关键自然资本存量的下降。但是,由于自然资本的内容极其丰富,不能将不同的自然资源、环境质量进行加总合计,因此,要"保持自然资本存量不下降"是否意味着自然资本的所有方面都不下降是这一定义难以回答的问题。

④ 自然资源得到管理以维持资源服务的可持续产量。这一可持续性的概念常常用于森林和渔业等可再生资源,它指的是一种维持稳定水平的资源所提供的稳定流量,如一片森林通过合理的疏伐或更新可以提供持续的木材产量。但是,如果将这一定义扩大到不同类型的自然资源就会遇到量纲不同、不能加总的问题。"维持资源服务的可持续产量"是指每一种资源服务都保持稳定还是不同要素的加权数量保持稳定?如果选择后者,那么又如何选择权重?权重是保持不变的吗?这些问题都难以回答。

⑤ 满足生态系统在时间上的稳定性和弹性的最小条件(最低安全标准法则)。可持续性要求维护地球生态系统的完整性,以使人类经济系统与更广阔而又缓慢变化的生态系统之间保持一种动态关系。在这一生态系统中,人类可以无限延续、繁荣、发展,但人类活动只能在环境允许的范围内进行,以不破坏生命支持系统的多样性、复杂性及功能为准则。

⑥ 建立相应的能力和共识。人们不能将环境目标(例如防止灾难性的环境破坏)和社会与政治目标(例如减少贫困)区别开来。为了达成这些目标,人们需要通过磋商达成共识,可持续发展是一种人们已经达成了共识的发展,这种发展保持在经济、社会、文化、生态和物质的限度之内,因而是可持续的。

将时间作为横坐标绘制人类长期福利在未来的可能发展趋势,可以得到如图 14-3 所示的四种基本趋势(标记为 A、B、C、D)。其中趋势 D 表示指数形式的持续增长,未来只是过去的简单复制。在这种趋势下不仅当前的福利水平具有可持续性,而且福利水平的增长速度也具有可持续性。趋势 C 设想增长逐步放缓,直到一个稳态,即增长率下降到 0。在这种趋势下,人们当前的福利水平具有可持续性,后代人的福利水平至少不下降,但福利水平的增长速度没有可持续性。趋势 B 的初期与 C 相似,但处于 t_1 和 t_2 间的人们的福利水平要急剧下降到一个较低的水平才能进入稳态。在这种趋势下,人们当前的福利水平及其增长速度都没有可持续性。趋势 A 则否定可持续的人类福利水平,认为福利增长的结果是崩溃和人类文明的终结。

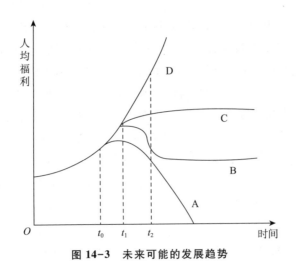

图 14-3　未来可能的发展趋势

那么人类的未来会向哪种趋势发展呢？由于太阳能源源不断而且自然对一定数量的污染具有消纳能力，人们可获得的可再生资源数量是有一定的保障的，因此人类可以维持一个正的可持续的福利水平，所以可以首先排除趋势 A。但是人类的福利水平究竟会达到什么层次却难以预言，趋势 D 是最乐观的预测，然而受地球生态系统有限性的限制，趋势 C 更有实现的可能，但是从目前地球生态环境已受到破坏的状况来看，也不能完全排除趋势 B。

当代人对后代人的福利可能产生正面和负面的双重影响。当代人可以用自己的资源积累资本存量，为后代人提供庇护场所、生产和交通工具，也可以通过人力资本投资为后代积累知识和技术，这些都有助于使后代达到更高的福利水平。但是，当代人的经济活动也开发自然资源、破坏生态环境，例如温室气体的排放可能改变气候、对未来农业发展带来危害，生物多样性的减少也缩减了未来医学进步的空间。要实现代际公平需要全面了解当代人的选择可能给后代造成的影响，预测后代人的技术能力和偏好，这些都是难以完成的任务。因此，为了预防可能发生的福利水平的下降，人类需要谨慎地行动。

2. 发展和增长

"发展"是"可持续发展"的第二个核心词。在过去的半个多世纪里，关于发展的含义和思想在不断地演变和深化。在 20 世纪 50 年代，发展等同于经济增长。"发展"被认为就是提高全体人民的物质生活水平，而提高生活水平的途径就是发展经济，增加人均收入水平，使每个人都能消费更多的物品和服务。

20 世纪六七十年代，环境运动促使人们反思经济增长对生态环境的破坏。考虑到环境因素，人们一方面对西方经济增长模式造成环境破坏进行批评，另一方面对发展中国家正在实施的经济发展方案缺乏环境考虑进行批评。同时，许多人越来越明显地看到，早期以经济增长为基础的发展计划所承诺的"进展"在许多方面都未能实现。虽然第二次世界大战后的经济繁荣使西方的生活水平广泛提高，但人们关注的焦点开始转移到这些社会中仍然存在的严重不平等和贫困。所以社会因素也成为人们批评经济发展的一个重要角度。1972 年在斯德哥尔摩举行的联合国人类环境会议是第一次考虑人类对环境影响的全球峰会。这次会议提出了无害环境的发展(environmentally sound development)理念。

20 世纪 80 年代是"发展"概念极大丰富和扩展的年代,人们开始从更广泛、更长远的视角来看待发展,认为"发展"不仅包括经济增长、就业、消除贫困、收入分配公平、环境的改善等内容,还包括文化、制度等很多非经济方面的内容。《我们共同的未来》一书呼吁进入经济增长的新时代——具备社会和环境持续性的增长,按照这种"双赢"方案,经济增长不再是问题,而是解决方案。联合国开发计划署于 1990 年提出了"人类发展"这一概念,使国际学术界和各国领导人把发展的目标从单纯的经济增长转到人类发展上来。新的人类发展观着重于人类自身的发展,突出了"以人为本"的新观念,认为增长只是手段,而人类发展才是目的,一切以人为中心。人类发展主要体现在人的各种能力的提高上,这些能力包括:延长寿命的能力、享受健康身体的能力、获得更多知识的能力、拥有足够的收入来购买各种物品和服务的能力、参与社会公共事务的能力,等等。"可持续发展"中的"发展"就是这样一个包含多维内容、全面体现各种进步指标的概念。

与发展的这些目标相背离,当今世界存在五种"有增长而无人类发展"的情形:一是"无工作地增长"(jobless growth),经济增长没有伴随就业机会的增加;二是"无声地增长"(voiceless growth),经济增长过程中民众缺乏参与公共事务管理的机会,不能自由地表达自己的观点;三是"无情地增长"(ruthless growth),虽然经济增长较快,但收入分配不平等反而更加严重了;四是"无根地增长"(rootless growth),具有排外性和歧视性的增长模式毁灭了文化的多样性,从而降低了人们的生活质量;五是"无未来地增长"(futureless growth),不顾自然资源耗竭和人类环境恶化的增长不仅损害了当代人的生活条件和健康,而且更严重的是对后代人的发展造成了巨大的甚至是不可逆转的损害。这种增长是不可能持续下去的。

3. 我们共同的未来

《我们共同的未来》是联合国世界环境与发展委员会于 1987 年出版的关于人类未来的报告,该委员会由布伦特兰夫人领导,所以也被称为《布伦特兰报告》。报告分为三个部分:"共同的关切""共同的挑战"和"共同的努力",以丰富的资料分析了世界环境与发展方面存在的严峻问题。报告认为人类面临的环境危机、能源危机和发展危机是不可分割的,地球的资源和能源不能满足人类按原模式发展的需要,人类必须为当代人和后代人的利益改变发展模式。

可持续发展是统领整个报告的核心理念。报告将**可持续发展**界定为"既满足当代人的需求,又不损害后代人满足其需求的能力的发展"。这个定义强调了两个概念:一是"需要",强调要关注穷人的基本权益;二是公平,强调要平衡当代人和后代人的需要。

按照这一理念,人们认为可持续发展有三个支柱:环境(稳定、持续),社会(公平),经济(富足),另一种表述是"地球、人类、利润"(planet, people, profits)。图 14-4 显示了这三个支柱间的关系,其中左侧图隐含三个目标间有交集,右侧图则隐含三个目标间互相独立。

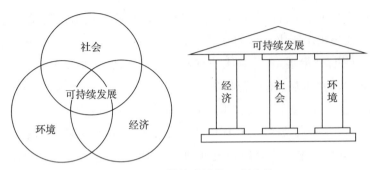

表 14-4　可持续发展的三个支柱

4. 可持续发展目标体系

2000 年,联合国成员通过"千年发展目标";2015 年,联合国可持续发展峰会发布了《变革我们的世界:2030 年可持续发展议程》,将千年发展目标更新为"可持续发展目标"体系(见图 14-5)。这个体系由 17 个可持续发展目标和 169 个具体目标组成,17 个可持续发展目标包括:

① 在全世界消除一切形式的贫困;

② 消除饥饿,实现粮食安全,改善营养状况和促进可持续农业;

③ 确保健康的生活方式,促进各年龄段人群的福祉;

④ 确保包容和公平的优质教育,让全民终身享有学习机会;

⑤ 实现性别平等,增强所有妇女和女童的权能;

⑥ 为所有人提供清洁的水和环境卫生并对其进行可持续管理;

⑦ 确保人人获得负担得起的、可靠和可持续的现代能源;

⑧ 促进持久、包容和可持续的经济增长,促进充分的生产性就业,使人人获得体面工作;

⑨ 建造具备抵御灾害能力的基础设施,促进具有包容性的可持续工业化,推动创新;

⑩ 减少国家内部和国家之间的不平等;

⑪ 建设包容、安全、有抵御灾害能力和可持续的城市和人类社区;

⑫ 采用可持续的消费和生产模式;

⑬ 采取紧急行动应对气候变化及其影响;

⑭ 保护和可持续利用海洋和海洋资源以促进可持续发展;

⑮ 保护、恢复和促进可持续利用陆地生态系统,可持续管理森林,防治荒漠化,制止和扭转土地退化,遏制生物多样性的丧失;

⑯ 创建和平、包容的社会以促进可持续发展,让所有人都能诉诸司法,在各级建立有效、负责和包容的机构;

⑰ 加强执行手段,重振可持续发展全球伙伴关系。

图 14-5　联合国可持续发展目标体系

这些目标涵盖了世界所有地区生活和发展的各个方面——卫生、教育、环境、和平、正义、安全、平等，兼顾了可持续发展的三个支柱。这些目标将引导人们在对人类和地球至关重要的领域中采取行动。

为了落实可持续发展目标，《2019 年全球可持续发展报告》提出了一个由六个转型切入点组成的组织框架：人类福祉和能力、可持续和公正的经济、可持续的粮食系统和健康的营养模式、普及的能源脱碳、城市和城郊发展、全球环境公域。建议部署四个杠杆来实现这些切入点的转型：治理、经济和金融、科学和技术、个人和集体行动。因为发展和/或调动能力对转型进程至关重要，所以《2023 年全球可持续发展报告》增加了第五个杠杆——能力建设，提出支持转型进程需要加强所有国家的战略方向和远见的能力；创新和产生新的替代品；协调、参与和谈判；识别和克服障碍；以及学习和复原力[①]。

14.2.2　向绿色经济转型

2008 年，联合国发起了绿色经济倡议（green economy initiative），呼吁促进一个"导致改善人类福祉和社会公平，同时显著减少环境风险和生态短缺"的经济。绿色经济的另一个更详细的定义是：**绿色经济**是一种将经济、社会和环境之间的紧密联系纳入考虑的经济形态。在这种经济形态中，生产过程和消费模式的转变将有助于减少浪费、污染，并促进资源、材料和能源的高效利用，同时振兴经济并实现经济多元化，创造体面的就业机会，促

---

① United Nations. Times of Crisis, times of change：Science for accelerating transformations to sustainable development [EB/OL]. [2024 - 10 - 18]. https：//sdgs. un. org/sites/default/files/2023 - 09/FINAL% 20GSDR% 202023-Digital% 20 - 110923_1.pdf.

进可持续贸易,减少贫困,并改善公平和收入分配。① 可见,绿色经济的特征与可持续发展目标的要求高度重合,因此可以说向绿色经济转型就是努力实现可持续发展。向绿色经济转型离不开相关政策的积极推动和引导,需要政府在多个方面发挥作用。

1. 建立经济与环境综合决策机制

各国的经验教训表明,要实现可持续发展,应将环境保护作为发展进程整体的一个组成部分,只有从经济政策层面减少破坏环境的因素,才能真正缓解和解决环境问题。而环境问题的解决,也为经济长期健康发展奠定了基础。因此,政府在制定经济、社会、财政、能源、农业、交通、贸易及其他政策时,要将环境与发展问题作为一个整体来考虑。

中国已在推动经济与环境综合决策上建立了一系列机制。例如,将规划环评、区域污染物总量控制前置,编制与区域资源环境承载能力及其结构特点相协调的社会经济发展规划;提高公共管理政策、宏观经济政策、资源开发利用和保护政策、环境保护政策的协同性,将区域限批②等管理手段与地方污染排放总量控制、产业结构调整相结合,实现在源头把关等。

2. 投资可持续技术和实践

技术创新和扩散是增长的发动机,新技术的发明和扩散通常被认为是缓解经济福利与环境质量之间两难选择的主要手段。可持续技术包括污染预防和治理、能源效率提升、可再生能源的开发和应用等领域。联合国提议在 2010—2050 年,每年将占全球 GDP2%的资金用于可持续技术的研发和实践。可持续技术发展的实践不仅能解决资源环境约束问题,也能够培育新的增长引擎。绿色经济的先行者还可能占领下一轮工业革命制高点和全球经济主导权,取得先行优势,因此成为许多国家的发展选择。联合国评估了相对于按原轨道发展情景,这项投资的影响。结果显示虽然在最初几年,额外投资使全球人均 GDP 下降约 1%,但到 2030 年,绿色经济下的全球人均 GDP 将高出 2%。到 2050 年,由于可持续投资,全球人均 GDP 将增长 14%。③

按照凯恩斯宏观经济学的分析,在经济衰退时期政府应利用货币和财政政策来刺激总需求,20 世纪 30 年代美国采用这一建议实施的经济刺激政策被称为"新政"。2008 年,联合国秘书长潘基文在联合国气候大会上提出了"**绿色新政**"的概念,要求将投资转向能够创造更多工作机会的环境项目,加大应对气候变化方面的投资,促进绿色经济增长和就业,以修复支撑全球经济的自然生态系统。之后为了在经济衰退期刺激经济,许多国家加大了对可持续技术和绿色公共项目的投资。例如,美国 2009 年通过的经济刺激计划《美

---

① UNEP.Green economy in action：Articles and excerpts that illustrate green economy and sustainable development efforts [EB/OL].[2024-10-18]. https://www.un.org/waterforlifedecade/pdf/green_economy_in_action_eng.pdf.

② 这是我国实行的一种污染管制措施,指如果一个地区出现严重的环境违规事件,环保部门有权暂停这一地区所有新建项目的审批,直至该企业或该地区完成整改。

③ UNEP. Why does green economy matter[EB/OL]. [2024-10-18]. https://www.unep.org/explore-topics/green-economy/why-does-green-economy-matter.

国复苏和再投资法案》中,有超过 10% 的资金被用于对能源效率、可再生能源和其他类型的绿色支出的投资。2021 年推出的《基础设施投资和就业法案》授权政府投资电动汽车和充电系统、零排放公共交通、自行车等基础设施,扩大可再生能源和电网现代化。2022 年推动的《降低通货膨胀法案》也包括了大笔的可再生能源投资支出。可见,投资于可持续技术和实践不仅是应对环境挑战的需要,也是维持经济持续增长的重要支柱。

3. 促进产业结构调整

不同产业的污染排放强度不同,在相同的经济规模下,不同的产业结构会带来差异很大的环境后果。在经济总量增长的过程中,如果产业结构能成功地实现由资源消耗型、污染密集型向知识密集型和清洁型转变,那么污染物的总排放量有可能保持稳定甚至下降。相反,如果产业结构继续向污染密集型方向转变,污染物的总排放量则可能迅速增加,环境恶化的步伐还会加快。因此,要实现绿色增长,产业结构向绿色化方向转型是必然要求。

调整和优化产业结构需要引入产业政策,产业政策通常被认为是一种政府干预经济的政策。在经济学中,产业政策往往被看作宏观经济政策中除货币政策和财政政策之外的“第三边”。为了促进增长模式的转变,可从以下三个方面推进产业结构的调整:①支持清洁生产和循环经济建设,建立节能降耗的生态产业体系;②制定高耗能行业、高污染行业和资源行业的准入条件,控制高污染高耗能产业的新增产能;③鼓励环保产业发展。

4. 建立政府和社会间的合作互动机制

国际经验证实,在环境政策的制定和实施过程中,多方利益相关者和公众的参与,能加深社会公众对政策目标的理解,确保政策反映公众的关切和优先事项,特别是目标群体和受影响社区的关切和优先事项,增加环境政策成功的可能性。政府和社会公众间合作机制的建设重点主要有:

① 信息公开。公开信息通过影响消费者而使企业增加收益,减少无知的个人行为,并且激励企业改善生产流程。因此,政府应鼓励企业主动公开新建项目环境影响评价、污染物排放、治污设施的运行情况等环境信息,接受社会监督。而对重污染行业,则应实行企业环境信息强制公开制度。环境质量的好坏直接影响社会公众的安全和利益,各国的经验表明,经过合理引导,公众会成为针对环境破坏行为的巨大监督力量和抵制力量,同时也会成为促进政府加强环境投入、提高环境标准的重要推动力。

② 开展可持续发展的教育和研究活动。目前人们对生态系统的结构和变化还没有完全了解,在环境变化领域也还存在许多风险和不确定性,为了推进对这些问题的研究,政府的支持是不可或缺的。同时,对社会公众进行环境教育也离不开政府的支持。

③ 建立公众参与决策的机制。公众参与有助于防止公共权力滥用,纠正决策偏差,是保护环境、促进经济转型的重要基础。要保障公众参与决策的权利,一是需要建立正式的公众参与制度,从法规、工作流程上保障公众参与立法制规、重大行政决策,发展项目的社

会环境评价,使公众参与决策有章可循;二是需要拓宽公众参与渠道,丰富公众参与形式,例如以听证会、座谈会、论证会、立法调查、公开征集意见等多样化的形式吸收公众意见。联合国等国际机构还特别强调应确保妇女、青年、有特殊需求的人群和边缘化社区参与决策。

 专栏 14-2

PPP 吸引私人部门进入环境基础设施投资领域

环境基础设施建设、污染防治、环境修复都需要大量的投入。政府财政资金和社会资本的合作对于满足这些投入需求来说至关重要。PPP 是"public private partnership"的简称,中文含义是"公共民营合作制",主要指为了完成某些有关公共设施、公共交通工具及相关服务项目的建设,公共机构与民营机构签署合同明确双方的权利和义务,达成伙伴关系,以确保这些项目的顺利完成。PPP 兴起于 20 世纪 80 年代初的英国。由于这一模式有助于筹集公共项目建设资金、分担投资风险、提升公共服务质量,在许多国家得到应用。

在财政部和国家发展改革委的主导下,2014 年以来 PPP 在中国得到了迅速的发展(见图 14-6),已初步实现了运营主体企业化、投资主体多元化、设施运行市场化,在弥补基础设施建设和公用事业的资金缺口、提升公共产品与服务质量上发挥了重要作用。

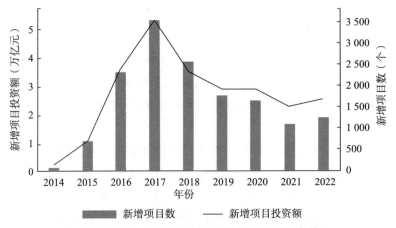

图 14-6 2014—2022 年全国新增项目 PPP 投资情况

环境基础设施建设和生态保护修复是 PPP 的重要投资领域。2021 年,国务院办公厅印发《关于鼓励和支持社会资本参与生态保护修复的意见》,鼓励和支持社会资本参与生态保护修复项目投资、设计、修复、管护等全过程,围绕生态保护修复开展生态产品开发、产业发展、科技创新、技术服务等活动,对区域生态保护修复进行全生命周期运营管护。社会资本可按照市场化原则设立基金,投资生态保护修复项目。对有稳定经营性收入的项目,可以采用 PPP 等模式,地方政府可按规定通过投资补助、运营补贴、资本金注入等方式支持社会资本获得合理回报。据财政部 PPP 中心统计,截至 2021 年 11 月,PPP 管理库内生态建设和环境保护类累计项目数为 961,投资额达到 10 755 亿元,生态建设和环境保护类新入库项目在行业类别中排名第三,新入库项目投资 470 亿元,这些项目有力地支持了国家的生态环境保护工作。[①]

资料来源:作者根据公开资料整理。

---

5. 构建高效的环境治理体系

高效的环境治理体系不仅要求具有可操作性,能达成环境目标,还需要能降低管理成本,具有灵活性,能促进动态效率。为了应对复杂的环境问题,要求在强调政府发挥主导地位的同时,还要重视利用市场经济手段和发挥公众参与的作用,形成政府引导、市场推动、公众广泛参与的更加完善的复合型环境治理体系。从发达国家环境保护发展历程来看,其遏制环境污染已由过去倚重行政手段的命令—控制型政策,逐步转向基于市场的环境经济手段和基于意识转变的自愿手段,综合使用包括财政补助或奖励、税收减免、信贷优惠、排污税、排污权交易、环境认证、自愿协议等政策,构建复合型环境管理体系。

小　结

经济增长是消除贫困、增进人们的福利水平的必由之路。传统的经济增长模式长期来看是不可持续的。可持续发展是一个内涵丰富的概念,它要求在自然资本可持续的前提下实现经济增长,为后代保留发展的能力。要实现可持续发展,需要从传统经济增长转向绿色增长,向绿色增长转变需要政府的积极推动和引导。

进一步阅读

1. 联合国开发计划署.中国人类发展报告 2002:绿色发展 必选之路[M].北京:中国财政经济出版社,2002.

2. 诺德豪斯.绿色经济学[M]. 李志青,等,译. 北京:中信出版社,2022.

3. 皮尔斯,等.绿色经济的蓝图[M]. 何晓军,译. 北京:北京师范大学出版社,1996.

4. 世界环境与发展委员会.我们共同的未来[M].王之佳,等,译. 长春:吉林人民出版社,1997.

5. Boulding K E. The economics of the coming spaceship earth[EB/OL].[2024-10-17]. http://www.researchgate.net/profile/Vanessa_Prieto-Sandoval/post/Any_recommended_publication_in_circular_economy/attachment/59d6342879197b8077991d98/AS%3A378206717792257%401467182916101/download/Boulding_SpaceshipEarth_Cowboy.pdf.

6. UNDESA. A guidebook to the green economy issue 1: Green economy, green growth,

---

① 董战峰,等.中国环境经济政策发展报告 2021[M].北京:中国环境出版集团,2022:119.

and low-carbon development history, definitions and a guide to recent publications [EB/OL]. [2024 - 10 - 17]. https://sustainabledevelopment. un. org/index. php? page = view&type = 400&nr = 634.

7. UNEP. Decoupling natural resource use and environmental impacts from economic growth [EB/OL]. [2024 - 10 - 17]. https://sustainabledevelopment. un. org/index. php? page = view&type = 400&nr = 151.

思考题

1. 你如何理解可持续发展？
2. 可以从哪些方面建立向绿色经济转型的政策支持体系？

第 15 章 中国的环境治理和生态文明建设

【学习目标】

• 了解中国环境治理体系的发展和现行框架
• 了解中国生态环境保护的督政机制

中国的环境治理体系始建于 20 世纪 70 年代,经过不断发展,已形成了包括多类环境政策工具、既监督污染者也监督政府的复合治理系统。在新发展阶段,中国贯彻新发展理念、大力推进生态文明体制改革,取得了显著的成效。

15.1 中国环境治理体系的发展

20 世纪 70 年代初,在联合国人类环境会议的推动下,中国的环境保护开始起步。1973 年第一次全国环境保护会议颁布的《关于保护和改善环境的若干规定(试行草案)》是首个具有法律性质的环保文件。1974 年成立"国务院环境保护领导小组办公室"。此后,国家级环境行政机构经 4 次调整后不断升格,生态环保职能逐步健全,环境监管力度不断提升:1982 年"国务院环境保护领导小组办公室"与其他部门合并组建"城乡建设环境保护部",1988 年设置"国家环境保护局",1998 年将"国家环境保护局"升格为"国家环境保护总局",2008 年组建"生态环境保护部",确立了污染防治、生态保护、核与辐射安全监管三大职能领域,重点强化了生态环境制度制定、监测评估、监督执法和督察问责,启动和推进了省以下环保机构监测监察执法垂直管理改革。

全国人民代表大会是我国的立法机构,其下设的"环境与资源保护委员会"负责防治环境污染、生态环境保护、自然资源保护的立法与监督工作。生态环境部是政府管理环境的行政机关,统一行使生态和城乡各类污染排放监管与行政执法职责,有内设机构 21 个,下设 6 个区域督察局,七大流域(长江、黄河、淮河、海河、珠江、松辽、太湖流域)生态环境监督管理局(与水利部双重领导的生态环境部派出机构)。各省市自治区和计划单列市建有生态环境保护厅;各省辖市、地区及县、县级市建有生态环境保护局或专职机构,负责领导当地的环保工作。地方生态环境保护机构一般受当地政府和上一级生态环境保护局的双重领导。自然资源是生态环境的一部分,自然资源的管理和保护由生态环境部和自然资源部、水利部等部门共同管理。

1973—2023 年,为制定、贯彻环境保护方针政策,研究在经济发展中产生的生态环境问题,加强环境管理和保护环境,我国先后召开了九次全国环境保护大会。1973 年第一次大会通过了《关于保护和改善环境的若干规定（试行草案）》，确定了"全面规划、合理布局、综合利用、化害为利、依靠群众、大家动手、保护环境、造福人民"的"32字方针"，这是我国第一个关于环境保护的战略方针。1983年第二次大会将环境保护确定为我国的基本国策，提出环境是重要的发展资源，良好的环境本身就是稀缺资源，要坚持在发展中保护、在保护中发展的思想。2012年党的十八大以来，生态文明建设被纳入中国特色社会主义事业**"五位一体"总体布局**①。2018年第八次大会（会议名称更改为"全国生态环境保护大会"）要求加大力度推进生态文明建设、解决生态环境问题，坚决打好污染防治攻坚战，推动中国生态文明建设迈上新台阶。2023年第九次大会总结了过去十年生态文明建设的成就，要求全面推进美丽中国建设实践、扎实推动绿色低碳高质量发展、深入打好污染防治攻坚战、切实维护生态环境安全、严格核与辐射安全监管，加快推进人与自然和谐共生的现代化。

以环境保护战略政策历史演进为主线，可将中华人民共和国成立以来的生态环境保护政策历史变迁与发展划分为五个阶段：②

① 非理性战略探索阶段（1949—1971年）；

② 建立环境保护三大政策和八项管理制度的环境保护基本国策（1972—1991年）；

③ 强化重点流域、区域污染治理的可持续发展战略（1992—2000年）；

④ 控制污染物排放总量、推进生态环境示范创建的环境友好型战略（2001—2012年）；

⑤ 推进环境质量改善和"美丽中国"建设的生态文明战略（2013年至今）。

《中华人民共和国环境保护法》确定"一切单位和个人都有保护环境的义务"。环境质量和环境问题会影响每一个国民，生态文明建设也不是仅依靠政府机制就能完成的任务，而是需要动员全社会的力量。环境治理不同于以政府为主角的环境管理，它需要政府、市场、公民等多个主体参与，通过协调各方利益和联合行动，预防和解决环境问题，化解由环境问题引起的社会矛盾，实现生态环境的可持续发展。

2020年，中共中央办公厅、国务院办公厅印发了《关于构建现代环境治理体系的指导意见》，要求坚持党的领导、多方共治、市场导向、依法治理的基本原则，建立健全环境治理的领导责任体系、企业责任体系、全民行动体系、监管体系、市场体系、信用体系、法律法规政策体系，形成导向清晰、决策科学、执行有力、激励有效、多元参与、良性互动的现代环境治理体系。

2024年中共中央发布的《关于进一步全面深化改革 推进中国式现代化的决定》也特别提出，健全生态环境治理体系是深化生态文明体制改革的重要组成部分。要求推进生态环境治理责任体系、监管体系、市场体系、法律法规政策体系建设，完善精准治污、科学治污、依法治污制度机制，落实以排污许可制为核心的固定污染源监管制度，建立新污染

---

① "五位一体"总体布局指全面推进经济建设、政治建设、文化建设、社会建设、生态文明建设。其中生态文明建设强调人与自然的和谐共生，推动可持续发展和环境保护。

② 王金南，等. 中国环境保护战略政策70年历史变迁与改革方向[J]. 环境科学研究，2019，32（10）：1636-1644.

物协同治理和环境风险管控体系,推进多污染物协同减排,深化环境信息依法披露制度改革,构建环境信用监管体系,推动重要流域构建上下游贯通一体的生态环境治理体系,全面推进以国家公园为主体的自然保护地体系建设。

15.2　中国环境治理体系的框架

按照"保护优先、预防为主、综合治理、公众参与、损害担责"的原则,我国发展了八项基本环境管理制度,并在此基础上建立了环境治理体系。

1989 年第三次全国环境保护会议形成了环境保护的"三大政策":坚持预防为主、谁污染谁治理、强化环境管理。这三大政策旨在通过预防和治理相结合的方式,明确污染者的责任,并加强环境管理,以确保环境保护与经济发展同步推进。此后,随着社会经济发展,生态环境保护的重心发生变化,环境政策的内容和实施方式经历了调整和完善,但这三大政策一直是指导生态环境保护工作的重要原则。

通过学习引进国外先进的手段并将其与中国的国情相结合,中国发展了八项基本环境管理制度,包括所谓的"老三项"管理制度和"新五项"管理制度。

"老三项"管理制度包括:

① **环境影响评价制度**。即对规划和建设项目实施后可能造成的环境影响进行分析、预测和评估,提出预防或者减轻不良环境影响的对策和措施,并进行跟踪监测的方法与制度。1969 年美国的《国家环境政策法》首先将坏境影响评价作为一项法律制度确定下来,此后为各国所效仿。1979 年的《中华人民共和国环境保护法(试行)》对执行环境影响评价制度进行了明确规定,标志着这一制度在中国的正式建立。如今环境影响评价作为一项重要的环境管理手段,对防止环境污染和生态破坏、提高决策和规划质量、协调经济与环境的关系发挥着重要作用。按照现行《中华人民共和国环境保护法》和《中华人民共和国环境影响评价法》的规定,编制有关开发利用规划,建设对环境有影响的项目,应当依法进行环境影响评价。未依法进行环境影响评价的开发利用规划,不得组织实施;未依法进行环境影响评价的建设项目,不得开工建设。

② **"三同时"制度**。建设项目中防治污染的设施,应当与主体工程同时设计、同时施工、同时投产使用。防治污染的设施应当符合经批准的环境影响评价文件的要求,不得擅自拆除或者闲置。这一制度与环境影响评价制度相配合,体现了"预防为主"的环境保护思路。

③ **排污收费制度**。对排放污染物的单位或个人收取费用,以激励减少污染排放。2018 年,排污收费制度整体改变为环境保护税。

"新五项"管理制度包括:

① **环境保护目标责任制**。《中华人民共和国环境保护法》规定,国家实行环境保护目标责任制和考核评价制度。县级以上人民政府应当将环境保护目标完成情况纳入对本级人民政府负有环境保护监督管理职责的部门及其负责人和下级人民政府及其负责人的考核内容,作为对其考核评价的重要依据。考核结果应当向社会公开。环境保护目标责任

制用目标化、定量化及制度化的管理方法,把环保工作从软任务变成硬指标,也增加了环保工作的透明度,有力促进环保工作落在实处。

② **城市环境综合整治定量考核制度**。定量考核对象是各城市人民政府,考核重点是城市环境质量、环境基础设施建设、污染防治工作和公众对环境的满意率等。"十一五"和"十二五"时期,原国家环保总局在对 113 个环境保护重点城市考核的基础上,组织了对全国所有设市城市的全面"城考"工作。

③ **排污许可证制度**。按照 2024 年发布的《排污许可管理办法》,生态环境主管部门对排污单位的大气污染物、水污染物、工业固体废物、工业噪声等污染物排放行为实行综合许可管理。依照法律规定实行排污许可管理的排污单位,应当依法申请取得排污许可证,并按照排污许可证的规定排放污染物;未取得排污许可证的,不得排放污染物。生态环境主管部门根据污染物产生量、排放量、对环境的影响程度等因素,对企业事业单位和其他生产经营者实行排污许可重点管理、简化管理和排污登记管理。对未取得排污许可证排放污染物、不按照排污许可证要求排放污染物、未按规定填报排污登记表等违反排污许可管理的行为,依照相关法律法规有关规定进行处理。

④ **污染限期治理制度**。指对污染严重、危害较大、群众反映强烈的污染源,由法定的政府机关做出决定,限定在一定期限内对污染进行治理,并达到规定的治理要求的强制性措施。我国曾于 2009 年发布《限期治理管理办法（试行）》。2014 年《中华人民共和国环境保护法》对污染治理做出更严格的规定,将"限期治理"更改为"企业事业单位和其他生产经营者超过污染物排放标准或者超过重点污染物排放总量控制指标排放污染物的,县级以上人民政府环境保护主管部门可以责令其采取限制生产、停产整治等措施;情节严重的,报经有批准权的人民政府批准,责令停业、关闭。"由于被新法规取代,《限期治理管理办法（试行）》随后废止。

⑤ **污染集中控制制度**。指在一定区域,建立集中的污染处理设施处理污染物。集中处理可以节省环保投资,提高处理效率,又便于采用先进工艺,实现污染处理的规模效应,有显著的社会、经济、环境效益。

在环境形势变化和经济发展的背景下,中国环境管理制度也不断调整完善,推出了一些行之有效的新政策。主要有:

"三线一单"生态环境分区管控政策。"三线一单"是指生态保护红线、环境质量底线、资源利用上线和生态环境准入清单。具体来说,**生态保护红线**是指在生态空间范围内具有特殊重要生态功能、必须强制性严格保护的区域;**环境质量底线**是指结合环境质量现状和相关规划、功能区划要求,确定的分区域分阶段环境质量目标及相应的环境管控、污染物排放控制等要求;**资源利用上线**是以保障生态安全和改善环境质量为目的,结合自然资源开发管控,提出的分区域分阶段的资源开发利用总量、强度、效率等上线管控要求;**生态环境准入清单**是指基于环境管控单元,统筹考虑"三线"的管控要求,提出的空间布局、污染物排放、环境风险、资源开发利用等方面禁止和限制的环境准入要求。

2017 年,原环境保护部在连云港、济南等城市试点开展以"三线一单"为核心的生态环境分区管控研究,经试点后在全国推开。2021 年完成省、市两级生态环境分区管控方案编制、发布和实施。到 2024 年,生态环境分区管控体系已基本建立,全国共划定了优先保护、重点管控、一般管控三类单元共 44 604 个,并且做到"一单元一准入清单"。这一政策加强生态环境源头防控,推进了生态环境保护的精细化管理,是落实生态优先、绿色发展的重要政策。

绿色信贷政策。指对不符合产业政策和环境违法的企业和项目进行信贷控制,通过金融杠杆实现环保调控的政策。为了遏制高耗能高污染产业的盲目扩张,原国家环保总局、人民银行、银监会三部门于 2007 年联合发布《关于落实环境保护政策法规防范信贷风险的意见》,要求对不符合产业政策和环境违法的企业和项目进行信贷控制,商业银行要将企业环保守法情况作为审批贷款的必备条件之一。2012 年,银监会出台《绿色信贷指引》细化了绿色信贷政策条目,对银行信贷的组织管理、制度建设、过程管理、内部控制管理、监督检查等方面做出了明确的规定,要求银行业金融机构建立和实施环境和社会风险管理政策、体系和程序并持续改进,明确绿色信贷的支持方向和关键领域,制定具有重大环境和社会风险限制类别的行业的特殊信贷准则,实行差异化、动态的信贷政策。2014 年,银监会办公厅印发《绿色信贷实施情况关键评价指标》,继续指导银行业金融机构进一步更好地推进绿色信贷工作从而引导绿色信贷政策落到实处。

在绿色信贷政策的基础上,中国人民银行等七部门于 2016 年发布《关于构建绿色金融体系的指导意见》,要求通过创新性金融制度安排,引导和激励更多社会资本投入绿色产业,同时有效抑制污染性投资。对绿色信贷、绿色基金、绿色保险、绿色债券等绿色金融产品都进行了相应的规划和指导,为中国的绿色金融发展做出了顶层设计。

环境信息公开制度。指为了便于公众参与和监督,政府、企业及其他社会行为主体向公众通报和公开各自的环境行为。《中华人民共和国环境保护法》设立了"信息公开和公众参与"一章,明确规定重点排污单位有义务如实向社会公开详细的环境信息,接受社会监督。2021 年,生态环境部在修订前期相关规定的基础上发布了《企业环境信息依法披露管理办法》,明确环境信息强制性披露主体,规定了环境信息强制性披露内容和披露形式,进一步规范了企业环境信息依法披露工作,要求企业按照准则编制年度和临时环境信息依法披露报告,并上传至企业环境信息依法披露系统。

生态环境示范创建和评比制度。2001 年以来,我国开展了各类生态环境保护示范创建工作,在全国形成了生态省(市、县)、环境优美乡镇、生态村的生态示范系列创建体系,还开展了环境保护模范城市、节约型机关、绿色学校创建、绿色社区的创建和评选活动。示范对倡导绿色环保理念发挥了重要作用,为社会各界的环境保护工作提供了标杆示范。"十四五"以来,国家又提倡在节能降碳、节水降耗领域开展"领跑者"评选活动。各类"领跑者"的入围采用组织自愿申报、专家评审、社会公示等方式。政府有关部门制定激励和表彰政策,鼓励能效"领跑者"产品的技术研发、宣传和推广。入围产品的生产企业可以在品牌宣传、产品营销中使用"领跑者"标志。

经过不断发展完善,我国建立了包括命令—控制型政策、经济手段、自愿手段、社区和公众参与的复合环境治理体系(见表 15-1)。

表 15-1　中国环境治理体制和政策框架

命令—控制型政策	经济手段	自愿手段	社区和公众参与
环境影响评价	环境保护税	环境标志体系	环境信息公开制度
"三同时"制度	排污权交易	环境认证	环保宣传行动
污染集中控制	补贴	清洁生产计划	非政府环保团体
排污许可证制度	绿色信贷政策	生态工业园区	环境教育
城市环境综合整治定量考核	生态补偿	节能自愿协议	
"三线一单"	政府绿色采购	示范创建和先进评比	

 专栏 15-1

绿色债券与碳中和债券

绿色债券是中国绿色金融体系的重要组成部分,指募集资金专门用于支持符合规定条件的绿色产业、绿色项目或绿色经济活动,依照法定程序发行并按约定还本付息的有价证券,包括普通绿色债券、碳收益绿色债券、绿色项目收益债券和绿色资产支持债券(见图 15-1)。相比于普通债券,绿色债券主要在四个方面具有特殊性:债券募集资金的用途、绿色项目的评估与选择程序、募集资金的跟踪管理以及要求出具相关年度报告等。2021 年,中国人民银行等部门发布了新版的《绿色债券支持项目目录》,将绿色项目分为节能环保产业、清洁生产产业、清洁能源产业、生态环境产业、基础设施绿色升级、绿色服务六大类。该目录是界定和遴选符合各类绿色债券支持和适用范围的绿色项目和绿色领域的专业性目录清单,为各类型绿色债券的发行主体募集资金、投资主体进行绿色债券资产配置、管理部门加强绿色债券管理和出台绿色债券激励措施等提供了统一界定标准和重要依据。2023 年,中国在境内及离岸市场发行了总额为 0.94 万亿元人民币(约 1 312.5 亿美元)的绿色债券。[1] 这些债券以中长期为主,有助于为绿色低碳项目提供长期限、低成本资金。

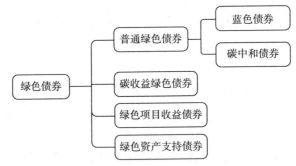

图 15-1　中国的绿色债券分类

资料来源:绿色债券标准委员会.中国绿色债券原则[EB/OL].[2024-10-17].www.nafmii.org.cn/ggtz/gg/202207/P020220801631427094313.pdf.

---

[1]　2023 年中国可持续债券市场报告[EB/OL].(2024-05-23)[2024-10-18].https://finance.sina.com.cn/stock/stockzmt/2024-05-23/doc-inawefqy2645501.shtml.

碳中和债券是绿色债券的一种。指募集资金专项用于具有碳减排效益的绿色项目,通过专项产品持续引导资金流向绿色低碳循环领域,助力实现碳中和愿景的有价证券。碳中和债券的募集资金应全部专项用于清洁能源、清洁交通、可持续建筑、工业低碳改造等绿色项目的建设、运营、收购及偿还绿色项目的有息债务。项目需符合《绿色债券支持项目目录》或国际绿色产业分类标准,且聚焦于低碳减排领域。据中诚信统计,截至 2023年年底,国内共累计发行 448 只碳中和债券,发行规模共 6 385.43 亿元,占整体绿色债券同期发行数量及规模比例分别为 30.81%、27.70%。[①] 碳中和债券不仅为企业提供了低成本资金,还在引导产业结构、能源结构向绿色低碳转型中发挥了积极作用。

资料来源:作者根据公开资料整理。

15.3　中国生态环境保护的督政机制

《中华人民共和国环境保护法》明确规定"地方各级人民政府应当对本行政区域的环境质量负责""县级以上人民政府应当将环境保护工作纳入国民经济和社会发展规划"。环境保护目标责任制是中国八项基本环境管理制度的核心。党的十八大以来的生态文明建设时期,国家出台和加强了生态文明建设综合评价考核和中央生态环境保护督察制度,强调"党政同责"[②],建立了领导干部自然资源资产离任审计和生态环境损害终身追责制度。这些制度建设将生态环境保护目标责任确定在具体机构和领导者身上,有关部门把环保目标纳入经济社会发展评价范围和干部政绩考核,强化了环境保护目标责任制和对地方政府的监督。

15.3.1　生态文明建设目标评价考核

自"十一五"以来,我国开始在国民经济和社会发展五年规划纲要中设立约束性环境保护指标,并对规划指标完成情况进行考核(见附录 2)。"十一五"规划制定了节能减排约束性指标,要求省级人民政府每年向国务院报告节能减排目标责任的履行情况,但当时问责的力度不大,对地方政府的行为影响有限。

2016 年,中共中央办公厅和国务院办公厅印发《生态文明建设目标评价考核办法》,将生态环境指标纳入领导干部的综合目标责任制考核,采取评价和考核相结合的方式,实行"一年一评价、五年一考核"。其中,年度评价按照绿色发展指标体系实施,主要评估各地区资源利用、环境治理、环境质量、生态保护、增长质量、绿色生活、公众满意程度等方面的变化趋势和动态进展,生成各地区绿色发展指数。五年考核的内容主要包括国民经济和

---

① 2023 年国内碳中和债券市场年报[EB/OL]. (2024-01-24)[2024-10-18]. https://mp.weixin.qq.com/s?__biz=MzUyNjM4Nj c5Ng==&mid=2247556782&idx=3&sn=5ec0047a2498dce9faed32a4381b496c&chksm=fa0dcdadcd7a44bbe07d7c7b3eff0c 1d7b68b9f944ceb98440840e9c38c283ac5db95086f56a&scene=27#.

② 党政同责指从中央到地方各级党委和政府,在环境管理或监管方面都同样承担职责。

社会发展规划纲要中确定的资源环境约束性指标,以及中共中央、国务院部署的生态文明建设重大目标任务完成情况,突出公众的获得感。国家发展改革委等部门制定了《生态文明建设考核目标体系》,从资源利用、生态环境保护、年度评价结果、公众满意程度、生态环境事件等五个类别确立了考核子目标。考核结果划分为优秀、良好、合格、不合格四个等级,考核结果是党政领导干部综合评价和奖惩任免的重要依据。

生态文明建设目标评价考核增加了政府部门和工作人员工作的方向性和积极性,能加快中央决策部署落实和各项政策措施落地,推动经济结构转型和民众绿色生活方式的转变,为达成生态文明建设目标提供更完善的制度保障。有学者发现,将环境绩效纳入官员考核后,面临环境目标约束的地方政府,会更努力加强环境规制,调整产业政策和财政支出结构,促进产业转型升级。[①]

15.3.2　中央生态环境保护督察制度

《中华人民共和国环境保护法》规定地方政府为其行政区域内的环境质量负责。但在实践中,一些地方政府担心环境保护会损害地方经济增长和税收利益,不愿落实中央环境管理政策。同时,由于地方环境管理部门受同级政府领导,没有独立的环境执法权,使得许多地方的环境违法行为长期存在。为了打破地方环保行政执法监察的条块分割状态,2006年,原国家环保总局先后组建了华东、华南、西北、东北、华北等区域环保督察中心,初步形成了由环保部环境监察局、应急中心和区域环保督察中心构成的国家环境监察体系。2015年,《环境保护督察方案(试行)》出台,明确建立环保督察机制,提出环境保护"党政同责""一岗双责"。地方党委将与政府一道接受监督,督察内容从"督企"发展为"督政"。

2016年,中共中央、国务院开始推行中央环境保护督察。对于督查中发现的问题,督查组对有关人员进行约谈[②],对问题项目进行责令整改、立案处罚、立案侦查等处理,对问题人员处以刑事拘留、问责等处罚。这些监管措施将环境保护问责提到一个新的高度,推动地方政府将污染物总量控制、环境质量等指标纳入政府绩效考核,在促进生态环境整体好转上发挥重要作用。2019年,中共中央办公厅、国务院办公厅印发了《中央生态环境保护督察工作规定》,规定中央生态环境保护督察实施规划计划管理,包括例行督察、专项督察和"回头看"三个部分,规范了生态环境保护督察工作。2021年,中央生态环境保护督察办公室又印发实施了《生态环境保护专项督察办法》,进一步明确了专项督察工作的对象和重点,规范了专项督察的程序和权限,严格规定了专项督察纪律。有学者发现中央生态环境保护督察显著降低了空气污染水平。[③]

①　余泳泽,孙鹏博,宣烨.地方政府环境目标约束是否影响了产业转型升级?[J].经济研究.2020,55(8):57-72.

②　按2020年发布的《生态环境部约谈办法》界定,约谈是生态环境部约见未依法依规履行生态环境保护职责,或履行职责不到位的地方人民政府及其相关部门负责人,或未落实生态环境保护主体责任的相关企业负责人,指出相关问题、听取情况说明、开展提醒谈话、提出整改建议的一种行政措施。

③　王岭,刘相锋,熊艳.中央环保督察与空气污染治理:基于地级城市微观面板数据的实证分析[J].中国工业经济,2019,10:5-22.

15.3.3　领导干部自然资源资产离任审计制度

2017 年,中共中央办公厅、国务院办公厅出台了《领导干部自然资源资产离任审计规定(试行)》(以下简称《规定》)。按照《规定》,领导干部离任时,审计机关依法依规对主要领导干部任职期间履行自然资源资产管理和生态环境保护责任情况进行审计。审计内容包括领导干部贯彻执行中央生态文明建设方针政策和决策部署情况,遵守自然资源资产管理和生态环境保护法律法规情况,自然资源资产管理和生态环境保护重大决策情况,达成自然资源资产管理和生态环境保护目标情况,履行自然资源资产管理和生态环境保护监督责任情况,组织自然资源资产和生态环境保护相关资金征用和项目建设运行情况,以及履行其他相关责任情况。

按照《规定》,在对自然资源资产进行审计时,应充分考虑被审计领导干部所在地区的主体功能定位、自然资源资产禀赋特点、资源环境承载能力等,针对不同类别自然资源资产和重要生态环境保护事项,分别确定审计内容,突出审计重点。审计机关结合审计结果,对被审计领导干部任职期间自然资源资产管理和生态环境保护情况变化产生的原因进行综合分析,客观评价被审计领导干部履行自然资源资产管理和生态环境保护责任情况。被审计领导干部及其所在地区、部门(单位),对审计发现的问题应当及时整改。一些实证研究发现,自然资源资产离任审计制度促进了审计试点地区的污染治理。[1][2]

 专栏 15-2

主体功能区

主体功能是指各地区所具有的、代表该地区的核心功能。这些功能是由地区的资源环境条件和社会经济基础所决定的,也是更高层级的区域所赋予的。**主体功能区**大致可分为以提供工业品和服务产品为主体功能的城市化地区,以提供农产品为主体功能的农业地区,以及以提供生态产品为主体功能的生态地区等。

根据《中华人民共和国国民经济和社会发展第十一个五年规划纲要》,全国国土空间被划分为四大类主体功能区:

优化开发区域:国土开发密度已经较高,资源环境承载能力开始减弱的区域。

重点开发区域:资源环境承载能力较强、经济和人口集聚条件较好的区域。

限制开发区域:资源承载能力较弱、大规模集聚经济和人口条件不够好并关系到全国或较大区域范围生态安全的区域。

禁止开发区域:依法设立的各类自然保护区域。

---

①　张琦,谭志东.领导干部自然资源资产离任审计的环境治理效应[J].审计研究,2019,1:16-23.
②　黄溶冰,赵谦,王丽艳.自然资源资产离任审计与空气污染防治:"和谐锦标赛"还是"环保资格赛"[J].中国工业经济,2019,10:23-41.

2011 年国家发布《全国主体功能区规划》，根据不同区域的资源环境承载能力、现有开发强度和发展潜力，统筹谋划人口分布、经济布局、国土利用和城镇化格局，确定不同区域的主体功能，并据此明确开发方向，完善开发政策，控制开发强度，规范开发秩序，逐步形成人口、经济、资源环境相协调的国土空间开发格局。针对主体功能区的不同定位，实行不同的绩效评价指标和政绩考核办法：

优化开发区域要强化经济结构、资源消耗、自主创新等的评价，弱化经济增长的评价；

重点开发区域要对经济增长、质量效益、工业化和城镇化水平以及相关领域的自主创新等实行综合评价；

限制开发区域要突出生态建设和环境保护等的评价，弱化经济增长、工业化和城镇化水平的评价；

禁止开发区域主要评价生态建设和环境保护。

2024 年，国家出台《关于加强生态环境分区管控的意见》，要求充分尊重自然规律和区域差异，全面落实主体功能区战略，对不同主体功能区的生态环境，实施分区域差异化精准管控。严守生态保护红线、环境质量底线、资源利用上线，科学指导各类开发保护建设活动。

资料来源：作者根据公开资料整理。

15.3.4　生态环境损害责任追究制度

自然资源资产量的变化可以在领导干部离任时显现出来，但生态环境损害的显现往往有滞后性。为了全面评估领导干部在任期中的工作对环境的影响，2015 年，中共中央办公厅、国务院办公厅印发了《党政领导干部生态环境损害责任追究办法（试行）》。在环境保护领域实施"党政同责、一岗双责"，对各岗位领导干部的应被追责的情形进行了详细的规定，确定实行生态环境损害责任终身追究制。这一制度要求党委及其组织部门在地方党政领导班子成员选拔任用工作中，应当按规定将资源消耗、环境保护、生态效益等情况作为考核评价的重要内容，对在生态环境和资源方面造成严重破坏负有责任的干部不得提拔使用或者转任重要职务。这一制度强化了党政领导干部对生态环境和资源保护的责任感，确保他们在决策和执行过程中更加谨慎，避免对环境造成不可逆的损害。

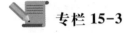

专栏 15-3

河湖长制

河湖长制是由各级党政负责同志担任河湖长，负责组织领导相应河湖治理和保护的制度。河湖长的工作任务主要包括加强水资源保护、水域岸线管理保护、水污染防治、水环境治理、水生态修复、执法监管等。

2003 年，浙江省长兴县在全国率先实行河长制，由时任水利局、环卫处负责人担任河长，对水系开展清淤、保洁等整治行动，水污染治理效果非常明显。2008 年起，浙江省其他地区,如湖州、衢州、嘉兴、温州等地陆续试点推行河长制。2013 年,浙江省出台了《关于全面实施"河长制"进一步加强水环境治理工作的意见》,明确了各级河长是包干河道的第一责任人,承担河道的"管、治、保"职责。

江苏省在河湖长制的建立上也进行了很多探索。2007 年无锡市制定了《无锡市河(湖、库、荡、氿)断面水质控制目标及考核办法(试行)》和《关于对市委、市政府重大决策部署执行不力实行"一票否决"的意见》,安排市党政主要负责人分别担任了 64 条河流的"河长",负责辖区内河流的污染治理。2008 年,江苏省在太湖流域推广"河长制"。之后江苏全省 15 条主要入湖河流已全面实行"双河长制"。每条河由省、市两级领导共同担任"河长","双河长"分工合作,协调解决太湖和河道治理的任务,一些地方还设立了市、县、镇、村的四级"河长"管理体系,实现了对区域内河流的"无缝覆盖",强化了入湖河道水质达标责任。

地方实践显示,河湖长制能够对官员形成有效的压力,调动地方政府履行环境监管职责的执政能力;有利于统筹协调各部门力量,能够在治理水污染、保护水环境上发挥显著作用。2016 年,中央办公厅、国务院办公厅印发了《关于全面推行河长制的意见》,2018 年印发了《关于在湖泊实施湖长制的指导意见》,要求以保护水资源、防治水污染、改善水环境、修复水生态为主要任务,全面推行河长制和湖长制,建立省、市、县、乡四级河长制和湖长制体系,构建责任明确、协调有序、监管严格、保护有力的河湖管理保护机制,为维护河湖健康生命、实现河湖功能永续利用提供制度保障。

在学术界,不少学者对河湖长制的实施效果进行了检验,发现其在不同性质的水污染和不同地区会产生差异性的政策效果。[1][2]

资料来源:作者根据公开资料整理。

15.4　中国生态文明建设

生态文明指在尊重自然、顺应自然、保护自然的基础上,建设人与自然和谐共生的社会发展模式。

为了满足人民日益增长的物质文化需要和对美好生活的向往,中国有经济发展和保护环境的内在需求,在绿色增长和可持续发展理念形成早期就积极引入并开展实践。1992 年,联合国召开的环境与发展大会通过了《21 世纪议程》。会后我国发布了《环境与发展十大对策》,在中国提出实行持续发展战略促进经济和环境的协调发展。1994 年,发布了《中国 21 世纪议程》,制定了中国实施可持续发展战略的国家行动计划和措施。在新

[1]　沈坤荣,金刚.中国地方政府环境治理的政策效应:基于"河长制"演进的研究[J].中国社会科学,2018,5:92-115+206.

[2]　王班班,莫琼辉,钱浩祺.地方环境政策创新的扩散模式与实施效果:基于河长制政策扩散的微观实证[J].中国工业经济,2020,8:99-117.

发展阶段,社会生产能力有了巨大提升,但仍存在不平稳不充分问题,资源约束趋紧,环境污染严重,生态系统退化,发展与人口资源环境之间的矛盾仍然突出,成为经济社会可持续发展的重大瓶颈制约。在此背景下,国家推进绿色发展、循环发展、低碳发展,密集出台和更新相关政策,大力开展生态文明建设。

15.4.1 新发展理念

2015 年,党的十八届五中全会提出"创新、协调、绿色、开放、共享"的**新发展理念**。对这些发展理念的解读如下:[①]

——创新发展注重的是解决发展动力问题。我国创新能力不强,科技发展水平总体不高,科技对经济社会发展的支撑不足,科技对经济增长的贡献率远低于发达国家水平,因此要求鼓励创新,促进科技进步。

——协调发展注重的是解决发展不平衡问题。我国发展的不平衡不协调是一个长期存在的问题,突出表现在区域间、城乡、经济和社会、物质文明和精神文明、经济建设和国防建设等关系上。在经济发展水平落后的情况下,一段时间的主要任务是要跑得快,但跑过一定路程后,就要注意调整关系,注重发展的整体效能,否则"木桶"效应就会愈加显现,社会矛盾会不断加深。

——绿色发展注重的是解决人与自然和谐问题。我国资源约束趋紧、环境污染严重、生态系统退化的问题仍比较严峻,人民群众对清新空气、干净饮水、安全食品、优美环境的要求越来越强烈,因此需要将发展建立在节约资源、保护环境的基础上。

——开放发展注重的是解决发展内外联动问题。现在的问题不是要不要对外开放,而是如何提高对外开放的质量和发展的内外联动性。我国对外开放水平总体上还不够高,用好国际国内两个市场、两种资源的能力还不够强,应对国际经贸摩擦、争取国际经济话语权的能力还比较弱,运用国际经贸规则的本领也不够强,需要加快弥补。

——共享发展注重的是解决社会公平正义问题。我国经济发展的"蛋糕"不断做大,但分配不公问题比较突出,收入差距、城乡区域公共服务水平差距较大。在共享改革发展成果上,无论是实际情况还是制度设计,都还有不完善的地方,需要加强相关机制建设。

新发展理念相互贯通、相互促进,形成有机的总体。创新是引领发展的第一动力,协调是持续健康发展的内在要求,绿色是永续发展的必要条件和人民对美好生活追求的重要体现,开放是国家繁荣发展的必由之路,共享是中国特色社会主义的本质要求。新发展理念是一个系统的理论体系,回答了关于发展的目的、动力、方式、路径等一系列理论和实践问题,阐明了关于发展的政治立场、价值导向、发展模式、发展道路等重大政治问题,这是关系我国发展全局的一场深刻变革。经济社会发展必须遵循坚持新发展理念的原则,

---

① 新发展理念就是指挥棒、红绿灯[EB/OL].(2017-08-02)[2024-10-17]. http://www.scio.gov.cn/31773/31774/31779/Document/1560248/1560248.htm.

把新发展理念完整、准确、全面贯彻到经济社会发展全过程和各领域,构建新发展格局,切实转变发展方式,推动质量变革、效率变革、动力变革,实现更高质量、更有效率、更加公平、更可持续、更为安全的发展。[①]

15.4.2　"两山"理论

"两山"理论是习近平生态文明思想的核心理念。2005 年,习近平总书记在浙江省湖州市安吉县余村考察工作时首次提出这一理论:"我们过去讲,既要绿水青山,又要金山银山。其实,绿水青山就是金山银山。"之后他撰文提出了绿水青山成为金山银山的途径:"生态环境优势转化为生态农业、生态工业、生态旅游等生态经济的优势,那么绿水青山也就变成了金山银山。"2013 年,习近平总书记在哈萨克斯坦纳扎尔巴耶夫大学回答学生问题时再次强调:"我们既要绿水青山,也要金山银山。宁要绿水青山,不要金山银山,而且绿水青山就是金山银山。"此后他又多次在国内外阐述和解释这一思想,论述经济增长和环境保护的关系:"生态环境保护和经济发展不是矛盾对立的关系,而是辩证统一的关系。生态环境保护的成败归根到底取决于经济结构和经济发展方式。发展经济不能对资源和生态环境竭泽而渔,生态环境保护也不是舍弃经济发展而缘木求鱼,要坚持在发展中保护、在保护中发展,实现经济社会发展与人口、资源、环境相协调,使绿水青山产生巨大生态效益、经济效益、社会效益。"这些观点被学术界总结为"两山"理论。"绿水青山就是金山银山"理念也被写入党章,成为统领中国生态文明建设、实现绿色发展的行动纲领。

在"两山"理论中,"金山银山"代表经济发展,而"绿水青山"则代表良好的生态环境。"两山"理论辩证分析了二者间的关系,认为这两个目标可以兼得,但如果二者发生冲突,要把生态环境保护放在优先位置。良好的生态环境是有价值的,可以通过一定的安排使其转化为实在的经济价值,使生态优势变成经济优势。

我国 2010 年发布的《全国主体功能区规划》中,正式提出**生态产品**的概念,将其定义为维系生态安全、保障生态调节功能、提供良好人居环境的自然要素,包括清新的空气、清洁的水源和宜人的气候等,认为生态产品同农产品、工业品和服务产品一样,都是人类生存发展所必需的。"绿水青山"提供的就是生态产品。一些生态产品可以形成市场化的产品和服务,能通过市场交易机制为所有者带来收入,具有显性的经济效益,如优质农产品、休闲旅游服务等。而维系生态安全、保障生态调节功能等服务只具有隐性价值,往往没有市场价格,实现此类生态产品的价值就需要政府参与设计价值实现机制。

我国 2017 年发布《关于完善主体功能区战略和制度的若干意见》,提出要建立健全生态产品价值实现机制。国家将浙江丽水、江西抚州等地区设定为生态产品价值实现机制试点,鼓励其在体制机制方面进行积极创新,探索政府主导、企业和社会各界参与、市场化

---

① "十四五"规划《纲要》名词解释之 4[EB/OL].(2021-12-24)[2024-10-17]. https://www.ndrc.gov.cn/fggz/fz-zlgh/gjfzgh/202112/t20211224_1309253.html.

运作、可持续的生态产品价值实现路径。经过实践,各地探索了生态服务市场交易、生态补偿和转移支付、环境污染责任保险、开发绿色金融产品等转化途径。2021 年中共中央办公厅、国务院办公厅印发了《关于建立健全生态产品价值实现机制的意见》,要求建立生态产品调查监测机制、生态产品价值评价机制、生态产品价值实现推进机制,健全生态产品经营开发机制、生态产品保护补偿机制、生态产品价值实现保障机制。机制建设目标是到 2025 年,生态产品价值实现的制度框架初步形成,比较科学的生态产品价值核算体系初步建立,生态保护补偿和生态环境损害赔偿政策制度逐步完善,生态产品价值实现的政府考核评估机制初步形成,生态产品“难度量、难抵押、难交易、难变现”等问题得到有效解决,保护生态环境的利益导向机制基本形成,生态优势转化为经济优势的能力明显增强。到 2035 年,完善的生态产品价值实现机制全面建立,具有中国特色的生态文明建设新模式全面形成,广泛形成绿色生产生活方式,为基本实现美丽中国建设目标提供有力支撑。

15.4.3　生态文明体制改革

党的十八大报告中写道:“建设生态文明,是关系人民福祉、关乎民族未来的长远大计。”面对资源约束趋紧、环境污染严重、生态系统退化的严峻形势,必须树立尊重自然、顺应自然、保护自然的生态文明理念,把生态文明建设放在突出地位,融入经济建设、政治建设、文化建设、社会建设各方面和全过程。可见,生态文明建设是一项系统工程,需要进行多个领域的体制改革。党的十八大以来,中国加快推进生态文明顶层设计和制度体系建设,构建了生态文明制度体系。

2015 年,中共中央、国务院印发了《关于加快推进生态文明建设的意见》《生态文明体制改革总体方案》,确立了生态文明建设的基本原则,将生态文明体制改制工作的目标确立为:

——构建归属清晰、权责明确、监管有效的自然资源资产产权制度,着力解决自然资源所有者不到位、所有权边界模糊等问题;

——构建以空间规划为基础、以用途管制为主要手段的国土空间开发保护制度,着力解决因无序开发、过度开发、分散开发导致的优质耕地和生态空间占用过多、生态破坏、环境污染等问题;

——构建以空间治理和空间结构优化为主要内容,全国统一、相互衔接、分级管理的空间规划体系,着力解决空间性规划重叠冲突、部门职责交叉重复、地方规划朝令夕改等问题;

——构建覆盖全面、科学规范、管理严格的资源总量管理和全面节约制度,着力解决资源使用浪费严重、利用效率不高等问题;

——构建反映市场供求和资源稀缺程度、体现自然价值和代际补偿的资源有偿使用和生态补偿制度,着力解决自然资源及其产品价格偏低、生产开发成本低于社会成本、保护生态得不到合理回报等问题;

——构建以改善环境质量为导向,监管统一、执法严明、多方参与的环境治理体系,着

力解决污染防治能力弱、监管职能交叉、权责不一致、违法成本过低等问题;

——构建更多运用经济杠杆进行环境治理和生态保护的市场体系,着力解决市场主体和市场体系发育滞后、社会参与度不高等问题;

——构建充分反映资源消耗、环境损害和生态效益的生态文明绩效评价考核和责任追究制度,着力解决发展绩效评价不全面、责任落实不到位、损害责任追究缺失等问题。

经过一段时间的体制改革和制度建设,我国基本形成了一套综合性的生态文明建设战略框架和制度体系。2023 年,中共中央、国务院发布《关于全面推进美丽中国建设的意见》,评估了中国所处的发展阶段和生态文明建设成绩,认为中国经济社会发展已进入加快绿色化、低碳化的高质量发展阶段,生态文明建设仍处于压力叠加、负重前行的关键期,生态环境保护结构性、根源性、趋势性压力尚未根本缓解,经济社会发展绿色转型内生动力不足,生态环境质量稳中向好的基础还不牢固,部分区域生态系统退化趋势尚未根本扭转,美丽中国建设任务依然艰巨。

2024 年发布的《关于进一步全面深化改革 推进中国式现代化的决定》将"深化生态文明体制改革"作为全面深化改革的一部分,提出中国式现代化是人与自然和谐共生的现代化,必须完善生态文明制度体系,协同推进降碳、减污、扩绿、增长,积极应对气候变化,加快完善落实"绿水青山就是金山银山"理念的体制机制。具体来说,需要深化以下三个领域的改革:

——完善生态文明基础体制。实施分区域、差异化、精准管控的生态环境管理制度,健全生态环境监测和评价制度。建立健全覆盖全域全类型、统一衔接的国土空间用途管制和规划许可制度。健全自然资源资产产权制度和管理制度体系,完善全民所有自然资源资产所有权委托代理机制,建立生态环境保护、自然资源保护利用和资产保值增值等责任考核监督制度。完善国家生态安全工作协调机制。编纂生态环境法典。

——健全生态环境治理体系。推进生态环境治理责任体系、监管体系、市场体系、法律法规政策体系建设。完善精准治污、科学治污、依法治污制度机制,落实以排污许可制为核心的固定污染源监管制度,建立新污染物协同治理和环境风险管控体系,推进多污染物协同减排。深化环境信息依法披露制度改革,构建环境信用监管体系。推动重要流域构建上下游贯通一体的生态环境治理体系。全面推进以国家公园为主体的自然保护地体系建设。落实生态保护红线管理制度,健全山水林田湖草沙一体化保护和系统治理机制,建设多元化生态保护修复投入机制。落实水资源刚性约束制度,全面推行水资源费改税。强化生物多样性保护工作协调机制。健全海洋资源开发保护制度。健全生态产品价值实现机制。深化自然资源有偿使用制度改革。推进生态综合补偿,健全横向生态保护补偿机制,统筹推进生态环境损害赔偿。

——健全绿色低碳发展机制。实施支持绿色低碳发展的财税、金融、投资、价格政策和标准体系,发展绿色低碳产业,健全绿色消费激励机制,促进绿色低碳循环发展经济体系建设。优化政府绿色采购政策,完善绿色税制。完善资源总量管理和全面节约制度,健全废弃物循环利用体系。健全煤炭清洁高效利用机制。加快规划建设新型能源体系,完善新能源消纳和调控政策措施。完善适应气候变化工作体系。建立能耗双控向碳排放双控全面转型新机制。构建碳排放统计核算体系、产品碳标识认证制度、产品碳足迹管理体系，健全碳市场交易制度、温室气体自愿减排交易制度，积极稳妥推进碳达峰碳中和。

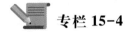 **专栏 15-4**

中国生态文明建设成就

中华人民共和国成立 75 年来，我国持续探索和创新实践统筹经济发展和生态环境保护，生态环境保护政策和制度体系日臻完善，生态环境保护力度持续加大，习近平生态文明思想深入人心，生态环境综合治理不断取得新成效。

一、环境保护工作扎实推进，生态环境状况逐步改善

（一）环境保护投入跨越式增长。20 世纪 80 年代初期，全国环境污染治理投资总额每年为 25 亿～30 亿元，到 80 年代末期年度投资总额已超过 100 亿元。2022 年，投资总额达 9 014 亿元，与 2001 年相比增长 6.7 倍，年均增长 10.2%。其中，城镇环境基础设施建设投资 5 972 亿元，增长 8.1 倍，年均增长 11.1%；当年完成环保验收工业项目环保投资 2 756 亿元，增长 7.2 倍，年均增长 10.5%。

（二）自然生态保护与修复成效明显。自然保护区数量快速增多。我国推进以国家公园为主体、以自然保护区为基础的自然保护地体系建设。截至 2021 年，我国共有国家级自然保护区 474 个，比 2000 年增加 319 个。国家级自然保护区面积 9 821 万公顷，比 2000 年增长 69.2%。森林覆盖率大幅提高。第九次全国森林资源清查（2014—2018 年）结果显示，全国森林面积为 2.2 亿公顷，森林覆盖率达 23.0%，森林蓄积量 175.6 亿立方米。与第一次全国森林资源清查（1973—1976 年）相比，森林面积增加 1.0 亿公顷，森林覆盖率提高 10.3 个百分点，森林蓄积增加 89.0 亿立方米。据《2023 年中国国土绿化状况公报》，2023 年，全国完成造林 399.8 万公顷，种草改良 437.9 万公顷，完成国土绿化任务超 800 万公顷。水土保持工作取得积极成效。20 世纪 90 年代末，全国第二次土壤侵蚀遥感调查显示，我国水土流失总面积已达 356 万平方公里，水土流失形势比较严峻。我国开始加大水土流失防治力度，经过长期不懈努力，党的十八大以来，水土流失状况已经取得明显改善。2011—2023 年，全国水土保持率从 68.9% 提高到 72.6%，中度及以上侵蚀占比由 53.0% 下降到 35.0%。湿地保护取得历史性成就。截至 2022 年，我国共有 64 处国际重要湿地、29 处国家重要湿地、1 021 处省级重要湿地，设立了 901 处国家湿地公园。荒漠化沙化治理成效显著。据第六次全国荒漠化和沙化土地监测结果，荒漠化土地和沙化土地面积已经连续四个监测期保持双缩减。截至 2019 年，荒漠化土地面积为 257.4 万平方公里，沙化土地面积为 168.8 万平方公里；与 1999 年完成的第二次全国荒漠化和沙化土地监测结果相比，荒漠化土地面积减少 10.0 万平方公里，沙化土地面积减少 5.5 万平方公里。

（三）生物多样性保护力度不断加强。据 2021 年《中国的生物多样性保护》白皮书，我国 90%的陆地生态系统类型和 71%的国家重点保护野生动植物物种得到有效保护,生物资源保护成效显现。野生动物栖息地空间不断拓展,种群数量不断增加。2020 年长江十年禁渔实施以来,长江鱼类数量有所回升。

二、污染防治攻坚不断推进,减污治污成效日益彰显

(一)主要污染物防治深入展开,排放总量有效降低。我国自"九五"以来实施污染物排放总量控制制度,有效降低了主要污染物排放总量。"九五"期间,首次制定《污染物排放总量控制计划》,对 12 项污染物指标实行排放总量控制。"十五"期间,我国将主要污染物总量控制指标纳入经济社会发展规划纲要,对二氧化硫、化学需氧量等 6 种主要污染物排放提出控制目标。2010 年,全国二氧化硫排放总量、化学需氧量排放总量比 2005 年分别下降 14.3%和 12.5%,超额完成"十一五"规划目标。"十二五"规划纲要提出化学需氧量、氨氮、二氧化硫、氮氧化物等四项主要污染物排放总量下降 8%至 10%。2015 年,全国化学需氧量排放量、氨氮排放量、二氧化硫排放量、氮氧化物排放量分别比 2010 年下降 12.9%、13.0%、18.0%和 18.6%,超额完成控制目标。2020 年,化学需氧量、氨氮、二氧化硫和氮氧化物排放量分别比 2015 年下降 13.8%、15.0%、25.5%和 19.7%,超额完成"十三五"规划目标。"十四五"规划纲要提出化学需氧量和氨氮排放总量分别下降 8%,氮氧化物和挥发性有机物排放总量分别下降 10%以上。2023 年,化学需氧量、氨氮、氮氧化物、挥发性有机物排放总量同比分别下降 2.0%、7.1%、2.2%、2.1%,排放情况好于"十四五"规划目标时序进度要求。

(二)深入推进蓝天保卫战,空气质量持续改善。2013 年,国务院印发"大气十条",提出了 10 条 35 项综合治理措施,重点行业整治、产业结构调整、能源结构优化、机动车污染治理等全面推行。"十三五"期间,空气质量达标城市明显增加,优良天数比例有所提高。2020 年,PM2.5 未达标地级及以上城市年均浓度达到 37 微克/立方米,累计降低 28.8%,超过"十三五"规划目标 10.8 个百分点。PM10、二氧化硫、二氧化氮、一氧化碳年均浓度均比 2015 年明显下降。全国 337 个地级及以上城市中有 202 个城市环境空气质量达标,占 59.9%,比 2015 年提高 30.5 个百分点。全国地级及以上城市空气质量优良天数比率达到 87.0%,比 2015 年提高 5.8 个百分点,超过"十三五"规划目标 2.5 个百分点。"十四五"时期以来,空气质量继续改善。国务院印发了《空气质量持续改善行动计划》。2023 年,全国地级及以上城市 PM2.5 平均浓度为 30 微克/立方米,优于年度目标约 3.0 微克/立方米。

(三)深入推进碧水保卫战,水质改善明显。中华人民共和国成立以来,国家陆续颁布了《中华人民共和国水污染防治法》《污水综合排放标准》《地表水环境质量标准》等一系列法规和标准,制定并实施重点流域水污染防治计划,发布"水十条",出台《重点流域水污染防治规划(2016—2020 年)》,切实加大水污染防治力度。"十三五"时期,地表水水质总体向好。与 2015 年相比,2020 年地表水 I－Ⅲ类水质断面比例由 66%上升到 83.4%,提高 17.4 个百分点,超过"十三五"规划目标 13.4 个百分点。劣Ⅴ类水质断面比例由 9.7%下降到 0.6%,下降了 9.1 个百分点,超过"十三五"规划目标 4.4 个百分点。河流水质不断改善。2020 年,长江干流历史性实现全Ⅱ类及以上水质。海域海水水质保持平稳向好。

2020 年,近岸海域优良(一、二类)水质面积比例 77.4%,比 2016 年上升 4 个百分点。"十四五"时期以来,地表水环境质量继续向好,重点流域水质改善明显。2023 年,全国地表水 Ⅰ－Ⅲ类水质断面比例为 89.4%,比 2020 年上升 6 个百分点。劣 Ⅴ 类水质断面比例为 0.7%,与 2020 年基本持平。黄河流域水质首次由良好改善为优,海河流域水质由轻度污染改善为良好,松花江流域水质持续改善。长江干流连续 4 年、黄河干流连续 2 年全线水质保持 Ⅱ 类。全国近岸海域水质持续改善,与 2020 年相比,优良(一、二类)水质比例 85.0%,提高 7.6 个百分点,劣四类水质比例 7.9%,降低 1.5 个百分点。

(四)深入推进净土保卫战,土壤污染加重趋势得到初步遏制。2005 年至 2013 年,我国首次开展全国土壤污染状况调查,结果显示,全国土壤环境状况总体不容乐观,全国土壤总的超标率为 16.1%,部分地区土壤污染较重,耕地土壤环境质量堪忧,工矿业废弃地土壤环境问题突出。党的十八大以来,我国不断强化土壤污染防控。2016 年,国务院印发我国土壤污染治理的首个纲领性文件《土壤污染防治行动计划》。2018 年颁布《中华人民共和国土壤污染防治法》。"十三五"期末,全国土壤环境风险得到基本管控。2020 年,受污染耕地安全利用率达到 90% 左右。"十四五"时期,我国继续坚持土壤污染风险管控。2023 年,农用地土壤环境状况总体稳定,受污染耕地安全利用率达到 91% 以上。

(五)固体废物与新污染物防治不断加强。危险废物得到有效控制。工业固体废物综合利用水平显著提高,2022 年,一般工业固体废物综合利用率为 56.8%,比 2000 年提高 10.9 个百分点。2022 年,危险废物利用处置量为 9 444 万吨,较"十三五"期末提高 23.8%。固体废物零进口如期实现。2017 年国务院印发《禁止洋垃圾入境推进固体废物进口管理制度改革实施方案》,禁止洋垃圾入境成为生态文明建设的标志性举措。2017—2020 年累计减少固体废物进口量约 1 亿吨左右。再生资源回收量由改革前 2016 年的 2.6 亿吨增加到 2021 年的 3.8 亿吨。无废城市建设稳步推进。2018 年,国务院印发《"无废城市"建设试点工作方案》,从城市整体层面深化固体废物综合管理改革,推动无废社会建设。2019 年公布 11 个"无废城市"建设试点。2021 年出台的《"十四五"时期"无废城市"建设工作方案》将推动 100 个左右地级及以上城市开展无废城市建设作为总目标。新污染物治理迈出关键一步。党的二十大将开展新污染物治理作为深入推进环境污染防治的新任务。2022 年,国务院印发《新污染物治理行动方案》,对新污染物治理工作进行全面系统部署。2023 年,启动新污染物治理试点示范,对 14 种类新污染物实施全生命周期环境风险管控措施,淘汰 8 种类重点管控新污染物。

三、城乡人居环境明显改善,美丽中国建设全面推进

(一)城乡人居环境明显改善。城镇环境基础设施建设加快推进。一方面,城镇环境基础设施投资快速增长。2022 年,城镇环境基础设施建设投资达 5 972 亿元,比 2001 年增长 8.1 倍。其中,燃气投资 371 亿元,增长 3.5 倍;集中供热投资 517 亿元,增长 4.7 倍;排水投资 2 677 亿元,增长 9.9 倍;园林绿化投资 1 700 亿元,增长 8.4 倍;市容环境卫生投资约 708 亿元,增长 11.3 倍。另一方面,城镇环境基础设施水平持续提高。2022 年,城市污水处理率为 98.1%,比 2000 年提高 63.8 个百分点;供水普及率 99.4%,提高 35.5 个百分点;

燃气普及率 98.1%，提高 52.7 个百分点；集中供热面积 111.3 亿平方米，增长 9.0 倍；建成区绿化覆盖率为 43.0%，提高 14.8 个百分点；人均公园绿地面积 15.3 平方米，增长 3.1 倍。生活垃圾无害化处理率为 99.9%，比 2001 年提高 41.7 个百分点。农村人居环境不断改善。一方面，农村清洁卫生状况持续改善。2023 年，我国农村卫生厕所普及率达 75% 左右，生活污水治理（管控）率达 45% 以上。另一方面，农村生活基础设施大幅改善。全国具备条件的乡镇、建制村 100% 通硬化路、100% 通客车。2022 年，农村太阳能热水器为 7 792 万平方米，与 2000 年相比，提高了 6.0 倍。

（二）降碳减污扩绿增长协同推进。碳达峰碳中和稳妥推进。实现碳达峰碳中和，是以习近平同志为核心的党中央经过深思熟虑作出的重大战略决策，是构建人类命运共同体的庄严承诺。"十四五"时期开局以来，生态文明建设进入了以降碳为重点战略方向的关键时期。国家相继出台《关于完整准确全面贯彻新发展理念做好碳达峰碳中和工作的意见》以及《2030 年前碳达峰行动方案》两个重要文件，构建了碳达峰碳中和"1+N"政策体系。2023 年，万元 GDP 二氧化碳排放与上年持平。能源结构持续调整。煤炭消费量占能源消费总量比重从 1980 年的 72.2% 下降至 2023 年的 55.3%，下降了 16.9 个百分点。水电、风电、核电、天然气等清洁能源消费量占能源消费总量的比重从 1980 年的 7.1% 上升至 2023 年的 26.4%，提高了 19.3 个百分点。2023 年，全国水电、风电和太阳能发电等可再生能源发电装机规模再创新高，为 15.2 亿千瓦，占全国发电总装机的比重达到 52%。

（三）绿色发展方式和生活方式逐渐形成。产业绿色转型加快发展。"十一五"以来，单位 GDP 能耗整体呈现下降态势，累计降低 43.8%，年均下降 3.1%。能源加工转换效率由 1980 年的 69.5% 提升至 2022 年的 73.2%，提升了 3.7 个百分点。绿色交通运输快速发展。"十三五"时期，我国已成为全球新能源汽车保有量最多的国家。2020 年，新能源汽车保有量达 492 万辆，占汽车总量 1.8%，与 2015 年相比，保有量和占比分别增长 7.4 倍和提高 1.4 个百分点。"十四五"时期以来，新能源汽车保有量增长迅猛。2023 年，新能源汽车保有量已达 2 041 万辆，比"十三五"期末增长 3.1 倍，占汽车总量的 6.1%，比"十三五"期末提高 4.3 个百分点。

在肯定生态环境保护事业和生态文明建设取得的历史成就的同时，我们也应清醒地认识到，建设美丽中国是一项长期而艰巨的战略任务和系统工程，不可能一蹴而就，还需要持续奋斗，坚定不移朝预定目标迈进，奋力谱写新时代生态文明建设新篇章。

资料来源：生态环境质量持续改善 美丽中国建设全面推进：新中国 75 年经济社会发展成就系列报告之十四［EB/OL］.（2024-09-19）［2024-10-17］. https://www.gov.cn/lianbo/bumen/202409/content_6975529.htm.

小　结

20 世纪 70 年代以来，中国逐步建立和完善了以"预防为主、防治结合""谁污染、谁治理""强化环境管理"为指导的，以八项环境管理基本制度为主体的环境治理体系。随着经济发展和环境形势变化,这些制度不断更新完善。在新发展阶段,中国加强了生态环境保护的督政机制,全面开展生态文明建设,并取得了显著成绩。

进一步阅读

1. 葛察忠,等.中国环境政策改革40年[M].北京:中国环境出版集团,2019.

2. 王金南,等.中国环境政策(第一卷)[M].北京:中国环境科学出版社,2004.

3. 王金南,等.中国环境政策(第二卷)[M].北京:中国环境科学出版社,2006.

4. 王金南,等.中国环境政策(第三卷)[M].北京:中国环境科学出版社,2007.

5. 王金南,等.中国环境政策(第四卷)[M].北京:中国环境科学出版社,2009.

6. 王金南,等.中国环境政策(第五卷)[M].北京:中国环境科学出版社,2009.

7. 王金南,等.中国环境政策(第六卷)[M].北京:中国环境科学出版社,2009.

8. 王金南,等.中国环境政策(第七卷)[M].北京:中国环境科学出版社,2010.

9. 王金南,等.中国环境政策(第八卷)[M].北京:中国环境科学出版社,2011.

10. 王金南,等.中国环境政策(第九卷)[M].北京:中国环境科学出版社,2012.

11. 王金南,等.中国环境政策(第十卷)[M].北京:中国环境科学出版社,2014.

12. 中共中央宣传部,中华人民共和国生态环境部.习近平生态文明思想学习纲要[M].北京:人民出版社,2022.

思考题

1. 我国环境管理的指导思想是什么?

2. 简述中国生态环境保护的督政机制。

3. 简述五大新发展理念。

4. 我国生态文明体制改制工作的目标是什么?

附录1　主要污染物的缩写形式

缩写	说明	缩写	说明
CO_2	二氧化碳,一种温室气体,人为活动排放的二氧化碳主要来自化石能源的燃烧	COD	化学需氧量,指水中能被强氧化剂氧化的物质(一般为有机物)的氧当量,是一种标示水污染严重程度的指标
NO_x	氮氧化物,由氮、氧组合的多种化合物,多有毒性,是重要的空气污染物。人为活动排放的氮氧化物主要来自化石燃料的燃烧和工业生产	DDT	滴滴涕,化学名为双对氯苯基三氯乙烷,一种人工合成的有机氯类杀虫剂,在自然界中不可降解
NO_2	二氧化氮,一种由工业和交通排放产生的有害气体,在空气中会形成臭氧和细颗粒物等次级污染物	O_3	臭氧,氧气的同素异形体,主要存在于距地球表面20千米的平流层下部,能吸收对人体有害的短波紫外线,也能产生温室效应
SO_2	二氧化硫,空气污染物,主要来自含硫煤的燃烧和工业生产	PM10	可吸入颗粒物,指浮在空气中的粒径在10微米以内的固态和液态颗粒物,可被人体吸入,沉积在呼吸道、肺泡等部位从而引发疾病
SO_x	硫氧化物,包括二氧化硫、三氧化硫等空气污染物		
CH_4	甲烷,一种温室气体,是天然气、沼气、坑气等的主要成分	PM2.5	细颗粒物,指浮在空气中的粒径在2.5微米以下的固态和液态颗粒物,可被人体吸入,进入人体肺泡甚至血液系统中而引发疾病
CO	一氧化碳,一种对血液和神经系统毒性很强的污染物,一氧化碳中毒会引起缺氧、诱发心脑血管疾病、影响视力、损伤肝脏等。一氧化碳也是一种温室气体		

附录 2 中国国民经济和社会发展五年规划纲要中的资源环境指标

时期	项目		期初	期末	年均增长 (%)	属性
"十一五" (2005年至2010年)	单位 GDP 能源消耗降低(%)		—	—	[20]	约束性
	单位工业增加值用水量降低(%)		—	—	[30]	约束性
	农业灌溉用水有效利用系数		0.45	0.50	[0.5]	预期性
	工业固体废物综合利用率(%)		55.8	60.0	[4.2]	预期性
	耕地保有量(亿公顷)		1.22	1.20	-0.3	约束性
	主要污染物排放总量减少(%)		—	—	[10]	约束性
	森林覆盖率(%)		18.2	20.0	[1.8]	约束性
"十二五" (2010年至2015年)	耕地保有量(亿亩)		18.18	18.18	[0]	约束性
	单位工业增加值用水量降低(%)		—	—	[30]	约束性
	农业灌溉用水有效利用系数		0.50	0.53	[0.03]	预期性
	非化石能源占一次能源消费比重(%)		8.3	11.4	[3.1]	约束性
	单位 GDP 能源消耗降低(%)		—	—	[16]	约束性
	单位 GDP 二氧化碳排放降低(%)		—	—	[17]	约束性
	主要污染物排放总量减少(%)	化学需氧量	—	—	[8]	约束性
		二氧化硫	—	—	[8]	约束性
		氨氮	—	—	[10]	约束性
		氮氧化物	—	—	[10]	约束性
	森林增长	森林覆盖率(%)	20.36	21.66	[1.3]	约束性
		森林蓄积量(亿立方米)	137	143	[6]	约束性

（续表）

时期	项目		期初	期末	年均增长（%）	属性
"十三五"（2015年至2020年）	耕地保有量（亿亩）		18.65	18.65	［0］	约束性
	新增建设用地规模（万亩）		—	—	［<3256］	约束性
	万元GDP用水量下降（%）		—	—	［23］	约束性
	单位GDP能源消耗降低（%）		—	—	［15］	约束性
	非化石能源占一次能源消费比重（%）		12	15	［3］	约束性
	单位GDP二氧化碳排放降低（%）		—	—	［18］	约束性
	森林发展	森林覆盖率（%）	21.66	23.04	［1.38］	约束性
		森林蓄积量（亿立方米）	151	165	［14］	约束性
	空气质量	地级及以上城市空气质量优良天数比率（%）	76.7	>80	—	约束性
		细颗粒物未达标地级及以上城市浓度下降（%）	—	—	［18］	约束性
	地表水质量	达到或好于Ⅲ类水体比例（%）	66	>70		约束性
		劣Ⅴ类水体比例（%）	9.7	<5		约束性
	主要污染物排放总量减少（%）	化学需氧量	—	—	［10］	约束性
		氨氮	—	—	［10］	约束性
		二氧化硫	—	—	［15］	约束性
		氮氧化物	—	—	［15］	约束性
"十四五"（2020年至2025年）	单位GDP能源消耗降低（%）		—	—	［13.5］	约束性
	单位GDP二氧化碳排放降低（%）		—	—	［18］	约束性
	地级及以上城市空气质量优良天数比率（%）		87	87.5	—	约束性
	地表水达到或好于Ⅲ类水体比例（%）		83.4	85	—	约束性
	森林覆盖率（%）		23.2*	24.1	—	约束性

说明：［］内为5年累计数，带*为2019年数据，受新冠疫情影响，空气和水环境指标明显高于正常年份。

附录3 重要环境法律、法规和文件

时间	法规	发布机构	网址
2007	关于落实环保政策法规防范信贷风险的意见	国家环保总局	生态环境部 https://www.mee.gov.cn/gkml/zj/wj/200910/t20091022_172469.htm
2008	中华人民共和国循环经济促进法	全国人民代表大会常务委员会	国家法律法规数据库 https://flk.npc.gov.cn/detail2.html？ZmY4MDgwODE2ZjEzNWY0NjAxNmYxZDA2MDgyOTEyeYzI%3D
2012	绿色信贷指引	银监会	中国政府网 https://www.gov.cn/gongbao/content/2012/content_2163593.htm
2012	中华人民共和国清洁生产促进法	全国人民代表大会常务委员会	国家法律法规数据库 https://flk.npc.gov.cn/detail2.html?MmM5MDlmZGQ2NzhiZjE3OTTAxNjc4YmY3Mzc4MDA2MzE%3D
2013	大气污染防治行动计划	国务院	中国政府网 https://www.gov.cn/gongbao/content/2013/content_2496394.htm
2014	中华人民共和国环境保护法	全国人民代表大会常务委员会	国家法律法规数据库 https://flk.npc.gov.cn/detail2.html?MmM5MDlmZGQ2NzhiZjE3OTTAxNjc4YmY3NmMxZDA3MTc%3D
2014	关于进一步推进排污权有偿使用和交易试点工作的指导意见	国务院办公厅	中国政府网 https://www.gov.cn/gongbao/content/2014/content_2745927.htm
2014	企业事业单位环境信息公开办法	环境保护部	中国政府网 https://www.gov.cn/gongbao/content/2015/content_2838171.htm
2015	党政领导干部生态环境损害责任追究办法(试行)	中共中央办公厅 国务院办公厅	中国政府网 https://www.gov.cn/zhengce/2015-08/17/content_2914585.htm
2015	关于加快推进生态文明建设的意见	中共中央 国务院	中国政府网 https://www.gov.cn/gongbao/content/2015/content_2864050.htm
2015	生态文明体制改革总体方案	中共中央 国务院	中国政府网 https://www.gov.cn/gongbao/content/2015/content_2941157.htm
2015	水污染防治行动计划	国务院	中国政府网 https://www.gov.cn/gongbao/content/2015/content_2853604.htm
2016	关于构建绿色金融体系的指导意见	中国人民银行等7部门	生态环境部 https://www.mee.gov.cn/gkml/hbb/gwy/201611/t20161124_368163.htm

（续表）

时间	法规	发布机构	网址
2016	生态文明建设目标评价考核办法	中共中央办公厅 国务院办公厅	中国政府网 https://www.gov.cn/zhengce/2016-12/22/content_5151555.htm
2016	城市适应气候变化行动方案	国家发展改革委 住房城乡建设部	中国政府网 https://www.gov.cn/xinwen/2016-02/17/content_5042426.htm
2016	土壤污染防治行动计划	国务院	中国政府网 https://www.gov.cn/gongbao/content/2016/content_5082978.htm
2017	领导干部自然资源资产离任审计规定（试行）	中共中央办公厅 国务院办公厅	中国政府网 https://www.gov.cn/zhengce/2017-11/28/content_5242955.htm
2017	关于全面推行河长制的意见	中共中央办公厅 国务院办公厅	中国政府网 https://www.gov.cn/gongbao/content/2017/content_5156731.htm
2017	生活垃圾分类制度实施方案	国家发展改革委 住房城乡建设部	中国政府网 https://www.gov.cn/gongbao/content/2017/content_5186978.htm
2018	中华人民共和国环境保护税法	全国人民代表大会常务委员会	国家法律法规数据库 https://flk.npc.gov.cn/detail2.html?ZmY4MDgwODE2ZjEzNWY0NjAxNmYxZDBiiZGM2YTEzMDY%3D
2018	关于在湖泊实施湖长制的指导意见	中共中央办公厅 国务院办公厅	中国政府网 https://www.gov.cn/gongbao/content/2018/content_5257370.htm
2019	中央生态环境保护督察工作规定	中共中央办公厅 国务院办公厅	中国政府网 https://www.gov.cn/zhengce/2019-06/17/content_5401085.htm
2020	关于构建现代环境治理体系的指导意见	中共中央办公厅 国务院办公厅	中国政府网 https://www.gov.cn/gongbao/content/2020/content_5492489.htm
2020	关于全面禁止进口固体废物有关事项的公告	生态环境部 商务部 国家发展改革委 海关总署	中国政府网 https://www.gov.cn/zhengce/zhengceku/2020-11/27/content_5565456.htm
2021	生态环境保护专项督察办法	生态环境部	生态环境部 https://www.mee.gov.cn/xxgk2018/xxgk/sthjbsh/202105/W020210517587120123223.pdf
2021	关于建立健全生态产品价值实现机制的意见	中共中央办公厅 国务院办公厅	中国政府网 https://www.gov.cn/zhengce/2021-04/26/content_5602763.htm
2021	企业环境信息依法披露管理办法	生态环境部	中国政府网 https://www.gov.cn/gongbao/content/2022/content_5679703.htm
2022	国家适应气候变化战略2035	生态环境部等部门	中国政府网 https://www.gov.cn/zhengce/zhengceku/2022-06/14/content_5695555.htm

（续表）

时间	法规	发布机构	网址
2023	中华人民共和国海洋环境保护法	全国人民代表大会常务委员会	国家法律法规数据库 https://flk.npc.gov.cn/detail2.html?ZmY4MDgxODE4YTIxZThiMjAxOGI2MjA3NTMxNjE4OGY%3D
2024	生态保护补偿条例	国务院	国家法律法规数据库 https://flk.npc.gov.cn/detail2.html?ZmY4MDgxODE5MDBmOGU5NDAxOTAxMGI1NGRiZTA4NjU%3D
2024	关于进一步全面深化改革 推进中国式现代化的决定	中共中央	中国政府网 https://www.gov.cn/zhengce/202407/content_6963770.htm?sid_for_share=80113_2
2024	关于加强生态环境分区管控的意见	中共中央办公厅 国务院办公厅	中国政府网 https://www.gov.cn/zhengce/202403/content_6939837.htm
2024	关于全面推进美丽中国建设的意见	中共中央 国务院	中国政府网 https://www.gov.cn/gongbao/2024/issue_11126/202401/content_6928805.html
2024	关于加快经济社会发展全面绿色转型的意见	中共中央 国务院	中国政府网 https://www.gov.cn/gongbao/2024/issue_11546/202408/content_6970974.html
2024	碳排放权交易管理暂行条例	国务院	中国政府网 https://www.gov.cn/gongbao/2024/issue_11186/202402/content_6934549.html
2024	关于大力实施可再生能源替代行动的指导意见	国家发展改革委等部门	中国政府网 https://www.gov.cn/zhengce/zhengceku/202410/content_6983959.htmhtml

概念索引

（续表）

序号	概念	定义	章节
19	弱人类中心论	认为自然环境的价值需要通过人表达出来，这是因为自然环境不能发言，必须有人作代言人，自然的价值必须通过评价者表达	2.5
20	外部性	经济人的生产（或消费）行为影响了其他经济人的福利，这种影响是由经济人行为产生的附带效应，但没有通过市场价格机制进行传导	3.1
21	正外部性	使他人受益的外部性	3.1
22	负外部性	使他人受损的外部性	3.1
23	产权	由物的存在及关于它们的使用所引起的人们之间相互认可的行为关系	3.2.1
24	私人物品	在形体上可以分割和分离，消费或使用时有明确的排他性的物品	3.2.1
25	公共物品	在形体上难以分割和分离，在技术上不易排除众多的受益人，消费时不具备排他性的物品	3.2.1
26	租值耗散	本来有价值的资源或财产，由于产权安排方面的原因，其价值（或租金）下降，乃至完全消失	3.2.4
27	物质平衡原理	在一个封闭体系中，物质的质量是守恒的，物质只能从一种形态转化为另一种形态，或从一个地方转移到另一地方	4.2
28	清洁生产	要求将整体预防的环境战略持续应用于生产过程、产品和服务中，以增加生态效应和减少人类及环境的风险	4.2.2
29	生产者延伸责任	生产者对其产品整个生命周期的环境影响负责	4.2.2
30	生态工业	综合运用技术、经济和管理等措施，将生产过程中剩余和产生的能量和物料，传递给其他生产过程使用，形成企业内或企业间的能量和物料高效传输与利用的协作链网，从而在总体上提高整个生产过程的资源和能源利用效率、降低废物和污染物产生量的工业生产组织方式和发展模式	4.2.2
31	循环经济	按照自然的生态系统物质循环和能量流动规律构建的经济系统，它以实现资源使用的减量化、产品的反复使用和废弃物的资源化为目的，强调清洁生产	4.2.2
32	3R	按照自然生态系统的模式组织经济活动，在生产、流通和消费等过程中进行物质的减量化、再利用、再循环，组织成"资源—产品—消费—再生资源"的物质循环流的过程，使得整个经济系统以及生产和消费的过程基本上不产生或者只产生很少的废弃物	4.2.2
33	内生价值	源于环境本身的特质和性质，不以人的喜好而增减的价值	5.1
34	人类本位主义	在环境价值的衡量中使用的标准，认为自然环境本身没有价值，它的价值是依其对人类福利的作用而存在	5.1

（续表）

序号	概念	定义	章节
35	成本—收益分析	理性的经济人在对一个行动进行评价和取舍时,会对其进行成本—收益的衡量。如果成本大于收益,就会放弃;而如果收益大于成本,就可以选择这一行动。如果是要对多个行动方案进行选择,则会比较这些方案的净收益的大小,选择净收益最大的方案	5.1
36	消费者剩余	消费者从购买中得到的剩余满足,在数量上等于他愿意支付的价格和实际支付的价格之差	5.2.1
37	补偿变化	一种计量福利变化的方法,指需要多少补偿支付才能使个人在价格变化前后的福利状况一样	5.2.2
38	等价变化	一种计量福利变化的方法,指给定初始价格,等同于价格变动的收入变动	5.2.3
39	补偿剩余	一种计量福利变化的方法,指在数量变化时,消费者为了保持相同的效用水平所需支付的额外费用	5.2.5
40	等价剩余	一种计量福利变化的方法,指在价格变化时,消费者在保持原有消费数量的同时达到新的效用水平所需要的收入变化	5.2.5
41	谨慎原则	为了保护环境,各国应基于国情采取风险预防措施,当有可能造成严重的或不可挽回的损害时,不能把缺乏充分的科学确定性作为推迟采取符合成本收益的措施的理由	5.3
42	直接市场法	一种环境变化的价值评估方法,根据环境质量变动对资产价值、生产效率的影响来评估环境资源价值	5.3.1
43	生产率变动法	一种环境变化的价值评估方法,通过测定环境质量变化对生产者的产量、成本和利润,或是对消费品的供给与价格的变动及其引起的消费者福利的变化来推算环境价值	5.3.1
44	人力资本法	一种环境变化的价值评估方法,通过估算环境变化造成的健康损失来对环境变化的价值进行评估	5.3.1
45	替代市场法	一种环境变化的价值评估方法,当某商品可作为环境提供的服务的替代物时,可以用该商品购买量和价格的变化测算环境变化的价值	5.3.2
46	旅行费用法	一种环境变化的价值评估方法,通过人们的旅游消费行为对非市场化的环境产品或服务进行价值评估,把旅游者对环境产品的支付意愿作为环境价值	5.3.2
47	资产定价法	一种环境变化的价值评估方法,也称内涵资产定价法、内涵价格法,指人们赋予环境的价值可以从他们购买的具有环境属性的商品价格中推断出来	5.3.2
48	防护支出法	一种环境变化的价值评估方法,是根据人们准备为躲避环境损害支出的费用多少来判断人们对环境价值的评价	5.3.2

（续表）

序号	概念	定义	章节
49	意愿调查法	一种环境变化的价值评估方法，也称条件价值法，是利用问卷调查方式直接考察受访者在假想市场里的经济行为，推导出人们对环境资源的实际或假想变化的估价	5.3.3
50	支付意愿	消费者愿意为改善环境质量或防止环境恶化支付的费用	5.3.3
51	受偿意愿	消费者愿意接受的忍受环境质量下降或放弃改善环境的补偿费用	5.3.3
52	市场实验法	一种环境变化的价值评估方法，通过引入真实的货币收支，激励人们显示出自己对物品的真实评价	5.3.4
53	命令—控制型政策	一种环境管理政策，指政府运用行政和法律手段，对污染企业的生产和排放行为进行纠正，强制其执行环境标准的方法	6.1
54	经济手段/基于市场的手段	一种环境管理政策，是通过价格、成本、利润、信贷、税收、收费、罚款等经济杠杆调节各方面的经济利益关系，政府不直接干预污染企业的生产决策，只调控企业面临的市场环境，企业则根据变化了的市场环境自主进行经营决策	6.2
55	庇古税	庇古首先提出对污染征收税或费的想法，根据污染造成的危害对排污者征税，用税收来弥补私人成本和社会成本之间的差距	6.2.1
56	科斯定理	在交易成本为零时，只要初始产权界定清晰，并允许经济活动当事人进行谈判交易，交易的结果都会导致资源的有效配置	6.3.1
57	交易成本	交易双方在完成交易前后产生的各种与交易相关的成本	6.3.1
58	酸雨	pH值小于5.6的雨雪或其他形式的降水，主要是人为向大气中排放大量酸性物质造成的	6.3.1
59	补贴	把排污权界定给污染者，由管理者支付污染削减费用以激励污染者改变行为	6.4.1
60	押金—退款制	对具有潜在污染的产品在销售时增加一项额外费用，如果通过回收这些产品或把它们的残余物送到指定的收集系统后避免了污染，就把押金退还给购买者	6.4.2
61	点源（非点源）污染	有（没有）固定排放点的污染	7.1
62	移动源污染	污染源位置不固定，在空间上移动变化的污染	7.1
63	面源污染	进入自然环境（大气、水、土壤等）中的没有固定源的污染	7.2
64	绿色标志	对达到一定环境标准的产品授予的标识，用来标明产品从生产、使用到回收的整个生命周期内符合特定的环保要求，对生态无害或损害很小，产品设计有利于资源的再利用	8.1.1
65	负责任投资原则	联合国环境规划署提出的原则，倡导将环境、社会和治理因素纳入投资决策和积极所有权的投资策略和实践	8.1.1

（续表）

序号	概念	定义	章节
66	ESG	环境、社会和治理的英文缩写,提倡企业在利润目标之外,要关注环境、社会和治理目标	8.1.1
67	环境公益诉讼	当环境公共利益遭受侵害时,法律允许其他的法人、自然人或社会团体为维护公共利益而向人民法院提起诉讼	8.1.2
68	邻避运动	居民或当地单位因担心建设项目对身体健康、环境质量和资产价值等带来负面影响,对项目产生嫌恶情绪,采取强烈和坚决的,甚至情绪化的集体反对甚至抗争行为	8.1.2
69	企业社会责任	要求企业在创造利润、对股东承担法律责任的同时,还要承担对员工、消费者、社区和环境的责任	8.2.1
70	三重底线	企业必须履行的最基本的经济责任、环境责任和社会责任	8.2.1
71	自愿环境协议	污染企业或工业企业为改进环境管理主动做出的一种承诺,目前在节能领域发挥着重要的作用	8.2.2
72	环境经营	将对环境问题的应对作为企业的重要战略,将环境友好理念和技术渗透在企业的生产经营活动和社会活动中,通过以环境友好为中心的创新活动,承担社会责任,提高企业的竞争力	8.2.3
73	人口转变	某地区的人口从高出生率、高死亡率、低增长率阶段,经过高出生率、低死亡率、高增长率阶段,过渡到低出生率、低死亡率、低增长率阶段	9.1.1
74	环境库兹涅茨曲线	显示环境质量随经济增长先恶化后改善关系的倒 U 形曲线	9.2.2
75	生态门槛	污染和生态退化超过一定限度,自然生态系统将崩溃,受破坏的环境不能再恢复到原来的状态,这一限度被称为生态门槛	9.2.2
76	正常品	如果人们对物品的需求随着收入的增长而增加,这种物品是正常品	9.2.2
77	脱钩	经济增长不再伴随环境的同步退化	9.2.2
78	相对脱钩	经济增长的同时,环境损害虽然增长但增长率较低的状态	9.2.2
79	绝对脱钩	经济增长的同时环境损害稳定或下降的状态	9.2.2
80	充分脱钩	当绝对脱钩达到符合预定的环境安全目标时的状态	9.2.2
81	经济全球化	跨国商品与服务贸易及资本流动规模和形式的增加,以及技术的广泛迅速传播使世界各国经济的相互依赖性增强的过程	9.3.1
82	"污染避难所"假说	由于各国环境管制力度不同,环境管理较宽松的国家易成为发达国家污染行业和企业的落脚点	9.3.2
83	触底竞赛	为了吸引外资、增强出口产品竞争力,各国可能竞相降低环境标准,使自己成为污染避难所	9.3.2

（续表）

序号	概念	定义	章节
84	环境倾销	低环境标准的国家在贸易中获得竞争优势，以国内环境破坏为代价向高环境标准的国家过多出口产品	9.3.2
85	环境关税	为防止环境倾销，进口国对有嫌疑的进口品征收补偿性或惩罚性关税	9.3.2
86	热力学定律	认为物质和能量不能创造或减少（除了核反应），但可转移和转换，所有的物理过程会导致能量降级，不可利用的"废热"——熵增加	10.1
87	稳态经济	生态经济学提倡的一种经济状态，人口和物质财富的存量不变，维持在适宜的水平，由资源和能源流量形成的生产量提供了直接的消费收益和投资，能有效弥补资本存量的贬值	10.3
88	管制	政府为控制企业的价格、销售和生产决策而采取的各种行为和措施	11.1
89	环境管制	环境管制是管制的一种，其管制的对象是破坏生态和环境的行为	11.1.1
90	碳税	为了促进碳减排、应对气候变化，对碳排放征收的庇古税	11.1
91	创新补偿	技术创新带来的收益超过了环境管制带来的成本增加	11.2.1
92	波特假说	波特等人提出的一个假说，认为环境管制带来的压力能产生创新补偿，不但不会损害反而会加强企业和产业的竞争力	11.2.1
93	绿色技术创新	具有减轻环境压力的显著特点的技术创新	11.2.1
94	生产效率	经济活动中资源（包括人力、物力、财力）开发利用的效率，一般用全要素生产率衡量	11.2.2
95	全要素生产率	衡量生产效率的指标，是生产要素投入之外的技术进步等导致的产出增加	11.2.2
96	绿色全要素生产率	考虑环境因素后计算的全要素生产率	11.2.2
97	赫克歇尔—俄林模型	又叫作要素比例模型，该模型认为资本充实的国家在资本密集型商品上具有比较优势，劳动力充实的国家在劳动力密集型商品上具有比较优势，一个国家在进行国际贸易时应出口密集使用其相对充足和便宜的生产要素生产的商品，而进口密集使用其相对缺乏和昂贵的生产要素生产的商品	11.3.1
98	碳关税	一种边境调节税，是对在国内没有征收碳税或能源税、存在实质性能源补贴国家的出口商品征收特别的二氧化碳排放关税	11.3.1
99	绿色贸易壁垒	一些国家以卫生、健康和保护环境的名义制定限制或者禁止贸易的政策，多以技术壁垒的形式出现，由于发展中国家的技术水平相对较弱，所以更易受到绿色壁垒的影响	11.3.2

（续表）

序号	概念	定义	章节
100	国民经济核算体系	一种宏观经济信息系统,从数量上系统地反映了国民经济运行状况及社会再生产过程中生产、分配、交换、使用各个环节之间以及国民经济各部门之间的内在联系,为国民经济管理提供依据	12.1
101	环境经济卫星账户(SEEA)	为了补充国民账户体系,综合考虑资源环境的增加、减少和调整,与国民账户体系相衔接的资源环境核算附属表	12.2
102	大中取大准则(maximax)	使获得极大收益的可能性增加的策略	13.1.1
103	小中取大准则(maximin)	在各方案的最小收益中选择最大值的策略	13.1.1
104	治理	各种公共机构或私人管理其共同事务的诸多方法的总和,是使相互冲突的或不同的利益得以调和,并采取联合行动的持续过程	13.1.2
105	全球环境治理	应用治理的理念应对全球环境问题,是致力于全球环境保护的组织、政策、金融机制、规范、程序和标准的组合	13.1.2
106	气候变化	除在类似时期内所观测的气候的自然变异之外,由于直接或间接的人类活动改变了地球大气的组成而造成的气候变化	13.2.1
107	温室效应	大气能使太阳短波辐射到达地面,但地表受热后向外放出的大量长波热辐射线却被大气吸收,作用类似于栽培农作物的温室,使地球表面温度变暖	13.2.1
108	温室气体	有助于产生温室效应的气体,主要包括水蒸气、二氧化碳、甲烷等	13.2.1
109	气候变化综合评估模型(IAM)	依托多学科底层基础理论支撑,能够系统而定量地模拟自然环境系统和人类经济社会系统之间的联动和反馈的模型	13.2.1
110	贴现率	度量时间价值的指标,反映同样收益的价值随其发生时间的推迟,在单位时间内平均相对折损数量的参数	13.2.1
111	净收益现值	未来净收益的贴现值之和	13.2.1
112	全球气候治理	旨在引导社会系统预防、减轻或适应气候变化带来的风险的外交、机制和应对措施	13.2.2
113	共同但有区别的责任	在应对全球环境问题时,所有国家都负有共同的责任,但各国承担的责任份额应有区别	13.2.2
114	"双碳"目标	中国提出的是分两阶段的减排目标:2030 年前实现"碳达峰",即碳排放量达到峰值后不再增长;2060 年前实现"碳中和",即"排放的碳"与"吸收的碳"相等,实现净零排放	13.2.2
115	碳定价	将碳排放的外部成本以对排放的二氧化碳定价的方式展现出来,是减少温室气体排放的重要政策工具	13.2.3

（续表）

序号	概念	定义	章节
116	能源贫困	无法获得现代的、负担得起的、可靠的能源的状态	13.2.4
117	气候韧性发展	IPCC 提出的应对气候变化的倡议，要求适应和减缓协同推进，并将气候目标与消除贫困和减少不平等、实现可持续发展目标结合起来，在水、农业、基础设施、人类健康、交通、能源、生态系统等方面采取气候适应措施	13.2.4
118	生态补偿	当发展带来负外部性时，从发展中获益的一方应对给他人造成的外部环境损害进行赔偿；而当一方为了保护环境放弃发展机会时，他有权获取相应的补偿	13.3
119	生态服务付费	因享用生态系统服务功能而向生态系统服务管理者或提供者支付费用	13.3.1
120	生态保护补偿	中国通过财政纵向补偿、地区间横向补偿、市场机制补偿等机制，对按照规定或者约定开展生态保护的单位和个人予以补偿的激励性制度安排	13.3.2
121	绿色增长	在确保自然资产能够继续为人类幸福提供各种资源和环境服务的同时促进经济增长	14.1
122	自然资本	由自然提供的全部资本，如含水层和水系、土壤、原油和天然气、森林、渔场及其他生物资源、基因物质和地球大气圈本身	14.2.1
123	人造资本	包括实物资本、人力资本和智力资本	14.2.1
124	实物资本	工厂、设备、建筑物和其他基础设施，它们通过向当前的生产进行一定的资本投资而积累	14.2.1
125	人力资本	体现在个人身上的技术存量，用于提高人们的生产能力	14.2.1
126	智力资本	由知识存量组成，指无形的技术和知识	14.2.1
127	可持续发展	既满足当代人的需求，又不损害后代人满足其需求的能力的发展	14.2.1
128	绿色经济	一种将经济、社会和环境之间的紧密联系纳入考虑的经济形态，能够导致改善人类福祉和社会公平，同时显著减少环境风险和生态短缺	14.2.2
129	绿色新政	一种刺激总需求的宏观经济政策，要求在投资方面转向能够创造更多工作机会的环境项目，加大应对气候变化方面的投资，促进绿色经济增长和就业，以修复支撑全球经济的自然生态系统	14.2.2
130	"五位一体"总体布局	全面推进经济建设、政治建设、文化建设、社会建设、生态文明建设	15.1
131	环境影响评价制度	对规划和建设项目实施后可能造成的环境影响进行分析、预测和评估，提出预防或者减轻不良环境影响的对策和措施，并进行跟踪监测的方法与制度	15.2

（续表）

序号	概念	定义	章节
132	"三同时"制度	建设项目中防治污染的设施,应当与主体工程同时设计、同时施工、同时投产使用。防治污染的设施应当符合经批准的环境影响评价文件的要求,不得擅自拆除或者闲置	15.2
133	环境保护目标责任制	县级以上人民政府应当将环境保护目标完成情况纳入对本级人民政府负有环境保护监督管理职责的部门及其负责人和下级人民政府及其负责人的考核内容,作为对其考核评价的重要依据,考核结果应当向社会公开	15.2
134	排污许可证制度	依照法律规定实行排污许可管理的排污单位,应当依法申请取得排污许可证,并按照排污许可证的规定排放污染物;未取得排污许可证的,不得排放污染物	15.2
135	污染集中控制制度	在一定区域,建立集中的污染处理设施处理污染物	15.2
136	"三线一单"生态环境分区管控政策	生态保护红线、环境质量底线、资源利用上线和生态环境准入清单	15.2
137	生态保护红线	生态空间范围内具有特殊重要生态功能、必须强制性严格保护的区域	15.2
138	环境质量底线	结合环境质量现状和相关规划、功能区划要求确定的分区域分阶段环境质量目标及相应的环境管控、污染物排放控制等要求	15.2
139	资源利用上线	以保障生态安全和改善环境质量为目的,结合自然资源开发管控提出的分区域分阶段的资源开发利用总量、强度、效率等上线管控要求	15.2
140	生态环境准入清单	基于环境管控单元,统筹考虑"三线"管控要求提出的空间布局、污染物排放、环境风险、资源开发利用等方面禁止和限制的环境准入要求	15.2
141	绿色信贷政策	对不符合产业政策和环境违法的企业和项目进行信贷控制,通过金融杠杆实现环保调控的政策	15.2
142	环境信息公开制度	为了便于公众参与和监督,政府和企业以及其他社会行为主体向公众通报和公开各自的环境行为	15.2
143	绿色债券	中国绿色金融体系的重要组成部分,指募集资金专门用于支持符合规定条件的绿色产业、绿色项目或绿色经济活动,依照法定程序发行并按约定还本付息的有价证券	15.2
144	碳中和债券	绿色债券的一种,指募集资金专项用于具有碳减排效益的绿色项目,通过专项产品持续引导资金流向绿色低碳循环领域,助力实现碳中和愿景的有价证券	15.2
145	生态文明建设目标考核	将生态环境指标纳入领导干部的综合目标责任制考核,采取评价和考核相结合的方式,实行"一年一评价、五年一考核"	15.3.1

（续表）

序号	概念	定义	章节
146	主体功能	各地区所具有的、代表该地区的核心功能。这些功能是由地区的资源环境条件和社会经济基础所决定的,也是更高层级的区域所赋予的	15.3.3
147	主体功能区	按照主体功能划分的国土空间类别,中国国土空间被划分为四大类主体功能区:优化开发区域、重点开发区域、限制开发区域和禁止开发区域	15.3.3
148	优化开发区域	主体功能区的一种,指国土开发密度已经较高、资源环境承载能力开始减弱的区域	15.3.3
149	重点开发区域	主体功能区的一种,指资源环境承载能力较强、经济和人口集聚条件较好的区域	15.3.3
150	限制开发区域	主体功能区的一种,指资源承载能力较弱、大规模集聚经济和人口条件不够好并关系到全国或较大区域范围生态安全的区域	15.3.3
151	禁止开发区域	主体功能区的一种,指依法设立的各类自然保护区域	15.3.3
152	河湖长制	由各级党政负责同志担任河湖长,负责组织领导相应河湖治理和保护的制度。河湖长的工作任务主要包括加强水资源保护、水域岸线管理保护、水污染防治、水环境治理、水生态修复、执法监管等	15.3.4
153	生态文明	在尊重自然、顺应自然、保护自然的基础上,建设人与自然和谐共生的社会发展模式	15.4
154	新发展理念	党的十八届五中全会提出"创新、协调、绿色、开放、共享"五种发展理念	15.4
155	生态产品	维系生态安全、保障生态调节功能、提供良好人居环境的自然要素,包括清新的空气、清洁的水源和宜人的气候等	15.4.2

参 考 文 献

1. 安德森,等.改善环境的经济动力[M].北京:中国展望出版社,1989.

2. 鲍莫尔,奥茨.环境经理论与政策设计[M].严旭阳,译.北京:经济科学出版社,2003.

3. 庇古.福利经济学(上下卷)[M].朱泱,等,译.北京:商务印书馆,2006.

4. 伯克,赫尔方.环境经济学[M].北京:中国人民大学出版社,2013.

5. 曹东,等.经济与环境:中国 2020[M].北京:中国环境科学出版社,2005.

6. 戴利.超越增长:可持续发展的经济学[M].诸大剑,胡圣,等,译.上海:上海译文出版社,2001.

7. 蒂坦伯格,刘易斯.环境与自然资源经济学(第十一版)[M].北京:中国人民大学出版社,2021.

8. 董战峰,等.中国环境经济政策发展报告系列(2018)[M].北京:中国环境出版集团,2019.

9. 董战峰,等.中国环境经济政策发展报告系列(2019)[M].北京:中国环境出版集团,2020.

10. 董战峰,等.中国环境经济政策发展报告系列(2020)[M].北京:中国环境出版集团,2021.

11. 董战峰,等.中国环境经济政策发展报告系列(2021)[M].北京:中国环境出版集团,2022.

12. 戈尔.不愿面对的真相[M].自然之友志愿者,译.上海:上海译文出版社,2017.

13. 古德斯坦,波拉斯基.环境经济学(第七版)[M].北京:中国人民大学出版社,2019.

14. 过孝民,王金南,於方.绿色国民经济核算研究文集[M].北京:中国环境科学出版社,2009.

15. 哈丁.生活在极限之内:生态学、经济学和人口禁忌[M].戴星翼,张真,译.上海:上海译文出版社,2001.

16. 哈里斯,罗奇.环境与自然资源经济学:当代方法(第五版)[M].北京:商务印书馆,2023.

17. 哈密尔顿.里约后五年:环境政策的创新[M].张庆丰,等,译.北京:中国环境科学出版社,1998.

18. 经济合作与发展组织.发展中国家环境管理的经济手段[M].北京:中国环境科学出版社,1996.

19. 经济合作与发展组织.国际经济手段和气候变化[M].北京:中国环境科学出版社,1996.

20. 经济合作与发展组织.环境管理中的经济手段[M].北京:中国环境科学出版社,1996.

21. 经济合作与发展组织.环境管理中的市场与政府失效:湿地与森林[M].北京:中国环境科学出版社,1996.

22. 经济合作与发展组织.环境税的实施战略[M].北京:中国环境科学出版社,1996.

23. 经济合作与发展组织.贸易的环境影响[M].北京:中国环境科学出版社,1996.

24. 经济合作与发展组织.生命周期管理和贸易[M].北京:中国环境科学出版社,1996.

25. 经济合作与发展组织.税收与环境:互补性政策[M].北京:中国环境科学出版社,1996.

26. 卡逊.寂静的春天[M].吕瑞兰,李长生,译.长春:吉林人民出版社,1997.

27. 科尔斯塔德.环境经济学(第二版)[M].北京:中国人民大学出版社,2016.

28. 克鲁蒂拉,费舍尔.自然环境经济学:商品性和舒适性资源价值研究[M].北京:中国展望出版社,1989.

29. 克尼斯,等.经济学与环境:物质平衡方法[M].北京:三联书店,1992.

30. 克尼斯.环境保护的费用—效益分析[M].北京:中国展望出版社,1989.

31. 库拉.环境经济学思想史[M].谢阳举,译.上海:上海人民出版社,2021.

32. 雷明.可持续发展下绿色核算:资源—经济—环境综合核算[M].北京:地质出版社,1999.

33. 李克国,等.环境经济学(第四版)[M].北京:中国环境出版社,2021.

34. 李志青.环境经济学经典文献导读[M].上海:复旦大学出版社,2020.

35. 联合国开发计划署驻华办事处.2013中国人类发展报告:可持续与宜居城市:迈向生态文明[M].北京:中国对外翻译出版有限公司,2013.

36. 林毅夫,付才辉,郑洁.新结构环境经济学初探:理论、实证与政策[M].北京:北京大学出版社,2022.

37. 穆勒.理论环境经济学[M].北京:三联书店,1992.

38. 尼斯,斯威尼.自然资源与能源经济学手册[M].李晓西,史培军,等,译.北京:经济科学出版社,2007.

39. 皮尔斯.绿色经济的蓝图:衡量可持续发展[M].北京:北京师范大学出版社,1996.

40. 皮尔斯,沃福德.世界无末日:经济学·环境与可持续发展[M].张世秋,等,译.北京:中国财政经济出版社,1996.

41. 珀曼,等.自然资源与环境经济学(第二版)[M].张涛,等,译.北京:中国经济出版社,2002.

42. 曲向荣.清洁生产与循环经济[M].北京:清华大学出版社,2011.

43. 世界银行.碧水蓝天:展望二十一世纪的中国环境[M].北京:中国财政经济出版社,1997.

44. 世界银行.绿色工业:社区、市场和政府的新职能[M].北京:中国财政经济出版社,2001.

45. 世界银行.中国:空气、土地和水[M].北京:中国环境科学出版社,2001.

46. 思德纳.环境与自然资源管理的政策工具[M].张蔚文,黄祖辉,译.上海:上海三联书店,2005.

47. 斯威德罗,亚当斯.可持续投资:通过ESG、SRI和影响力投资实现价值和财务目标[M].北京:中信出版社,2023.

48. 所罗门.全球变暖否定者[M].丁一,译.北京:中国环境科学出版社,2011.

49. 泰坦伯格.环境经济学与政策(第5版)[M].高岚,等,译.北京:人民邮电出版社,2011.

50. 泰坦伯格.排污权交易:污染控制政策的改革.北京:三联书店,1992.

51. 瓦克纳格尔,拜尔斯.生态足迹:管理我们的生态预算[M].张帅,译.上海:上海科技教育出版社,2022.

52. 维克托.不依赖增长的治理:探寻发展的另外一种可能[M].刘春成,侯汉坡,译.北京:中信出版社,2012.

53. 沃德,杜博斯.只有一个地球:对一个小小行星的关怀与维护[M].《国外公害丛书》编委会,译.长春:吉林人民出版社,2005.

54. 沃尔夫.市场或政府:权衡两种不完善的选择/兰德公司的一项研究[M].北京:中国发展出版社,1994.

55. 西蒙.没有极限的增长[M].黄江南,等,译.成都:四川人民出版社,1985.

56. 希尔.ESG实践:从理论要素到可持续投资组合构建[M].周君,等,译.北京:中信出版社,2022.

57. 新浪财经ESG课题组.ESG全球行动:协同路径与绿色转型[M].北京:中信出版社,2024.

58. 姚洋.发展经济学[M].北京:北京大学出版社,2013.

59. 张帆,夏凡.环境与自然资源经济学(第三版)[M].上海:格致出版社,上海三联书店,上海人民出版社,2016.

60. 中国管理科学学会环境管理专业委员会.中国环境管理发展报告 2019［M］.北京:社会科学文献出版社,2020.

61. 中国管理科学学会环境管理专业委员会.中国环境管理发展报告 2020·2021［M］.北京:社会科学文献出版社,2021.

62. 中国 21 世纪议程:中国 21 世纪人口、环境与发展白皮书［M］.北京:中国环境科学出版社,1994.

63. Bator F M. The anatomy of market failure［J］. The Quarterly Journal of Economics, 1958, 72(3): 351-379.

64. Baumol W J, Oates W E. The theory of environmental policy［M］. Cambridge: Cambridge University Press, 1988.

65. Beckerman W. A poverty of reason: Sustainable development and economic growth［M］. Oakland: The Independent Institute, 2002.

66. Bromley D W. The handbook of environmental economics［M］. Oxford: Wiley-Blackwell, 1995.

67. Harris J M, Roach B. Environmental and natural resource economics: A contemporary approach［M］. 5th ed. New York: Routledge, 2021.

68. Hartwick J M. Intergenerational equity and the investing of rents from exhaustible resources［J］. American Economic Review, 1977, 67: 972-974.

69. Hussen A M. Principles of environmental economics: An integrated economic and ecological approach［M］. London: Routledge, 2000.

70. Lomborg B. The skeptical environmentalist: Measuring the real state of the world［M］. Cambridge: Cambridge University Press, 2001.

71. OECD. The Macro-economic impact of environmental expenditure［M］. OECD Publications, 1985.

72. OECD. Towards green growth［EB/OL］. (2011-05-25)［2024-10-17］.https://www.oecd.org/en/publications/towards-green-growth_9789264111318-en.html.

73. Panayotou T. Economic growth and the environment［EB/OL］.［2024-10-17］.https://core.ac.uk/download/pdf/6720372.

74. Solow R M. On the intergenerational allocation of natural resources［J］. Scandinavian Journal of Economics, 1986, 88(1): 141-149.

75. Solow R M. The economics of resources or the resources of economics［J］. American Economic Review, 1974, 64: 1-14.

76. Stern D I. Progress on the environmental Kuzents curve?［J］. Environment and Development Economics, 1998, 3(2): 173-196.

77. UNEP.GLOBAL ENVIRONMENT OUTLOOK 6［EB/OL］. (2019-03-04)［2024-10-17］.https://www.unep.org/resources/global-environment-outlook-6?v=2.

78. UNEP. Waste crime-waste risks gaps in meeting the global waste challenge: A rapid response assessment［EB/OL］. (2015-08-19)［2024-10-17］.https://www.unep.org/resources/report/waste-crime-waste-risks-gaps-meeting-global-waste-challenge-rapid-response.

教辅申请说明

　　北京大学出版社本着"教材优先、学术为本"的出版宗旨,竭诚为广大高等院校师生服务。为更有针对性地提供服务,请您按照以下步骤通过**微信**提交教辅申请,我们会在1～2 个工作日内将配套教辅资料发送到您的邮箱。

◎ 扫描下方二维码,或直接微信搜索公众号"北京大学经管书苑",进行关注;

◎ 点击菜单栏"在线申请"—"教辅申请",出现如右下界面:

◎ 将表格上的信息填写准确、完整后,点击提交;

◎ 信息核对无误后,教辅资源会及时发送给您;如果填写有问题,工作人员会同您联系。

温馨提示:如果您不使用微信,则可以通过以下联系方式(任选其一),将您的姓名、院校、邮箱及教材使用信息反馈给我们,工作人员会同您进一步联系。

| 教辅申请表 |
| 1. 您的姓名: * |
| 2. 学校名称* |
| 3. 院系名称* |
| ● ● ●　● ● ● |
| 感谢您的关注,我们会在核对信息后在1~2个工作日内将教辅资源发送给您。 |
| 提交 |

联系方式:

北京大学出版社经济与管理图书事业部

通信地址:北京市海淀区成府路 205 号,100871

电子邮箱:em@ pup.cn

电　　话:010-62767312

微　　信:北京大学经管书苑(pupembook)

网　　址:www.pup.cn